计算机科学与技术专业实践系列教材

操作系统实验教程

刘刚 赵鹏翀 主编
柱浩 武伟 边根庆 副主编

清华大学出版社

北京

内 容 简 介

本书结合操作系统原理,分析了一个面向教学的操作系统——EOS操作系统的源代码,并从EOS操作系统中引用了丰富的代码实例,配以大量的图表,一步步地引导读者分析EOS操作系统的源代码。本书与其他操作系统理论书籍最明显的不同是,配有若干个精心设计的实验。读者可以亲自动手完成这些实验,在实践的过程中循序渐进地学习EOS操作系统,进而加深对操作系统原理的理解。

全书共20章,配有12个实验,是一本真正能够引导读者动手实践的书。适合作为高等院校操作系统课程的实践教材,也适合各类程序开发者、爱好者阅读参考。

图书在版编目(CIP)数据

操作系统实验教程/刘刚,赵鹏翀主编.--北京:清华大学出版社,2013(2020.1重印)

计算机科学与技术专业实践系列教材

ISBN 978-7-302-32853-7

Ⅰ.①操… Ⅱ.①刘… ②赵… Ⅲ.①操作系统-高等学校-教材 Ⅳ.①TP316

中国版本图书馆CIP数据核字(2013)第136406号

责任编辑:袁勤勇　徐跃进
封面设计:傅瑞学
责任校对:李建庄
责任印制:宋　林

出版发行:清华大学出版社
　　　　　网　　　址:http://www.tup.com.cn, http://www.wqbook.com
　　　　　地　　　址:北京清华大学学研大厦A座　　　　　　邮　　编:100084
　　　　　社 总 机:010-62770175　　　　　　　　　　　　邮　　购:010-62786544
　　　　　投稿与读者服务:010-62776969, c-service@tup.tsinghua.edu.cn
　　　　　质量反馈:010-62772015, zhiliang@tup.tsinghua.edu.cn
　　　　　课件下载:http://www.tup.com.cn,010-83470236
印 装 者:北京九州迅驰传媒文化有限公司
经　　销:全国新华书店
开　　本:185mm×260mm　　　　　印　张:14　　　　　字　　数:346千字
版　　次:2013年9月第1版　　　　　　　　　　　　印　　次:2020年1月第4次印刷
定　　价:25.00元

产品编号:053209-01

前　言

纸上得来终觉浅,绝知此事要躬行。

——陆游

本书特点

众所周知,操作系统原理是计算机知识领域中最核心的组成部分,也是高校计算机科学专业学生的重要基础课。同时,操作系统原理也是一门实践性很强的课程。本书通过引导读者分析一个实际操作系统的源代码,并动手进行相应的实验,进而达到使读者深刻理解操作系统原理的目的。

本书非常适合操作系统原理的初学者使用,能够帮助初学者进行高质量的操作系统实验。本书选取了一个适合初学者学习的操作系统实例——EOS操作系统,使读者能够接触到一个实际操作系统的源代码。本书的第1部分(从第1章到第8章)的主要内容就是结合操作系统的基本原理,与读者一起分析EOS操作系统设计和实现的细节。EOS操作系统还配有一个集成度很高的实验环境——OS Lab,在这个集成实验环境中,读者可以非常轻松地编辑、编译和调试EOS的源代码,从而可以让读者将有限的精力放在学习操作系统原理上,而不是如何构建实验环境,或者使用各种工具上。本书的第2部分(从实验1到实验12)会一步一步地引导读者通过动手实践的方式来分析EOS的源代码,进而理解操作系统原理。

现代操作系统及其抽象已经变得越来越复杂,虽然EOS操作系统是专为教学而设计的,相对于一些商用操作系统(例如Windows、UNIX等)已经是非常简化,但是相信本书的很多读者都是第一次接触到像EOS这样规模的源代码。本书在编写时充分考虑到了这个问题,并做了一些有益的尝试。在本书的开始,首先结合EOS的源代码,带领读者回忆C语言和数据结构的相关知识(第2章),使读者能够顺利地理解EOS的源代码。接下来,简单介绍读者比较感兴趣的EOS操作系统的启动问题(第3章),希望能够激发读者继续学习的兴趣。第4章对EOS所使用的面向对象的管理方法进行必要的讲解。后面的4章依次对EOS中的主要模块进行讨论,与其他优秀操作系统原理教材相同,本书也是按照进程管理、存储器管理、IO管理、文件系统4个部分来进行组织的,方便读者进行对照学习。为了便于理解,EOS操作系统各个模块间的耦合性被设计得尽量小,这样读者在学习某个模块时就更容易集中精力。但是,EOS操作系统作为一个可以在计算机上运行的真实操作系统,其各个模块间的联系又是不可能被忽略的。所以,在本书的各个章节之间也会存在一些交叉的或者重复的内容,有时还会提示读者回到之前的章节学习相关内容,这种"螺旋式"的学习方法可以帮助读者从整体上来理解操作系统原理。

本书另外一个着重点就是让读者真正动手实践。正像本前言开篇处引用的陆游诗句所说,只有通过亲身实践学习到的知识才能够真正被掌握,而那些仅仅从书本上得到的知识更容易被忘记。本书为了让读者在动手实践的过程中达到"做中学"的目的,精心设计了12个配套的实验,可以覆盖操作系统原理知识领域中所有重要的模块和知识点。本书配套的实验按照"由易到难,循序渐进"的原则进行设计。前面的若干个实验以"验证型"练习为主,后面的若干个实验会添加适当的"设计型"和"综合型"练习。在单个实验内容的安排上,一般会首先带领读者阅读并调试 EOS 相关模块的源代码,并结合相应的操作系统原理进行分析。待读者对 EOS 的源代码和操作系统原理熟悉后,再安排读者对已有代码进行适当的改写,或者编写新的代码。在每个实验的最后还会提供一些"思考与练习"的题目,感兴趣的读者可以完成这些题目,从而进一步提高动手实践能力和创新能力。此外,考虑到在实际工作中,如果一位刚参加工作的程序员进入了一个项目的开发,项目负责人一定会让他首先阅读项目已有的代码,并在已有代码的基础上进行一些小的修改,待他工作一段时间后,就会对项目有较深入的理解,才能在项目中添加一些复杂的、创新的功能。读者按照本书提供的实验进行实践的过程,与上述过程是完全一致的,这也是本书实验设计的目的之一。

研究表明,图示具有直观、简洁、易于说明事物的客观现状或事件发展过程的特点。在对某一事物或事件进行描述时,图示往往比文字更容易被读者所理解和接受。所以,笔者在本书中不遗余力地使用各种图示或者表格,力求将枯燥、复杂的操作系统原理,以更直观的方式展现在读者的面前。而且,本书在适当的地方会从 EOS 源代码中引用一些关键的代码片断,并结合操作系统原理对这些代码片断进行详细讲解,让读者有一种身临其境的真实感。

阅读 EOS 源代码的建议

相信很多读者一拿到 EOS 操作系统的源代码,就会怀着极大的好奇心开始如饥似渴地阅读,迫不及待地想将 EOS 的源代码全部掌握。但是,万事开头难,虽然 EOS 操作系统的规模比任何一个具有商业价值的软件至少要小上一个数量级,但要想在很短的时间内掌握 EOS 的所有源代码还是有一些困难。如果读者为自己设定的目标不合理,采用的方法不正确,很可能会在执行失败后产生挫败感,甚至放弃学习。接下来为读者提供一些有益的建议,希望能够帮助读者更顺利地阅读 EOS 的源代码。

首先,读者应该明确阅读 EOS 源代码的目的,或者说通过阅读 EOS 源代码,读者能够学到哪些有用的知识,对读者参加实际工作会有哪些帮助。最重要的目的当然是理解操作系统原理,EOS 源代码能够帮助读者将书本上枯燥的理论实例化。虽然读者亲自动手开发一个商业操作系统的可能性很小,但是操作系统所使用的许多思想在计算机科学的各个领域有广泛的适用性,学习操作系统的内部设计理念对于算法设计和实现、构建虚拟环境、网络管理等其他多个领域也非常有用。而且,EOS 源代码是精心编写的高质量源代码,无论是代码的组织结构还是代码的编写风格,都是按照商业级的规格来完成的,这些在读者的实际工作中都会有很大的借鉴意义。此外,本书由于篇幅的限制,不可能涉及 EOS 操作系统的所有内容,幸好源代码就是最完全、最准确的文档,读者通过学习 EOS 的源代码,能够获得数倍于本书内容的知识。

其次,读者在开始深入分析 EOS 的源代码之前,还应该完成一些准备工作。EOS 的源代码主要使用 C 语言编写,定义有较多的数据结构,并尽量使用常用的、简单的算法来操作这些数据结构,所以读者需要有比较扎实的 C 语言程序设计、数据结构和算法的相关知识。如果读者感觉自己在这些方面还比较薄弱,也不用紧张,本书的第 2 章会帮助读者回忆和巩固这些知识。此外,阅读源代码也是一件相对比较枯燥的事情,读者要对可能遇到的困难有一个正确的认识,并做好心理准备,应该根据实际情况为自己设计一个合理的目标,并保证全身心的、持之以恒的投入。

建议读者将本书作为主线，在阅读每一个章节的同时，阅读相应的 EOS 源代码，并动手完成各章对应的实验。这样，在本书的帮助下，读者可以有重点的、分模块的详细分析 EOS 的源代码。在阅读源代码时应该使用一些正确的方法，从而达到事半功倍的效果。已经有专门的书籍详细介绍阅读源代码的方法，本书由于篇幅的限制，在这里只能为读者列举一些快速而有效的方法。

- 应该首先搞清楚 EOS 源代码的组织方式。例如，EOS 都包含哪些源代码文件，这些源代码文件是如何组织在不同的文件夹中的。这对于读者快速把握 EOS 的结构有很大帮助。
- 重视 EOS 中的数据结构。要搞清楚数据结构中各个域的意义，以及 EOS 使用这些数据结构定义了哪些重要的变量（特别是全局变量）。EOS 操作系统的大部分函数都是在操作由这些数据结构所定义的变量，要搞清楚函数对这些变量进行的操作会产生怎样的结果。
- 分析函数的层次和调用关系。要特别注意哪些函数是全局函数，哪些函数是模块内部使用的函数。
- 本书对于特别简单或者特别复杂的函数会一语带过，读者也可以在搞清楚这些函数功能的基础上暂时跳过它们，从而将有限的时间和精力用于学习本书详细介绍的重要函数。
- 重视阅读源代码文件中的注释，必要时可以根据自己的理解添加一些注释。
- 使用工具提高阅读源代码的效率（参见 2.10 节）。
- 每当阅读完一部分源代码后，应该认真思考，大胆地提出一些问题，例如"为什么要这样编写？可以不可以用别的方法来编写？"。也可以试着向别人介绍自己正在阅读的源代码，或者将自己的心得发布到互联网上。以某种方式表达自己思想的过程，其实就是重新疏理自己知识的过程，这样能够让知识更加系统化，并且有可能发现被忽略掉的细节。
- 由于 EOS 操作系统的源代码是完全开放的，所以，读者除了可以完成本书配套的实验之外，还可以自己设计一些小实验，例如对 EOS 进行一些修改或者添加一些功能来验证读者的想法。

配套资源

为了帮助读者更加顺利地完成操作系统实验，本书提供了 OS Lab 演示版安装程序以及各个实验所需源代码文件的下载地址。

由于 OS Lab 会不断推出新版本，所以本书只能使用某一个确定的版本。与本书配套的 OS Lab 的版本号为 v1.0.3，其附带的 EOS 操作系统的版本号是 v1.1。OS Lab 演示版安装程序的下载地址如下：

http://www.tevation.com/node/17

各个实验所需的源代码文件已经制作成一个压缩包。下载地址如下：

http://www.tevation.com/node/16

参与讨论

读者可以使用下面的链接登录本书配套的论坛：

http://www.tevation.com/forum

论坛中有和读者一样对操作系统感兴趣的网友,有本书的编者,还有 EOS 操作系统的开发者。读者在这里提出的问题可以获得及时准确的解答,提出的意见和建议也可以在本书的下一版中获得虚心的接纳。如果本书有勘误信息或者更新的内容,也会在第一时间发布到论坛上。可以说,有一个高效的团队在为本书的读者服务,读者在使用本书学习的过程中可以获得持续的支持!

本书由哈尔滨工程大学刘刚、北京海西慧学科技有限公司赵鹏翀主编,武汉大学桂浩、上海应用技术学院武伟和西安建筑科技大学边根庆任副主编,参编人员包括北京海西慧学科技有限公司刘建成等。

本书有 20 章,具体编写分工如下:第 1、2、5、8 章及实验 1、2、3、5、7、10 由刘刚编写,第 7 章及实验 4、6、8 由赵鹏翀编写,第 6 章及实验 12 由桂浩编写,第 4 章及实验 9 由武伟编写,第 3 章及实验 11 由边根庆编写。全书由刘刚进行统稿。

本书在撰写过程中参阅了大量的文献及资料,特此对这些作者表示诚挚的敬意。

操作系统技术的发展日新月异,新的技术也不断出现。由于时间仓促及作者视野的限制,书中难免出现疏漏不当之处,敬请广大读者批评指正。

刘 刚　　哈尔滨工程大学

赵鹏翀　北京海西慧学科技有限公司

目　　录

第 1 部分　基　　础

第 2 部分　实　验

第1部分

基　　础

第 1 章 EOS 概 述

本章简要介绍 EOS 操作系统和与其配套的集成实验环境。阅读本章是学习 EOS 操作系统,并使用其进行操作系统实验的基础。

1.1 EOS 操作系统

EOS 是一个可以在 Intel X86 平台上运行的、面向教学的开源操作系统。为了让 EOS 适合于教学,EOS 被设计得十分小巧,并且尽量保持架构简单。但是,EOS 仍然涵盖了系统引导、进程管理、内存管理、IO 管理、文件系统等重要的操作系统概念。

EOS 的源代码主要使用 C 语言编写(仅有少量的汇编语言代码),为了方便读者学习,EOS 开放了全部源代码,同时在 EOS 的源代码中添加了大量的中文注释,让阅读和理解 EOS 源代码更加容易。EOS 源代码受到《EOS 核心源代码协议》的保护,该协议的详细内容参见附录 C。

EOS 操作系统处于 X86 硬件平台和 EOS 应用程序之间(如图 1-1 所示),并扮演了极其重要的角色。一方面,EOS 操作系统对 X86 平台中的各种硬件进行统一的管理,提高了系统资源的利用率。另一方面,EOS 操作系统提供了一个"虚拟机"和一组 API 函数,EOS 应用程序通过调用这些 API 函数获得服务,从而可以在此"虚拟机"上运行。此外,EOS 操作系统提供的 API 函数无论是在函数名称,还是在函数使用的参数和返回值上都与 Windows 的 API 函数基本一致,所以,EOS 应用程序的源代码只需经过简单的修改,即可移植到 Windows 上执行,读者在学习 EOS 应用程序编写方法的同时,也能够提高 Windows 应用程序开发能力。

图 1-1 EOS 操作系统处于 X86 硬件平台和 EOS 应用程序之间

1.2 集成实验环境

EOS 有配套的集成开发环境(Integrated Development Environment,IDE)实验环境。该 IDE 环境可以直接在 Windows 操作系统上安装和卸载,用户界面和操作习惯与 Microsoft Visual Studio 完全类似,有经验的读者可以迅速上手。正因为有了这样一个易于使用的 IDE 环境,读者可以避免由于手工构建实验环境所带来的学习成本,从而可以将主要精力放在对操作系统原理和 EOS 源代码的分析与理解上。

使用该 IDE 环境提供的强大功能可以编辑、编译和调试 EOS 源代码,如图 1-2 所示。编辑功能可以用来阅读和修改 EOS 源代码;编译功能可以将 EOS 源代码编译为二进制文件(包括引导程序和内核);调试功能可以将编译好的二进制文件写入一个软盘镜像(或软盘),然后让虚拟机(或裸机)运行此软盘中的 EOS,并对其进行远程调试。IDE 环境提供的调试功能十分强大,包括设置断点、单步调试,以及在中断发生时显示对应位置的 C 源代码、查看或修改表达式的值、显示调用堆栈和指令对应的汇编代码等功能。灵活运用各种调试功能对分析 EOS 的源代码有很大帮助。

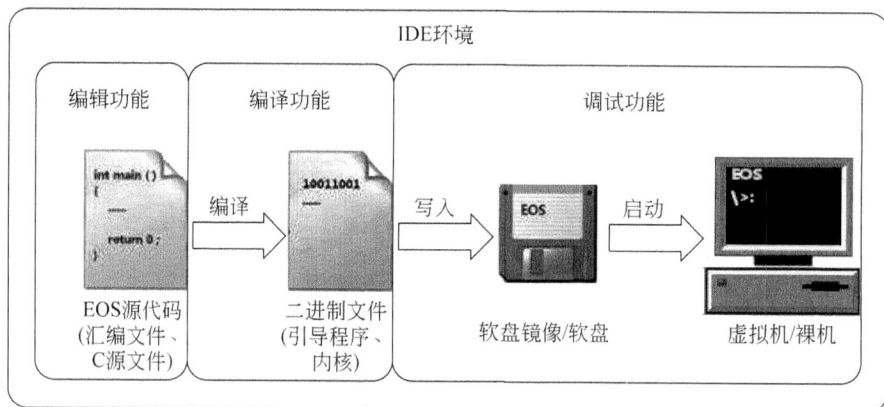

图 1-2 使用 IDE 环境编辑、编译和调试 EOS 源代码

IDE 环境除了提供以上的主要功能外,还提供了一些工具软件。使用 Floppy Image Editor 工具提供的可视化用户界面,可以像编辑软盘驱动器中的软盘一样来编辑软盘镜像文件,从而可以在 Windows 操作系统中直接观察到 EOS 操作系统对软盘的修改。

IDE 环境还能与多种免费的第三方虚拟机软件进行无缝融合,在调试时可以使用这些虚拟机来运行 EOS 操作系统。主要的虚拟机包括 Bochs 和 Virtual PC,更多关于这些虚拟机的信息参见附录 A。

EOS 操作系统与 IDE 环境组成了"操作系统集成实验环境 OS Lab"(简称 OS Lab)。图 1-3 显示了读者在进行操作系统实验时,通过使用 IDE 环境编辑、编译、调试 EOS 源代码,从而在动手实践的过程中达到理解操作系统原理的目的。

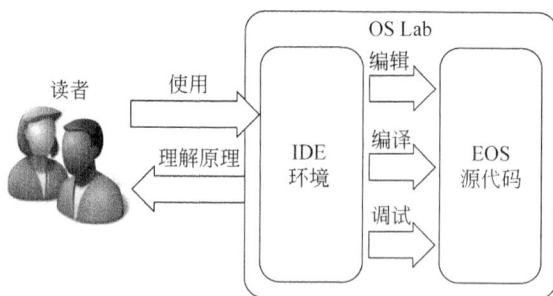

图 1-3 使用 OS Lab 进行操作系统实验

1.3 从源代码到可运行的操作系统

无论是 EOS 操作系统内核还是 EOS 应用程序,开始时都只是一些源代码文件。当编译器、链接器、软盘镜像编辑器等工具,对这些的源代码文件进行逐步转化后,它们就变成了可以在虚拟机(或者裸机)运行的 EOS 操作系统内核与 EOS 应用程序。虽然,在

IDE 环境中可以使用各种工具自动地完成上述转化过程,但是,读者还是应该明白上述过程的细节,这对于理解操作系统原理有很大帮助。本节力求将上述过程的细节展现在读者的面前。

1. API 与 SDK

操作系统和应用程序之间一个重要的纽带就是应用程序接口(简称 API)。操作系统通过开放 API 为应用程序提供服务,应用程序通过使用这些 API 实现其功能。在操作系统或应用程序运行时,API 可能只是一个简单的调用和被调用的关系。但是,在编写操作系统的源代码时,必须要解决如何才能开放 API 的问题;在编写应用程序的源代码时,又必须要解决如何才能使用 API 的问题。

为了解决上面的问题,这里引入一个重要的概念——SDK。SDK 是 Software Development Kit 的缩写,翻译成中文就是"软件开发工具包"。操作系统通过向开发者提供 SDK 来开放其 API,开发者在为操作系统编写应用程序时,通过使用 SDK 来调用 API。所以,如果要为操作系统开发应用程序,就需要首先获得操作系统的 SDK。例如,如果要为 Windows 开发应用程序,就需要获得 Windows 的 SDK。同样,如果要为 EOS 操作系统开发应用程序,就需要获得 EOS 的 SDK。

那么 SDK 具体是一个什么含义呢? SDK 一般采用文件的形式并结合特定的编程语言向开发者提供操作系统的 API。有些 SDK 还会提供相关的文档、编程范例和工具软件等。SDK 为了向开发者提供操作系统的 API,往往会包含**头文件、导入库文件和动态链接库文件**。

(1) **头文件**(Header)是以特定编程语言(C、C++ 等)编写的文本文件,通常使用.H 作为后缀名。头文件的主要作用是导出操作系统使用的一些数据类型(例如操作系统中使用的结构体类型)和 API 函数的声明。在为操作系统开发应用程序时,往往需要使用和头文件相同或兼容的编程语言来编写源代码文件,并且只有在源代码文件中包含了这些头文件后,才能使用操作系统提供的数据类型和 API 函数。头文件一般会被放在 SDK 中的 Inc (Include)文件夹中。

(2) **导入库文件**(Import Library)是根据操作系统需要导出的 API 函数而生成的特定格式的二进制文件。导入库文件在 Linux 中的后缀名是. A,在 Windows 中的后缀名是. LIB。导入库文件的主要作用是告诉应用程序的可执行文件,其调用的 API 函数在操作系统中的地址。这样,虽然应用程序并没有真正实现这些 API 函数,但是在应用程序执行时,它可以根据导入库文件提供的信息,执行操作系统中的 API 函数。所以,在生成应用程序的可执行文件时必须要使用导入库文件。导入库文件一般会被放在 SDK 中的 Lib (Library)文件夹中。

(3) **动态链接库文件**(Dynamic Link Library)是包含了操作系统导出的 API 函数的可执行代码的二进制文件。例如 Windows 导出的 API 函数主要保存在 kernel32. dll、user32. dll 和 gdi32. dll 三个文件中。动态链接库文件在 Linux 中的后缀名是. SO,在 Windows 中的后缀名是. DLL。动态链接库文件的格式一般与可执行文件是相同的,只是不能直接执行。应用程序的可执行文件在执行时必须依赖这些动态链接库文件,因为其调用的系统 API 函数的可执行代码都保存在这些文件中。动态链接库文件一般会被放在 SDK 中的 Bin (Binary)文件夹中。Windows 提供的 SDK 中之所以没有包含动态链接库文件,是因为在

Windows 的系统目录中已经存在这些文件了。

以上主要是以 C 语言编写的操作系统为背景进行介绍的。由于 EOS 也是用 C 语言编写的，所以 EOS 的 SDK 与之前的描述基本一致。其他系统的 SDK 可能会有较大的区别，但是 SDK 的本质仍然是一致的，参见图 1-4。

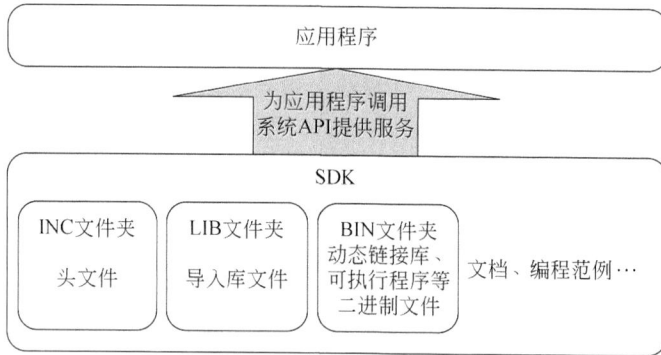

图 1-4　SDK 的作用和组织方式

之所以用较大的篇幅详细介绍 SDK，是由于无论是 EOS 操作系统内核还是 EOS 应用程序，它们从源代码变为可以在虚拟机上运行的过程都与 EOS SDK 有着密切的联系。理解了 SDK 的作用和组织方式，可以帮助读者更好地理解下面内容。

2. EOS 操作系统内核从源代码变为可以在虚拟机上运行的过程

接下来首先看 EOS 操作系统内核从源代码变为可以在虚拟机上运行的过程，参见图 1-5。在 IDE 环境将 EOS 操作系统内核包含的源代码文件生成为二进制文件时，会将 boot.asm

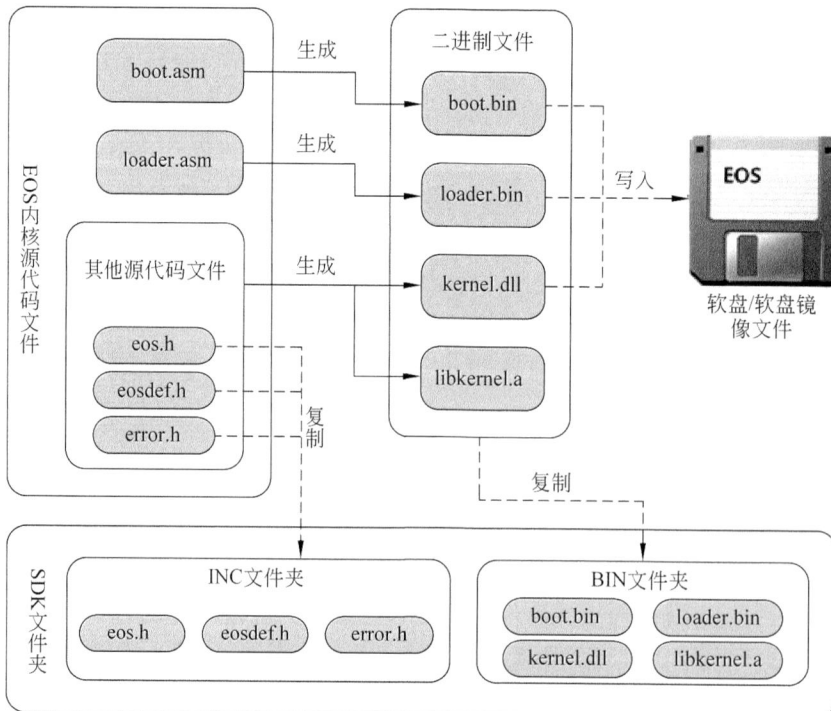

图 1-5　EOS 操作系统内核从源代码变为可以在虚拟机上运行的过程

文件生成为 boot.bin 文件(软盘引导扇区程序),将 loader.asm 文件生成为 loader.bin 文件(加载程序),将其他源代码文件生成为 kernel.dll 文件和 libkernel.a 文件。其中 kernel.dll 文件是 EOS 操作系统的内核,EOS 操作系统的 API 函数就是从此文件导出的,所以在生成此文件的同时还要生成配套的导入库文件 libkernel.a。上述过程在图 1-5 中用实线表示。当 EOS 应用程序的可执行文件与导入库文件 libkernel.a 链接后,就可以在执行时调用 kernel.dll 文件导出的 API 函数了。

在 IDE 环境成功生成 EOS 的二进制文件后,会自动生成 EOS SDK。IDE 环境会首先新建一个 SDK 文件夹,然后将 eos.h(导出 API 函数的声明)、eosdef.h(导出数据类型的定义)和 error.h(导出错误码)三个头文件复制到 SDK 文件夹中的 INC 文件夹中,将生成的四个二进制文件都复制到 BIN 文件夹中(EOS SDK 为了简单,将导入库文件也放入了 BIN 文件夹,而没有使用 LIB 文件夹)。上述过程在图 1-5 中用点划线表示。这样,EOS SDK 就具有开发 EOS 应用程序所需的头文件、导入库文件和动态链接库文件,读者只需要获取此 SDK 文件夹,就可以为 EOS 操作系统开发应用程序了。此时读者可能会有一个疑问,EOS 操作系统的 API 函数不是从 kernel.dll 文件导出的吗? 为什么还要将 boot.bin 和 loader.bin 放入 SDK 中呢? 在后面的介绍中读者会得到这个问题的答案。

在 IDE 环境启动执行 EOS 操作系统时,会将 boot.bin、loader.bin 和 kernel.dll 三个二进制文件写入软盘镜像文件中,然后让虚拟机来执行软盘中的 EOS 操作系统。上述过程在图 1-5 中用虚线表示。这三个二进制文件是 EOS 操作系统运行所必需的,在第 3 章中会详细介绍这三个文件在 EOS 操作系统运行过程中所起的作用。

IDE 环境自动生成的 SDK 文件夹的结构和各个文件的作用参见图 1-6。读者会发现 BIN 文件夹和之前的描述略有不同,这是由于 EOS 内核源代码可以生成两种不同版本的二进制文件:DEBUG 版本(有调试信息)和 RELEASE 版本(无调试信息)。IDE 环境会将 DEBUG 版本的二进制文件复制到 SDK/BIN/DEBUG 文件夹中;将 RELEASE 版本的二进制文件复制到 SDK/BIN/RELEASE 文件夹中。相应地,EOS 应用程序也会有 DEBUG 版本和 RELEASE 版本的可执行文件,并且只能与对应版本的 EOS 内核二进制文件一起使用。本节为了将概念阐述的更加清晰,示意图更加简单直观,就不再区分这两种版本了。

图 1-6 EOS SDK 文件夹的结构和各个文件的作用

3. EOS 应用程序从源代码变为可以在虚拟机上运行的过程

下面介绍 EOS 应用程序从源代码变为可以在虚拟机上运行的过程,参见图 1-7。按照之前的描述,在编写 EOS 应用程序的源代码之前,必须首先获得 EOS SDK 文件夹。然后,在 EOS 应用程序的头文件 eosapp.h 中包含 SDK/INC 文件夹中的三个头文件。上述过程在图 1-7 中用点划线表示。实际上,eosapp.h 只需要包含 eos.h 文件就即可,因为在 eos.h 文件中已经包含了 eosdef.h 和 error.h 文件。Eosapp.c 源文件和各个头文件的包含关系参见图 1-8。

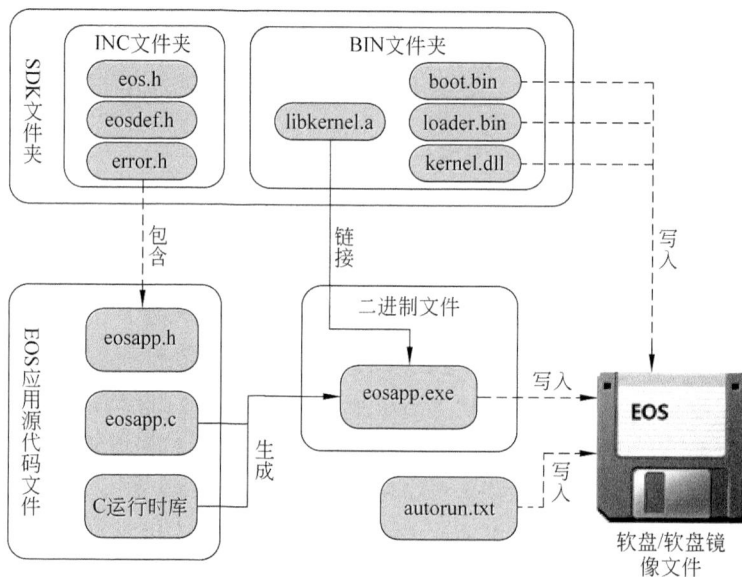

图 1-7　EOS 应用程序从源代码变为可以在虚拟机上运行的过程

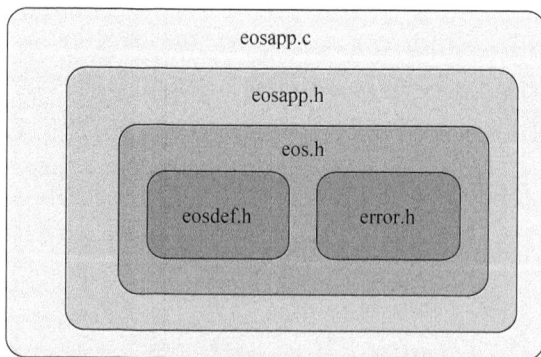

图 1-8　eosapp.c 源文件和各个头文件的包含关系

在 IDE 环境将 EOS 应用程序包含的源代码文件生成为二进制文件时,链接器会将由 eosapp.c 文件和 C 运行时库源代码文件生成的目标文件与 SDK/BIN 文件夹中的导入库文件 libkernel.a 一同链接,生成 EOS 应用程序的可执行文件 eosapp.exe。上述过程在图 1-7 中用实线表示。

在 IDE 环境运行 EOS 应用程序时,会将 SDK/BIN 文件夹中的 boot.bin、loader.bin 和

kernel. dll 写入软盘镜像,这样 EOS 操作系统才能够启动运行。同时会将 EOS 应用程序的可执行文件 eosapp. exe 和一个内容为 eosapp. exe 的文本文件 autorun. txt 写入软盘镜像,这样在 EOS 操作系统成功启动后,就会自动运行 autorun. txt 文件中记录的应用程序可执行文件 eosapp. exe。上述过程在图 1-7 中用虚线表示。这也就解释了之前提出的为什么要将 boot. bin 和 loader. bin 也放入 SDK 的原因。

第 2 章　EOS 编程基础

　　本章主要介绍在 EOS 源代码中涉及的 C 语言、汇编语言、数据结构等一些基础知识,并在最后简要介绍使用工具来提高阅读 EOS 源代码效率的方法。学习本章内容对阅读并理解 EOS 源代码有很大帮助,建议读者先通读本章内容,尽量掌握本章的知识。如果有一些知识暂时理解不了也没关系,在学习后面章节的过程中,可以随时再回到本章学习相关的内容。

2.1　EOS 内核源代码的结构

　　使用 OS Lab 打开 EOS 内核项目后,在"项目管理器"窗口中可以看到如图 2-1 所示的树结构,在此树结构中可以浏览 EOS 内核的所有源代码文件。树的根节点表示项目(项目名称为 kernel),根节点的子节点是项目包含的文件夹或者文件。展开文件夹,可以浏览文件夹所包含的文件。EOS 内核的源代码文件按照其所属的模块及其实现的功能,组织在不同的文件夹中,详细的说明参见表 2-1。

　　另外,有些文件夹中还包含了名称为 i386 的子文件夹,这些子文件夹中包含了和本模块相关的 X86 硬件平台特有功能的源代码。在后面的内容中,为了能够向读者准确说明源代码文件的位置,会使用路径格式来表示,例如 ke/start.c 就是指在 ke 文件夹中的 start.c 文件。

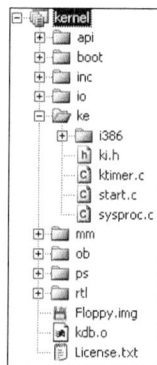

图 2-1　EOS 内核源代码的树结构

表 2-1　EOS 内核源代码组织方式的详细说明

文件夹或文件	说　　明
api/	此文件夹只包含了一个源文件 eosapi.c,EOS 导出的所有 API 函数都是在此文件中定义的
boot/	此文件夹只包含了两个汇编文件 boot.asm 和 loader.asm。这两个文件生成的二进制文件 boot.bin 和 loader.bin 会被写入软盘镜像文件,参见图 1-5
inc/	此文件夹包含的三个公共头文件 eos.h、eosdef.h 和 error.h,会被复制到 SDK 文件夹的 INC 子文件夹中,参见图 1-5、1-6 和 1-7。此文件夹还包括了各个模块用于公开其信息的头文件,通过包含这些头文件,各个模块间可以相互提供服务
io/	此文件夹包含了 IO 管理器以及各种设备驱动程序的源代码文件。此模块公开的信息在 inc/io.h 头文件中声明,供其他模块使用
ke/	此文件夹包含了 EOS 内核管理功能和系统进程的源代码文件。内核管理功能包括了内核初始化、中断管理、时钟管理和系统进程等。其中的 start.c 文件包含了内核的入口函数 KiSystemStartup 的源代码,sysproc.c 文件包含了系统进程的源代码。此模块公开的信息在 inc/ke.h 头文件中声明,供其他模块使用

文件夹或文件	说　　明
mm/	此文件夹包含了内存管理器的源代码文件。此模块公开的信息在 inc/mm.h 头文件中声明,供其他模块使用
ob/	此文件夹包含了内核对象管理器的源代码文件。此模块公开的信息在 inc/ob.h 头文件中声明,供其他模块使用
ps/	此文件夹包含了进程、线程管理器的源代码文件。此模块公开的信息在 inc/ps.h 头文件中声明,供其他模块使用
rtl/	此文件夹包含了内核运行时库的源代码文件。内核运行时库为内核各个模块提供了一些常用函数和数据结构算法,例如 C 运行时库中的字符串函数在源文件 crt.c 中实现,链表数据结构算法在源文件 list.c 中实现。此模块公开的信息在 inc/rtl.h 头文件中声明,供其他模块使用
Floppy.img	软盘镜像文件。由 EOS 内核源代码文件生成的二进制文件会被写入此软盘镜像文件中,然后虚拟机就可以执行软盘中的 EOS 操作系统,参见图 1-5 和 1-7。直接双击此文件,可以使用 Floppy Image Editor 工具打开此文件,并编辑软盘中的内容
kdb.o	内核调试文件
License.txt	"EOS 核心源代码协议"文件

2.2　预定义的 C 数据类型

由于 C 语言标准中并没有具体规定 int、short、long 等基本数据类型的字节长度,只是规定了 short 类型不长于 int 类型,int 类型不长于 long 类型。所以各个厂商提供的编译器,会根据不同的硬件平台为这些基本数据类型选择适合的字节长度。例如,在基于 DOS 的 Turbo C 中,int 和 short 类型长度为 2 字节,long 类型长度为 4 字节;而在 Microsoft Visual Studio 和 GCC 中,short 类型长度为 2 字节,int 和 long 类型长度为 4 字节。

EOS 内核为了避免由于基本数据类型的字节长度不同所带来的影响,在 inc\eosdef.h 中定义了自己的数据类型:

```
typedef char CHAR, * PCHAR, * PSTR;

typedef const char * PCSTR;

typedef unsigned char UCHAR, * PUCHAR;

typedef unsigned char BYTE;

typedef short SHORT, * PSHORT;

typedef unsigned short USHORT, * PUSHORT;

typedef int INT, * PINT;

typedef unsigned int UINT, * PUINT;

typedef long LONG, * PLONG;

typedef unsigned long ULONG, * PULONG;

typedef long long LONGLONG, * PLONGLONG;

typedef unsigned long long ULONGLONG, * PULONGLONG;

typedef int BOOL, * PBOOL;
```

```
typedef char BOOLEAN, * PBOOLEAN;
typedef float FLOAT, * PFLOAT;
typedef double DOUBLE, * PDOUBLE;
typedef void * PVOID;
typedef void * HANDLE;
typedef HANDLE * PHANDLE;
```

在为 EOS 编写 C 代码时,所有的变量都应该使用 EOS 自己的数据类型来进行定义,这样就可以不用考虑系统平台的影响。可以永远认为 SHORT 类型长度为 2 字节,INT 类型长度为 4 字节。当需要在不同的系统平台上编译 EOS 时,只需要修改 EOS 自己定义的数据类型即可,而其他源代码就不需要被修改。例如,在 16 位平台上可将 INT 类型定义为等同于 long 类型,从而保证 INT 类型的长度仍然为 4 字节,例如:

```
typedef long INT, * PINT;
```

另外,为了方便编写更加规范的代码,EOS 定义了各种类型对应的指针类型,整型对应的无符号类型以及 BOOL 类型等多种类型。读者应该已经从上面的定义看出了一些规律,凡是以字母 P 开头的类型都是对应类型的指针类型,例如 PCHAR 是指向字符的指针类型,等同于"char *"。读者在定义两个指向字符的指针变量时,可写成"PCHAR p1,p2;",效果等同于"char * p1, * p2;"。而凡是以字母 U 开头的类型都是无符号类型。

这里需要特别说明的是 PCHAR、PSTR 和 PCSTR 数据类型。在 C 语言中,定义字符串指针和字符指针的语句是一样的,都是 char *,这就造成在阅读代码时必须根据上下文来理解 char * 的意思。为了解决这个问题,EOS 分别定义了 PCHAR 和 PSTR 数据类型,虽然它们都等同于 char *,但是在编写代码时,使用 PCHAR 定义字符指针变量,使用 PSTR 定义字符串指针变量。这样一来,在阅读代码时就能够很容易的分辨出哪些是字符指针类型,哪些是字符串指针类型了。而且,EOS 还将常用的字符串常量指针类型 const char * 定义为 PCSTR 类型,其中的字母 C 代表关键字 const。

2.3　链表的使用

EOS 内核中维护了大量的内核数据,为了方便、高效地管理这些数据,它们必须以某种合适的方式组织起来。根据已有的数据结构方面的知识,可以使用多种方式来组织数据,例如数组、链表、队列等。考虑到 EOS 内核中的很多数据经常需要动态调整(插入、删除等),所以 EOS 内核广泛使用了链表,特别是双向链表。

在详细讨论 EOS 内核使用的双向链表之前,先回顾一下通常情况下如何使用双向链表。一般会在结构体中定义两个指向此结构体的指针变量,用于组织双向链表,例如:

```
typedef struct _FOO
{
    ...                            //其他成员

    struct _FOO * Next;            //指向后一项
```

```
    struct _FOO * Prev;                        //指向前一项

    ...                                        //其他成员
}FOO, * PFOO;
```

然后再编写一组用于管理此链表的函数,可能包括创建、插入、删除等操作。但是,如果
EOS 中需要使用双向链表来组织的各种结构体都像上面的样子定义,并且为每种结构体都
编写一组操作链表的函数,这种设计方法为 EOS 增加的复杂度是绝对无法容忍的。显然,
需要为 EOS 设计一种新的方法,这种方法能够使用统一的方式来定义 EOS 中那些需要使
用双向链表来组织的结构体,而且只需定义一组操作链表的函数就可以管理各种结构体的
链表。

　　EOS 使用了与 Linux 和 Windows 类似的、在结构体中嵌入链表项结构体成员的方式。
首先,EOS 在文件 inc/rtl.h 中定义了一个双向链表项结构体:

```
typedef struct _LIST_ENTRY {
    struct _LIST_ENTRY * Next;
    struct _LIST_ENTRY * Prev;
} LIST_ENTRY, * PLIST_ENTRY;
```

然后,在需要使用双向链表组织的结构体中嵌入一个使用该链表项结构体定义的成员。
此外,还需要使用链表项结构体定义　个变量(通常为全局变量)来作为链表头,如下例
所示:

```
typedef struct _FOO
{
    ...                                        //其他成员

    LIST_ENTRY ListEntry;                      //嵌入的链表项结构体成员

    ...                                        //其他成员
}FOO, * PFOO;

LIST_ENTRY ListHead;                           //链表头
```

　　EOS 还在文件 rtl/list.c 中定义了一组用于操作双向链表的函数。注意,这些函数总
是使用链表头或者嵌入在结构体中的链表项作为参数和返回值,而不是包含链表项的结
构体本身。假设有一个 FOO 结构体变量的指针 pFoo,为了把这个变量插入到链表的尾
部(就是将变量中嵌入的链表项插入链表的尾部),应该像下面这样引用变量中嵌入的链
表项:

```
ListInsertTail(&ListHead, &pFoo->ListEntry);
```

这样就可以由 FOO 结构体中的 ListEntry 成员和链表头 ListHead 组成一个双向循环链

表,如图 2-2 所示。

从图中可以很明显地看出,双向链表是由链表头和链表项链接而成的,这就造成双向链表本质上并不关心其中的链表项是嵌入在哪种类型的结构体当中。所以,在使用链表时,应该尽量保持链表中所链接的是相同结构体类型的项,避免增加复杂度。另外,当从链表中提取一个项时,得到的地址是链表项的地址,为了得到其所嵌入的外层结构体的地址,可以根据链表项在结构体中的偏移位置计算出外层结构体的地址。EOS 在文件 inc/eosdef.h 中定义了一个宏函数 CONTAINING_RECORD 来完成此功能,例如:

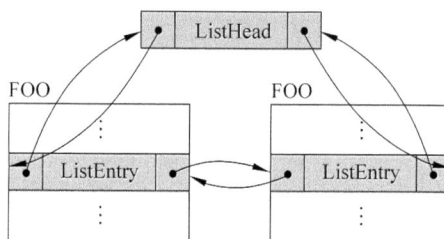

图 2-2　由嵌入的链表项和链表头链接
而成的双向循环链表

```
PLIST_ENTRY pListEntry=ListRemoveHead(&ListHead);
PFOO pFoo=CONTAINING_RECORD(pListEntry, FOO, ListEntry);
```

在上面的代码中,首先调用 ListRemoveHead 函数将链表中的第一项从链表中移除,pListEntry 保存了被移除的链表项的地址。然后调用 CONTAINING_RECORD 宏函数根据链表项的地址,获取链表项所嵌入的 FOO 结构体变量的地址。关于宏函数 CONTAINING_RECORD 的详细说明参见 2.9 节。

现在可以尝试讨论一种稍复杂的情况。假设 FOO 结构体的变量可以同时存在于两个不同的双向链表中,编写的代码可以是下面的样子:

```
typedef struct _FOO
{
    ...                              //其他成员

    LIST_ENTRY ListEntry1;           //用于链表 1 的链表项
    LIST_ENTRY ListEntry2;           //用于链表 2 的链表项

    ...                              //其他成员
}FOO, * PFOO;

LIST_ENTRY ListHead1;                //链表 1 的链表头
LIST_ENTRY ListHead2;                //链表 2 的链表头
```

由 FOO 结构体中的 ListEntry1、ListEntry2 成员和链表头 ListHead1、ListHead2 组成的两个双向循环链表可以如图 2-3 所示。

所以,可以通过在结构体中嵌入多个链表项的方式,使结构体变量同时存在于多个不同的链表中。EOS 内核中即存在此种情况,请读者通过图 2-3 仔细体会。此外,注意代码中使用的命名规则,链表头使用 Head 后缀,链表项使用 Entry 后缀,EOS 源代码也遵守同样的规则。表 2-2 列出了定义在文件 rtl/list.c 中的,用于操作双向链表的所有函数。这些函数在文件 inc/rtl.h 中都进行了声明,供 EOS 内核的其他模块使用。

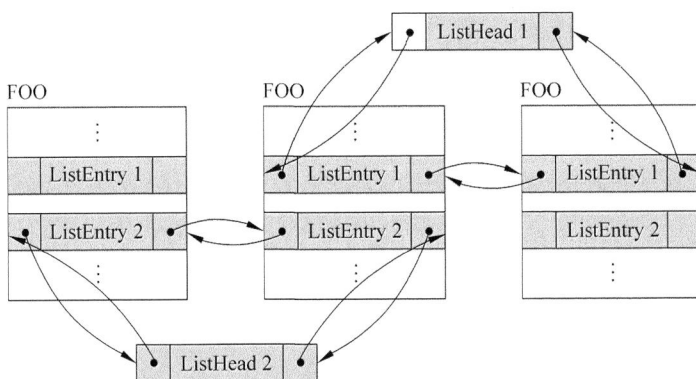

图 2-3   由嵌入的链表项和链表头链接而成的复杂的双向循环链表

表 2-2   用于操作双向链表的函数

函　　数	描　　述
ListInitializeHead	初始化链表头，将链表初始化为空链表
ListIsEmpty	判断链表是否为空
ListGetCount	得到链表中链表项的数目，不包括链表头
ListRemoveEntry	移除链表中的一个链表项
ListRemoveHead	移除链表中的第一个链表项
ListRemoveTail	移除链表中的最后一个链表项
ListInsertBefore	在链表指定项的前面插入一个链表项
ListInsertAfter	在链表指定项的后面插入一个链表项
ListInsertHead	在链表头插入一个链表项
ListInsertTail	在链表尾插入一个链表项

　　EOS 内核还使用了少量的单项链表。单向链表以一个方向链接元素，其插入和移除操作不如双向链表方便。由于单项链表与双向链表的实现方法与使用方法基本类似，而且单向链表相对简单，这里就不再赘述。表 2-3 提供了单项链表项的结构体定义（在文件 inc/rtl.h 中定义）和单向链表的所有操作函数（在文件 rtl/list.c 中定义）。

```
typedef struct _SINGLE_LIST_ENTRY {
    struct _SINGLE_LIST_ENTRY * Next;
} SINGLE_LIST_ENTRY, * PSINGLE_LIST_ENTRY;
```

表 2-3   用于操作单向链表的函数

函　　数	描　　述
SListInitializeHead	初始化链表头，将链表初始化为空链表
SListPopEntry	移除链表的第一个链表项
SListPushEntry	在链表头插入一个链表项

2.4 NASM 汇 编

如果读者曾使用 MASM 编写程序,那么这里阐述的 MASM 与 NASM 之间的主要区别可以帮助读者迅速掌握 NASM 的用法。如果读者从来没有学习过汇编语言的相关知识,可以立即跳过本节和下一节,阅读本书并不要求读者必须具备汇编语言方面的知识。

1. NASM 是大小写敏感的

一个简单的区别是 NASM 是大小写敏感的。当使用符号 foo,Foo 或 FOO 时,它们是不同的。

2. NASM 需要方括号来引用内存地址中的内容

如果已声明:

```
foo equ 1
bar dw 2
```

然后有两行代码:

```
mov ax, foo
mov ax, bar
```

尽管它们看上去是语法完全相同,但 MASM 却为它们产生了完全不同的操作码。

NASM 为了在看到代码时就能知道会产生什么样的操作码,使用了一个相当简单的内存引用语法。规则是任何对内存中内容的存取操作必须要在地址上加上方括号,但任何对地址值的操作则不需要。所以,形如"mov ax, foo"的指令总是代表一个编译时常数,无论它是一个 EQU 定义的常数或一个变量的地址;如果要取变量 bar 的内容,必须编写代码为"mov ax, word [bar]"。

这就意味着 NASM 不需要 MASM 的 OFFSET 关键字,因为 MASM 的代码"mov ax, offset bar"同 NASM 的"mov ax, work [bar]"是完全等效的。

NASM 同样不支持 MASM 的混合语法。比如 MASM 的"mov ax, table[bx]"语句使用一个中括号外的部分加上一个中括号内的部分来引用一个内存地址,NASM 的语法应该是"mov ax, word [table+bx]"。同样,MASM 中的"mov ax, es:[di]"在 NAMS 中应该是"mov ax, word [es:di]"。

3. NASM 不存储变量的类型

NASM 不会记住声明的变量的类型。然而,MASM 在看到"var dw 0"时会记住类型,也就是声明 var 是一个字大小的变量,然后就可以隐式地使用"mov var, 2"给变量赋值。NASM 不会记住关于变量 var 的任何东西,除了它的起始位置,所以必须显式地编写代码"mov word [var], 2"。

因此,NASM 不支持 LODS,MOVS,STOS,SCANS,CMPS,INS 或 OUTS 指令,仅仅支持形如 LODSB,MOVSW 和 SCANSD 之类的指令。它们都显式地指定了被处理的字符串大小。

4. NASM 不支持内存模型

NASM 同样不含有任何操作符来支持不同的 16 位内存模型。在使用 NASM 编写 16 位代码时,必须自己跟踪哪些函数需要 FAR CALL,哪些需要 NEAR CALL,并有责任确定放置正确的 RET 指令(RETN 或 RETF,NASM 接受 RET 作为 RETN 的另一种形式);另外必须在调用外部函数时在需要的地方编写 CALL FAR 指令,并必须跟踪哪些外部变量定义是 FAR,哪些是 NEAR。

5. NASM 不支持 PROC

在 MASM 中使用 PROC 关键字编写函数时,会在函数的开始自动添加代码:

```
push bp
move bp, sp
```

还会在函数结尾的 ret 指令前自动添加 leave 指令。但是由于 NASM 不支持 PROC 关键字,所以,以上由 MASM 自动添加的代码在 NASM 中必须手动添加。

6. NASM 可以生成 BIN 文件

NASM 除了可以将 ASM 文件汇编成目标文件(用于与其他目标文件链接成可执行文件)外,还可以将 ASM 文件汇编成一个只包含编写的代码的 BIN 文件。BIN 文件主要用于制作操作系统的引导程序和加载程序,例如由 EOS 内核源代码文件 boot/boot. asm 和 boot/loader. asm 所生成的 boot. bin 和 loader. bin 文件。

用于生成 BIN 文件的 ASM 文件的第一行语句往往会使用 org 关键字,例如"org 0x7C00"。此行语句告诉 NASM 汇编器,这段程序生成的 BIN 文件将要被加载到内存偏移地址 0x7C00 处,这样 NASM 汇编器就可以根据此偏移地址定位程序中变量和标签的位置。

NASM 还经常会用到 $ 和 $ $。$ 表示当前位置被汇编过的地址,所以,语句"jmp $"表示不停地执行本行指令,也就是死循环。$ $ 表示一段程序的开始处被汇编过的地址。在 EOS 的软盘引导扇区程序源文件(boot/boot. asm)中 $ $ 就表示引导程序的开始地址。所以,在该文件末尾的语句

```
times 510-($-$$) db 0
```

表示将 0 这个字节重复 510-($-$ $)遍,也就是从当前位置开始,一直到程序的第 510 个字节都填充 0。

另外,NASM 中宏与操作符的工作方式也与 MASM 完全不同,更详细的内容请参考 NASM 汇编器的使用手册。

2.5 C 和汇编的相互调用

操作系统是建立在硬件上的第一层软件,免不了要直接操作硬件,而操作硬件的唯一办法就是使用汇编语言。EOS 中只包含了极少量的 NASM 汇编代码,这些汇编代码将一些基本的硬件操作包装成可供 C 语言调用的函数。本节内容主要介绍 C 和汇编在相互调用

时应该遵守的一些约定,EOS 也同样遵守这些约定。下面示例中的汇编代码使用的是 NASM 汇编语法,不清楚之处可以参考 2.4 节。

在编译 C 代码时,编译器会先将 C 代码翻译成汇编代码,然后再将汇编代码编译成可在硬件上执行的机器语言。下面简单介绍各种 C 编译器在将 C 代码翻译成汇编时所遵守的几项约定:

(1) 全局变量的名称和函数名在翻译成汇编符号时,要在名称的前面添加一个下划线。

(2) 通过调用栈(Call Stack)传递函数参数。函数参数入栈的顺序是从右到左。

(3) 被调用函数(Callee)返回后,由调用者(Caller)释放函数参数占用的栈空间。

(4) 通过 EAX 寄存器传递函数的返回值。

(5) 被调用函数在使用 EBX、ESI、EDI、EBP 寄存器前要先保存这些寄存器的值,在函数返回时还要恢复这些寄存器的值。被调用函数可以随意使用 EAX、ECX、EDX 寄存器。

表 2-4 使用一段非常简单的 C 程序和其对应的 NASM 汇编代码来举例说明上面的各项约定。仔细观察表 2-4 中的代码可以发现,C 代码中的全局变量 c 和函数名称 add 到了汇编代码中都在其前面添加了一个下划线,这是符合第一条调用约定的。在 main 函数和 add 函数返回时都将返回值放入了 EAX 寄存器中,这又符合了调用约定四。调用约定二和约定三规定了函数调用与堆栈协同工作的方式,接下来结合图示进行详细说明。

表 2-4　C 代码对应的 NASM 汇编代码

C　代　码	NASM 汇编代码
//定义全局变量 c。 int c=0;	[section .data]　　　　　　　;数据段 _c dd 0

//定义求和函数。
int add(int a, int b)
{
	[section .text]　　　　　　　;代码段
	_add:
	　　　　;构造调用栈帧(Call Stack Frame)
	　　　　push ebp　　　　　　　;保存 ebp
	　　　　mov ebp, esp　　　　　;新的 ebp 指向栈顶

//定义局部变量 　　int c;	 　　　　sub esp, 4　　　　　　;在栈顶为局部变量 c 分配空间
c=a+b;	L2: mov eax, [ebp+8]　　　;eax=a。通过 ebp 访问参数 　　　　mov ecx, [ebp+12]　　;ecx=b 　　　　add eax, ecx　　　　　;求和 　　　　mov [ebp － 4], eax　 ;将和赋值给局部变量 c
return c;	mov eax, [ebp-4]　　　;将返回值赋值给 eax 　　　　leave　　　　　　　　;销毁调用栈帧,相当于: 　　　　　　　　　　　　　　;mov esp, ebp 　　　　　　　　　　　　　　;pop ebp 　　　　ret
}	
int main() {	_main: 　　　　;构造调用栈帧。 　　　　push ebp

C 代 码	NASM 汇编代码
	mov ebp, esp
c=add(5, 6);	L1: push dword 6 ;参数二入栈
	push dword 5 ;参数一入栈
	call _add ;调用函数
	L3: add esp, 8 ;释放参数占用的栈空间
	mov [_c], eax ;将函数返回值赋值给全局变量 c
return 0	xor eax, eax ;eax=0
	leave ;销毁调用栈帧
	ret
}	}

在开始之前,需要再强调一下关于堆栈的几个知识点:堆栈是一个后进先出的队列,X86 CPU 从硬件层次就支持堆栈操作,提供了 SS、ESP、EBP 等寄存器,其中 SS 寄存器保存了堆栈段的起始地址,ESP 寄存器保存了栈顶地址。X86 CPU 还提供了用于操作堆栈的指令 PUSH、POP 等。由于 X86 CPU 的堆栈是从高地址向低地址生长的,所以,PUSH 指令会先减少 ESP 寄存器的值(CPU 在 16 位实模式下减 2,在 32 位保护模式下减 4),再将数据放入栈顶,POP 指令会先从栈顶取出数据,再增加 ESP 寄存器的值。强调了关于堆栈的基本知识,我们再结合示例程序在 32 位保护模式下执行的过程,详细讨论函数调用对堆栈的影响。

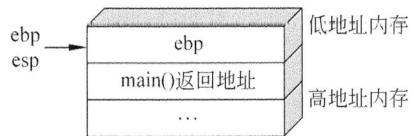

图 2-4　初始的堆栈状态

当程序执行到 main 函数的 L1 行代码时,我们可以认为是调用堆栈的初始状态,此时 EBP 和 ESP 同时指向栈顶,如图 2-4 所示。

在调用 add 函数前,首先将函数的参数按照从右到左的顺序压入堆栈,如图 2-5 所示。

使用 CALL 指令调用 add 函数,会首先将 add 函数的返回地址压入堆栈,然后再跳转到 add 函数的起始地址继续执行,所以当执行到 add 函数的 L2 行代码时,堆栈状态如图 2-6 所示。

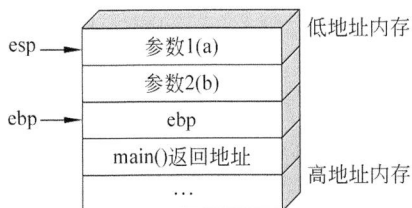

图 2-5　参数入栈后的堆栈状态

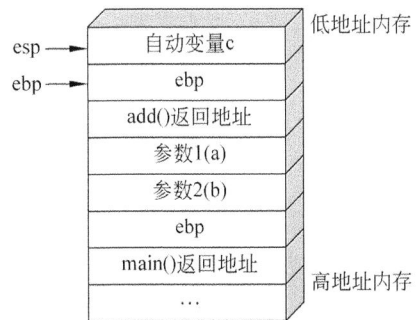

图 2-6　进入函数后的堆栈状态

由于在参数入栈后,又先后有 add 函数的返回地址和 EBP 寄存器入栈,所以 EBP+8 是参数 1 的起始地址,EBP+12 是参数 2 的起始地址。在 add 函数结束时,LEAVE 指令会将 EBP 赋值给 ESP,然后再将 EBP 出栈,也就是恢复旧的 EBP 中的值,此时堆栈状态如图 2-7 所示。

RET 指令会将 add 函数的返回地址出栈并放入 IP 寄存器继续执行,也就是从 main 函数的 L3 行代码处继续执行,此时堆栈的状态如图 2-8 所示。

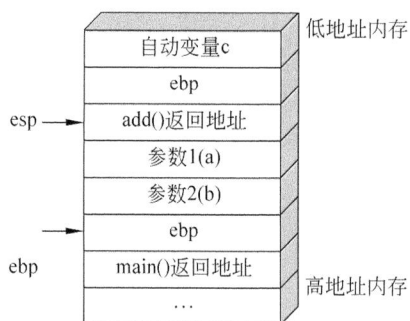

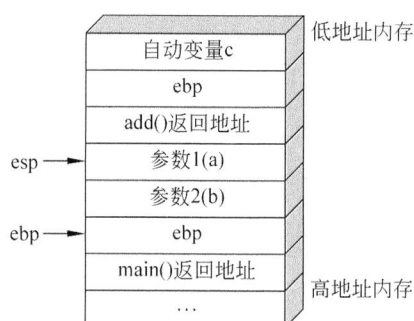

图 2-7 LEAVE 指令执行后的堆栈状态 　　 图 2-8 RET 指令执行后的堆栈状态

最后,为了清理堆栈中传递给 add 函数的参数,还需要在 main 函数中为 ESP 增加 8,从而回到图 2-4 所示的状态。至此,调用约定二和调用约定三也讲解完毕。

弄明白了调用约定,在 C 中调用汇编函数就很简单了。先按照调用约定编写汇编函数,然后在汇编文件中使用 global 关键字将汇编函数符号声明为全局的,最后在 C 源文件中声明汇编函数对应的 C 语言函数原型,即可在 C 中像调用 C 函数一样调用汇编函数了。EOS 中的 KeEnableInterrupts 函数就是一个典型的例子,此函数在 rtl/i386/hal386.asm 中实现,并在此文件的开头使用 global 关键字将符号_KeEnableInterrupts 声明为全局的,在 inc/ke.h 文件中声明了此函数的 C 语言函数原型后,就可以在 C 中调用了。

在汇编中调用 C 函数同样简单。完成 C 函数后,在汇编文件中使用 extern 关键字声明 C 函数名称对应的汇编符号,然后,在汇编中按照约定调用即可。EOS 中的 KiDispatchInterrupt 函数是一个典型的例子,此函数在 ke/i386/dispatch.c 中实现,然后在 ke/i386/int.asm 汇编文件的开头使用 extern 关键字声明了此 C 函数名称对应的汇编符号,接下来就可以在此汇编文件中按照约定调用此 C 函数了。

2.6 原语操作

EOS 内核中维护了大量的内核数据,正是这些内核数据描述了 EOS 操作系统的状态。如果有一组相互关联的内核数据共同描述了操作系统的某个状态,那么在修改这样一组内核数据时就必须保证它们的一致性,即要么不修改,要么就全都修改。这就要求修改这部分内核数据的代码在执行的过程中不能被打断,我们称这种不能被打断的操作为"原语操作"。

如何保证代码的执行不被打断呢? 或者说如何保证一个操作是原语操作呢? 这要从软、硬两个方面来解决。首先从软的方面考虑,需要保证编写的代码在修改内核数据的过程中不会中断执行,例如不能在只修改了一部分数据后就结束操作,这只需要在设计原语操作和编写代码的时候多加小心即可。接下来从硬的方面考虑,外部设备发送给 CPU 的中断会让 CPU 暂时中止当前程序的执行,转而执行相应的中断处理程序。现在假设一个原语操作要修改内核中的日期和时间两个变量,但是在原语操作只修改了日期后就发生了外部中断,中断处理程序从内核中读取的日期和时间肯定就是错误的。所以,一般情况下,在执行原语操作前需要通知 CPU 停止响应外部中断,待操作执行完毕后再通知 CPU 恢复响应外部中断。

X86 CPU 根据 eflags 状态字寄存器中的 IF 位来决定是否响应外部中断,并提供了 STI 指令设置 IF 位从而允许响应外部中断,还提供了 CLI 指令清空 IF 位从而停止响应外部中断。EOS 内核提供了使用这两个指令来设置 CPU 响应外部中断状态的函数:

```
BOOL
KeEnableInterrupts(
    IN BOOL EnableInt
    );
```

在文件 rtl/i386/hal386.asm 中可以找到此函数的具体实现。调用 KeEnableInterrupts 时,传入参数 TRUE 则允许 CPU 响应外部中断,传入参数 FALSE 则禁止 CPU 响应外部中断。函数的返回值表示调用函数前 CPU 是否能够响应外部中断,返回 TRUE 表示在调用函数前 CPU 能够响应外部中断,返回 FALSE 表示在调用函数前 CPU 不能响应外部中断。

在 EOS 内核中应该成对使用函数 KeEnableInterrupts 来实现原语操作。例如,内核中的函数 A 需要实现一个原语操作,就应该按照下面的方式编写代码:

```
void A()
{
    BOOL IntState;                        //定义一个局部变量,用于保存停止中断响应前的中断状态

    ...                                   //非原语操作代码

    IntState=KeEnableInterrupts(FALSE);   //停止响应外部中断

    ...                                   //原语操作代码

    KeEnableInterrupts(IntState);         //恢复停止响应外部中断前的中断状态

    ...                                   //非原语操作代码
}
```

注意,示例代码不是通过简单的调用 KeEnableInterrupts(TRUE)来直接恢复中断响应的,请考虑下面的函数 B:

```
void B()
{
    BOOL IntState;

    IntState=KeEnableInterrupts(FALSE);
```

```
    A();                             //调用函数 A,B 的原语操作包含了 A 的操作内容

    ...                              //其他原语操作

    KeEnableInterrupts(IntState);
}
```

如果函数 A 在恢复中断时仅仅是武断地允许 CPU 响应中断,那么函数 B 的原语操作就有可能在没有完成的情况下响应外部中断,从而产生不可预料的结果。所以在结束原语操作时,必须恢复停止响应中断之前的中断状态,从而允许原语操作的嵌套。

2.7 错 误 处 理

人总会犯错误,错误恢复是软件工程的一部分。程序中总会发生异常情况,其中一些源自程序中的 Bug,另一些涉及系统装载或硬件的瞬间状态。无论什么原因,代码必须能对不寻常的情况做出恰当的反应。本节将描述 EOS 采用的三种错误处理机制:**状态码**、**断言和 Bug Check**。

1. 状态码

EOS 内核各个模块所公开的接口函数,基本上都是通过向其调用者返回一个状态码来表明调用是否成功,所以这些接口函数的定义都类似下面的样子:

```
STATUS SomeFunction(/*省略参数*/)
{
    STATUS Status;                   //定义一个变量用来保存状态码

    //省略代码。根据操作的结果为变量 Status 赋值

    return Status;                   //返回状态码
}
```

STATUS 类型是一个 32 位整数,其中高两位指出状态的严重性——成功(00)、信息(01)、警告(10)、错误(11),低 30 位是状态值。STATUS 类型在 inc/eosdef.h 文件中定义如下:

```
typedef long STATUS, * PSTATUS;
```

在调用这些函数时,我们应该总是检测函数返回的状态码,并对错误情况进行适当的处理,从而确保 EOS 内核的健壮性和可靠性。在检测函数返回的状态码时需要注意,由于只要状态码的最高位为 0(成功状态码和信息类状态码最高位都为 0),那么不管其他位是否为 1,该状态码就表示操作成功。所以,绝对不要认为函数返回的状态码不等于 0 就表示失败,而应该使用 EOS 专为判别状态码而定义的宏 EOS_SUCCESS(在 inc/eosdef.h 文件中定

义)来进行判断：

```
#define EOS_SUCCESS(Status)((STATUS)(Status)>=0)
```

由于警告和错误都会将状态码的最高位设置为 1,这样状态码就是一个负数了,所以只要状态码是 0 或者正数就表示操作成功。EOS 中普遍使用宏 EOS_SUCCESS 判断函数的返回状态,代码的结构如下所示：

```
STATUS Status;                    //定义一个变量用来保存函数返回的状态码
  ⋮
Status=SomeFunction(...);         //调用函数并获取返回的状态码
if(EOS_SUCCESS(Status)) {         //使用宏 EOS_SUCCESS 判别状态码
    //成功。继续执行其他操作
} else {
    //失败。执行错误处理
}
```

如果读者打算为 EOS 添加新的函数,则添加的新函数也应该像其他函数一样返回适当的状态码。如果添加的新函数执行成功了,可以返回 STATUS_SUCCESS;如果执行失败了,应该返回一个适当的状态码来表示错误的原因,这样调用新函数的程序就可以根据不同的错误原因采取不同的方式来进行处理。读者可以在 inc/status.h 文件中选择合适的错误码,如果已定义的状态码没有合适的,可以添加新的状态码定义。另外,读者可能也注意到了,由于函数使用返回值来返回操作的状态码,所以,只能通过使用输出参数的方式从函数返回其他数据了。

2. 断言

断言 ASSERT 是一个在文件 inc/rtl.h 中定义的宏函数：

```
#ifdef _DEBUG
#define ASSERT(x) do { if(!(x)) DbgBreakPoint(); } while(0)
#else
#define ASSERT(x)
#endif
```

从代码中可以看出,只有在定义了预定义符号"_DEBUG"时,该宏定义才有效,否则该宏定义为空,也就是说只有在调试版本的 EOS 内核中该宏定义才有效。另外,该宏定义函数的参数是作为条件语句的布尔表达式来使用的,说明参数也必须是一个布尔表达式。当表达式为真时,什么都不做,当表达式为假时,就会触发一个调试断点,中断程序的执行,此时就可以观察造成程序中断执行的原因,从而发现代码中不应该出现的逻辑错误。

ASSERT 主要用来进行"防御性"编程。例如,有某个操作在执行前必须符合若干个条件,那么在开始编写该操作的代码之前,可以使用 ASSERT 来确保这些条件都得到满足。又如,也是 ASSERT 应用较多的地方,可以使用 ASSERT 保证传入函数中参数的有效性,类似下面的代码：

```
void Foo(PVOID pParam)
{
    ASSERT(pParam !=NULL);

    //省略代码

}
```

此段代码使用 ASSERT 保证传入函数的参数不是空指针,这样如果在编写调用此函数的代码时不小心传入了空指针,ASSERT 就可以帮助纠正错误了。

综上所述,ASSERT 可以用来编写正确的代码,从而实现正确的逻辑功能,但不能用来执行错误处理。也就是说,ASSERT 是一个在编写代码的过程中正确构建程序的工具,而绝不能作为程序中任何功能的组成部分。这也正是 ASSERT 只在程序的调试版本有效,在发布版本无效的原因。

3. Bug check

EOS 内核提供了一个类似 printf 的输出函数 KeBugCheck(PCSTR format,…),当内核遇到致命错误时(不能再向下执行),可以调用此函数在蓝色背景的屏幕上输出错误信息。此函数的定义可以参见 ke/i386/bugcheck.c 文件,在该函数的末尾可以看到一个死循环语句,说明 KeBugCheck 永远不会返回,从而保证 EOS 内核在出现致命错误的时候能够不再向下执行,除非重新启动计算机。

2.8 条 件 编 译

EOS 使用预处理器提供的条件编译功能,按照不同的条件来编译不同部分的代码,从而可以产生不同的程序。例如,EOS 内核虽然只有一套源代码文件,但是当使用不同的条件进行编译时,就会使用这些文件中不同部分的代码来生成不同版本的 EOS 操作系统,这方便了 EOS 的移植和调试。使用 C 语言提供的预处理命令(♯define、♯ifdef 等)可以实现条件编译功能,读者可以在任何一本介绍 C 语言程序设计的书籍中找到这方面的信息,这里就不再赘述。

1. _DEBUG

EOS 内核源代码中使用最多的预处理器定义就是_DEBUG。如果在编译程序时定义了_DEBUG 符号,EOS 内核将包含与调试功能相关的代码,启用某些调试功能。例如在 EOS 内核头文件 inc/rtl.h 中定义的断言 ASSERT:

```
#ifdef _DEBUG
#define ASSERT(x) do { if(!(x)) DbgBreakPoint(); } while(0)
#else
#define ASSERT(x)
#endif
```

在使用 DEBUG 配置生成 EOS 内核时,会使用－D _DEBUG 编译器选项,这样编译器在编

译每个源代码文件时都相当于定义了_DEBUG 符号,ASSERT 宏函数就相当定义为:

```
#define ASSERT(x) do { if(!(x)) DbgBreakPoint(); } while(0)
```

此时,程序中使用了 ASSERT 的地方就会用定义的 C 语言代码来替换。而在使用
RELEASE 配置生成 EOS 内核时没有定义_DEBUG 符号,ASSERT 宏函数就相当定义为:

```
#define ASSERT(x)
```

此时,程序中使用了 ASSERT 的地方就会被忽略。同样的,EOS 应用程序的 DEBUG 配置
也定义了_DEBUG 符号,而 RELEASE 配置没有定义_DEBUG 符号。

2. _KERNEL_

在 EOS 内核头文件 inc/eosdef.h 中使用了预处理器定义_KERNEL_:

```
#ifdef _KERNEL_
#define EOSAPI        __declspec(dllexport)
#else
#define EOSAPI        __declspec(dllimport)
#endif
```

此预处理器定义可以让 EOSAPI 宏定义在不同的条件下代表不同的关键字。例如在 EOS
内核头文件 inc/eos.h 声明 API 函数 DeleteFile 的代码:

```
EOSAPI BOOL DeleteFile(IN PCSTR FileName);
```

在编译 EOS 内核时,由于使用了-D _KERNEL_编译器选项,被编译的代码相当于:

```
__declspec(dllexport) BOOL DeleteFile(IN PCSTR FileName);
```

__declspec(dllexport)关键字会告诉编译器 DeleteFile 函数需要从生成的 EOS 内核文件
kernel.dll 中导出。

在编译 EOS 应用程序时(还记得 EOS 应用程序的头文件必须包含 EOS 内核的 eos.h
头文件吗?),由于没有使用-D _KERNEL_编译器选项,被编译的代码相当于:

```
__declspec(dllimport) BOOL DeleteFile(IN PCSTR FileName);
```

__declspec(dllimport)关键字会告诉编译器在生成的 EOS 应用程序中不需要包含
DeleteFile 函数的可执行代码,此函数是从其他的模块(kernel.dll)导入的。通过使用条件
编译,eos.h 头文件既可以在 EOS 内核中使用,也可以在 EOS 应用程序中使用,并且可以表
示为不同的源代码。

3. _I386

EOS 内核源代码中所有与 Intel X86 硬件平台相关的代码,都被包围在#ifdef _I386 和
#endif 内,主要是为了方便移植。如果需要将 EOS 内核移植到其他硬件平台时,例如
IA64,只需要为新平台定义一个对应的预处理器定义_IA64,然后将与新平台相关的代码都

包围在＃ifdef _IA64 和 ＃endif 内即可。当需要生成能够在 Intel X86 硬件平台运行的 EOS 内核时,使用－D _I386 编译器选项,当需要生成能够在 IA64 硬件平台运行的 EOS 内核时,使用－D _IA64 编译器选项。由于目前 EOS 内核只支持 Intel X86 硬件平台,所以在编译 EOS 内核源代码时总是使用－D _I386 编译器选项。EOS 应用程序是与硬件平台无关的,当然就不需要使用类似"_I386"这样与硬件平台相关的预处理器定义了。

4. 查看项目的预处理器定义

可以使用 OS Lab 查看 EOS 内核项目和 EOS 应用程序项目在不同配置下所使用的不同的预处理器定义。使用 OS Lab 打开或新建一个 EOS 内核项目,在"项目管理器"窗口中右键点击项目节点(树的根节点),在弹出的快捷菜单中选择"属性",在"属性页"对话框左侧的树中选择"C/C++"节点的"常规"子节点,然后在右侧的属性列表中,就可以看到"预处理器定义"属性值。此属性值用来为编译器指定一个或多个预处理器定义。DEBUG 配置的 EOS 内核,此属性值为"_I386;_DEBUG;_KERNEL_",也可以在左侧树中选择"C/C++"节点的"命令行"子节点查看编译器使用的命令行,包括选项"-D "_I386" -D "_DEBUG" -D "_KERNEL_""。选择"配置"下拉框中的 RELEASE 配置,可以看到 RELEASE 配置的 EOS 内核使用"_I386;_KERNEL_"作为"预处理器定义"属性的值。使用同样的方法也可以查看 EOS 应用程序项目使用的预处理器定义,DEBUG 配置使用的预处理器定义为"_DEBUG",RELEASE 配置使用的预处理器定义为空。可以看到,EOS 内核项目和 EOS 应用程序项目使用这三种预处理器的方法与之前的描述是一致的。

2.9　C语言中变量的内存布局

C 语言编写的源代码用于描述程序中的指令和数据。其中,指令全部保存在程序的可执行文件中,并随可执行文件一同载入内存。绝大多数情况下,指令在内存中的位置是不变的,并且是只读的,所以暂时不做过多的讨论。程序中的数据主要是由 C 源代码中的各种数据类型定义的变量来描述的,而且这些数据在内存中的分布情况要复杂一些,这也就是本节要讨论的重点。通过阅读本节内容,读者可以了解到 C 语言定义的数据类型所描述的内存布局,还能够了解到各种变量在内存中的位置,这对于读者深刻理解 EOS 操作系统的行为,特别是内存使用情况会有很大帮助。

从 CPU 的角度观察,内存就是一个由若干字节组成的一维数组,用来访问数组元素的下标就是内存的地址。与典型数组不同的是,CPU 可以将从某个地址开始的几个字节作为一个整体来同时访问,例如,CPU 可以同时访问 1、2、4 或更多个字节。可以这样来理解,CPU 在访问内存时需要同时具备两个要素:一个是**内存基址**,即从哪里开始访问内存;另一个是**内存布局**,即访问的字节数量。相对应的,在 C 语言编写的源代码中,数据类型(包括基本数据类型和结构体等)用来描述内存布局,并不占用实际的内存,而只有使用这些数据类型定义的变量才会占用实际的内存,从而确定内存基址。

1. 数据类型描述的内存布局

在 C 语言中预定义的基本数据类型,包括 char、short、long 和指针类型等,所描述的内存布局就是若干个连续的字节。例如 char 类型描述了 1 个字节,short 类型描述了 2 个字节,long 类型描述了 4 个字节,指针类型(无论是哪种指针类型)也是描述了 4 个字节。使用这些数据类型定义变量的过程,就是为变量分配内存的过程,也就是确定基址的过程。再结合这些数据类型所描述的内存布局,CPU 即可访问变量所在的内存。考虑下面的代码:

```
char a='A';
short b=0x1234;
long c=0x12345678;
void* p=&c;
```

这四个变量的内存布局可以像图 2-9 所示的样子(注意字节是反序的,原因参见附录 B)。以变量 p 为例,其内存基址为 0x402008,并且由于空指针类型描述的内存布局是 4 个字节,所以变量 p 所在的内存为从 0x402008 起始的 4 个字节。由于变量 p 所在的内存同时具备了内存基址和内存布局这两个要素,CPU 就可以访问变量 p 所在的内存了,于是 CPU 可以将变量 c 的地址放入变量 p 所在的内存。

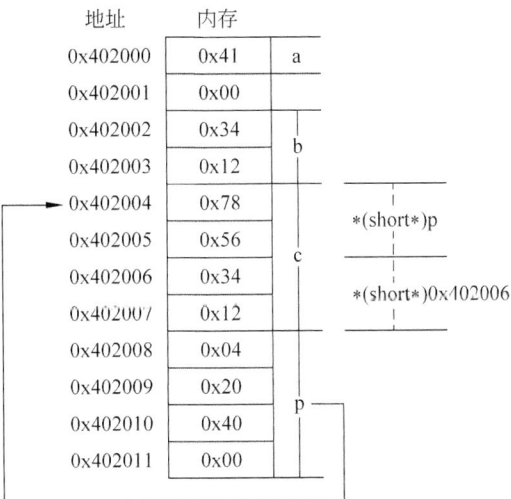

图 2-9 最简单的数据类型所描述的内存布局

接下来分析一下 CPU 在访问内存时,如果缺少了某个要素,会出现什么样的情况。如果添加了一行语句" * p＝b;",则编译器会报告错误。原因是该语句的本意是将变量 b 内存中的数据复制到指针 p 所指向的内存中。虽然已经知道指针 p 指向的内存基址是 0x402004,但是由于指针 p 是一个空指针类型,即 p 所指向的内存的类型为空(void)。所以,CPU 在试图访问指针 p 所指向的内存时,就无法确定从基址开始访问的字节数量,也就是缺少了内存布局这个要素。对于这种情况,可以将语句修改为" * (short *)p＝b;",将指针 p 的类型强制转换为 short 指针类型,即使用 short 类型描述指针 p 所指向的内存,则该语句就可以将 0x402004 字节的值修改为 0x34,将 0x402005 字节的值修改为 0x12 了。于是可以得出一个结论:类型转换(包括自动转换和强制转换)的过程,就是修改内存布局这个要素的过程。

本质上,只要具备了内存基址和内存布局这两个要素,即使不使用变量也同样可以访问内存,例如语句" * (short *)0x402006＝b;"也是可以正确执行的。读者应该学会从内存基址和内存布局的角度来理解各种数据类型(特别是指针类型)的使用方法。当源代码中出现问题或者是难于理解的地方,可以尝试使用内存基址和内存布局这两个要素来进行分析。

结构体类型定义的变量也同样具有内存基址和内存布局这两个要素,只不过由结构体类型定义的变量,其内存布局还需要遵守以下的两条准则:

- 结构体变量中第一个域的内存基址等于整个结构体变量的内存基址。
- 结构体变量中各个域的内存基址是随它们的声明顺序依次递增的。

下面通过一些实例来说明这两条准则。为了强调内存基址和内存布局这两个要素,举例时会使用结构体类型的指针指向一块内存,从而确定内存基址和内存布局。首先考虑下列源代码:

```
unsigned char ByteArray[8]={0x10, 0x20, 0x30, 0x40, 0x50, 0x60, 0x70, 0x80};

typedef struct _FOO {
    long Member1;
    long Member2;
}FOO, * PFOO;

PFOO Pointer=(PFOO)ByteArray;
```

指针 Pointer 指向的内存基址和内存布局可以像图 2-10 所示的样子。此时,表达式 Pointer－＞Member1 的值为 0x40302010,表达式 Pointer－＞Member2 的值为 0x80706050。其中,表达式 &Pointer－＞Member1 得到的地址为 0x402000,与指针 Pointer 指向的地址相同,可以说明第一条准则是成立的;表达式 &Pointer－＞Member2 得到的地址大于 &Pointer－＞Member1 得到的地址,可以说明第二条准则也是成立的。

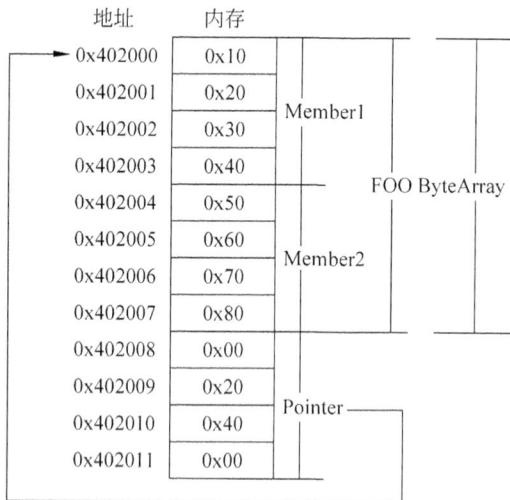

图 2-10　结构体类型所描述的内存布局

这里需要特别说明一下二元操作符－＞,注意此操作符的左侧和右侧都会涉及内存基址和内存布局这两个要素。该操作符的工作过程是这样的,首先根据左侧的结构体类型和右侧的域,计算出域在结构体类型中的偏移值,然后将该偏移值与左侧的结构体指针变量所指向的地址相加,从而得到右侧域的内存基址,最后再结合域的数据类型(内存布局)来访问对应的内存。例如,考虑表达式 Pointer－＞Member2,－＞操作符首先计算出域 Member2 在结构体 FOO 中的偏移值是 4,与 Pointer 指向的地址 0x40200 相加得到地址 0x40204,再结合域 Member2 的数据类型(内存布局)访问内存中的数据。

正是基于结构体类型的内存布局所遵守的两条准则,以及操作符－＞的工作方式,EOS 才能够定义 CONTAINING_RECORD 宏函数,以便根据结构体变量中某个域的指针反推得到结构体变量的指针。CONTAINING_RECORD 宏函数在文件 inc/eosdef.h 中定义如下:

```
#define CONTAINING_RECORD(address, type, field)((type *)(\
                                    (ULONG_PTR)(address)-\
                                    (ULONG_PTR)(&((type *)0)->field)))
```

参数 address 是结构体变量中某个域的指针,参数 type 是结构体类型名称,参数 field 是该域的名称。操作符"－＞"左侧的表达式"((type *)0)"表示结构体变量所在的内存基址为 0,并使用 type 结构体类型来描述其内存布局,然后根据右侧的域计算出该域在结构体类型中的偏移值,并和基址 0 相加后获得该域所在的内存基址,就可以访问该域所在的内存了。不过这里并不是要访问该域所在的内存,而是使用 & 操作符获得了该域的地址(仍然为偏移值),然后使用该域的实际地址减去此偏移值后,即可获得结构体变量的指针(即结构体变量的地址)。

结构体中相邻的域所描述的内存布局总是紧密相邻的吗?答案是否定的。为了提升 CPU 访问内存的速度,默认情况下,C 语言编译器会保证基本数据类型的内存基址是某个数 k(通常为 2 或 4)的倍数,这就是所谓的**内存对齐**,而这个 k 则被称为该数据类型的对齐模数。以用来编译 EOS 源代码的 GCC 编译器为例,默认情况下,任何基本数据类型的对齐模数就是该数据类型的大小。比如对于 double 类型(大小为 8 字节),就要求该数据类型的内存基址总是 8 的倍数,而 char 数据类型(大小为 1 字节)的内存基址则可以从任何一个地址开始。考虑下列两个结构体:

```
//#pragma pack(1)

typedef struct _FOO1 {
    short Member1;
    long Member2;
}FOO1, * PFOO1;

typedef struct _FOO2 {
    unsigned char Member1;
    short Member2;
    long Member3;
}FOO2, * PFOO2;

//#pragma pack()
```

如果使用这两个结构体定义的指针变量指向 ByteArray 数组,则指针变量描述的内存布局如图 2-11 所示。

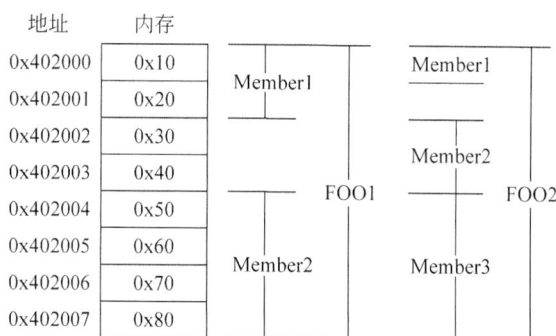

图 2-11　默认情况下结构体的内存布局

C 语言提供了一个编译器指令"♯pragma pack(n)"用来指定数据类型的对齐模数。将 n 替换为指定的对齐模数,则在该编译器指令之后出现的所有数据类型都会使用指定的模数来进行内存对齐,如果忽略了小括号中的 n,就会使用默认的方式来进行内存对齐。所以,如果取消注释之前代码中的第一行和最后一行语句,内存布局就会变为图 2-12 所示的样子。

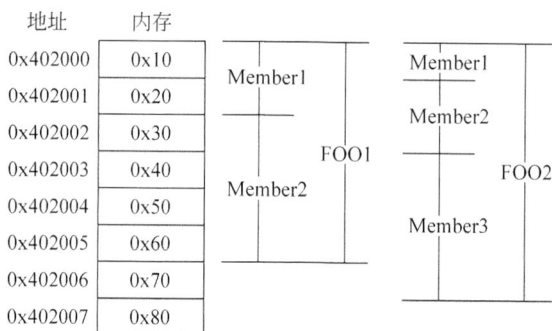

图 2-12　按照 1 字节对齐后的结构体的内存布局

下面说明联合体类型所描述的内存布局。联合体类型中的各个域总是使用相同的内存基址,但是它们会使用各自的数据类型来描述内存布局,并且联合体类型的大小由占用字节最多的那个域来决定。下列代码在结构体类型中嵌入了一个联合体:

```
typedef struct _FOO3 {
    union {
        short Member1;
        long Member2;
    }u;
    long Member3;
}FOO3, * PFOO3;
```

如果使用此结构体定义的指针变量指向 ByteArray 数组,则指针变量描述的内存布局如

图 2-13 所示。

地址	内存		
0x402000	0x10	Member1	
0x402001	0x20	Member2 u	
0x402002	0x30		
0x402003	0x40		FOO3
0x402004	0x50		
0x402005	0x60		
0x402006	0x70	Member3	
0x402007	0x80		

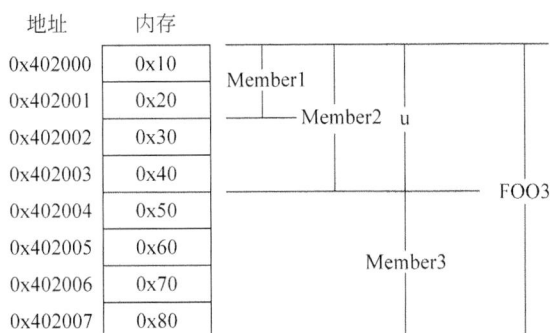

图 2-13　联合体的内存布局

最后,由于 EOS 源代码中还用到了位域这种数据类型,所以再简单介绍一下位域的内存布局(关于位域的详细用法,请读者参考 C 语言程序设计方面的教材)。所谓位域,就是把若干字节中的二进制位划分为几个不同的区域,并说明每个区域的位数。定义位域时,其各个域的数据类型必须是相同的,并且由此数据类型决定整个位域的内存布局(占用的字节数量),而各个域只说明各自占用的位数。考虑下面定义的位域:

```
typedef struct _FOO4 {
    long Head:10;
    long Middle:10;
    long Tail:12;
}FOO4, * PFOO4;
```

如果使用此位域定义的指针变量指向 ByteArray 数组,则指针变量描述的内存布局如图 2-14 所示。此位域中各个域都是 long 类型的,所以整个位域可以描述从 0x402000 开始的 4 个字节。此时,表达式 Pointer－＞Head 的值为 0x10(0000010000),表达式 Pointer－＞Middle 的值为 0x08(0000001000),表达式 Pointer－＞Tail 的值为 0x403(010000000011)。

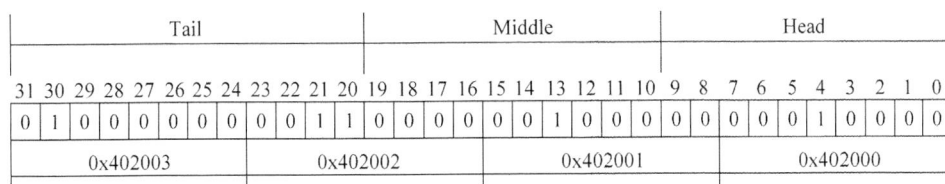

Tail											Middle										Head									
31	30	29	28	27	26	25	24	23	22	21	20	19	18	17	16	15	14	13	12	11	10	9	8	7	6	5	4	3	2	1	0
0	1	0	0	0	0	0	0	0	0	1	1	0	0	0	0	0	0	1	0	0	0	0	0	0	0	0	1	0	0	0	0
0x402003								0x402002								0x402001								0x402000							

图 2-14　位域的内存布局

2. 变量在内存中的位置

以变量在内存中的位置来区分,可以将变量分为**静态变量**和**动态变量**。静态变量是指在程序运行期间在内存中的位置不会发生改变的那些变量,包括全局变量和使用 static 声明的局部变量。动态变量是指在程序运行期间会动态的为其分配内存的那些变量,包括函数的形式参数和局部变量(未加 static 声明)。

相对应的,程序在运行期间所占用的内存也会分为静态存储区和动态存储区。其中,静态存储区与程序可执行文件中的数据区是完全相同的,原因是在使用 C 源代码生成程序的可执行文件时,就已经将所有的静态变量放置在数据区中。在一个程序开始执行时,操作系统会首先将程序的可执行文件载入内存,并使用可执行文件中的数据区创建静态存储区,这样所有的静态变量就很轻松地出现在内存中了。对于动态存储区,它是在程序开始执行之前被操作系统创建的一块内存,用来存放动态变量以及函数调用时的现场和返回地址,也就是常说的栈(stack)。在程序运行期间,调用函数时会为动态变量分配栈,函数结束时会展开栈(参见 2.5 节)。

2.10　使用工具阅读 EOS 源代码

“工欲善其事,必先利其器”。OS Lab 提供了一些工具,用于帮助读者提高阅读 EOS 源代码的效率。

1. 源代码编辑器

OS Lab 提供的源代码编辑器为多种源代码文件(.c,.cpp,.h,.asm 等)提供了符号高亮显示功能,可以帮助读者在阅读源代码的过程中,轻松分辨出各种符号(包括关键字、字符串、寄存器、注释等)。在编辑器中还显示了源代码所在的行号,方便读者准确定位源代码的位置。

编辑器为 C 语言代码提供了大纲功能。使用大纲功能,读者可以将一些嵌套较深的源代码折叠起来,帮助读者理解源代码的结构。在图 2-15 中显示了将一个双重循环的第二层循环折叠后的效果。读者在阅读一些大型的代码文件时,如果使用大纲功能将一些不关心的函数或者大段的注释折叠起来,可以使代码看起来更加直观。

```
while (TRUE) {

    for (pListEntry = RequestListHead.Next;
         pListEntry != &RequestListHead;
         pListEntry = pListEntry->Next) ...

    }
```

图 2-15　使用大纲将源代码折叠

2. 文本查找工具

OS Lab 提供了一些快捷键,用于在打开的源代码文件中迅速查找文本。例如在一个函数中遇到了一个局部变量 Var,如果想知道定义此变量的数据类型,可以使用鼠标选中此变量的名称,然后按 Ctrl+Shift+F3 键在代码中向上查找相同的文本,如果找到的仍然是使用此变量的代码而不是定义此变量的代码,可以按 Ctrl+Shift+F3 键继续向上查找,直到找到定义此变量的代码为止。如果在一个函数的开始遇到了一个局部变量的定义 LONG Var,想知道在此函数中都有哪些地方用到了此局部变量,可以使用鼠标选中此变量的名称,然后重复按 Ctrl+F3 键在代码中向下查找相同的文本,直到浏览了所有用到此变量的代码为止。

OS Lab 提供了“查找和替换”对话框,用于在多个文件中查找文本。如果在阅读代码时遇到了一个函数调用 Fun(),想查看此函数是如何实现的(即函数的定义),可以使用鼠标选中函数的名称,然后按 Ctrl＋Shift＋F 快捷键弹出"查找和替换"对话框,在对话框的"查找内容"中会自动填入选中的函数名称(见图 2-16),此时按 F1 键可以打开关于此对话框的帮助信息。单击"查找全部"按钮后,OS Lab 会自动激活"查找结果"窗口,并会在其中显示出各个文件中出现此函数名称的位置,此时按 F1 键可以打开关于此窗口的帮助信息。在"查找结果"窗口中双击要查看的位置,源代码编辑器会打开源代码文件,并将光标设置在文本所在行。这种方法还可以用来查找所有调用了 Fun 函数的代码行,帮助读者理解该函数的使用方法。

这里需要注意的是,如果读者要查找的函数是在汇编代码中定义的,在 C 语言代码中被使用(或者相反),则函数的名称会不同(参见 2.5 节),此时需要将"查找和替换"对话框中的"全字匹配"复选框取消选中。

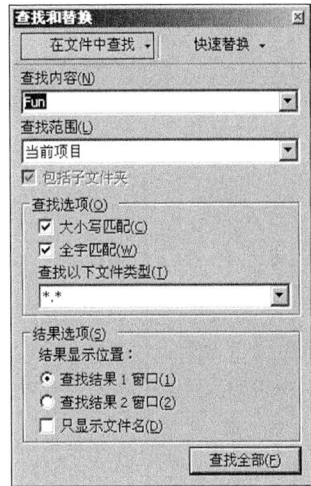

图 2-16   "查找和替换"对话框

3. 书签工具

书签能够记录读者所关注的代码所在的位置,让读者迅速准确的找到想要查看的代码。假如读者正在研究某个函数的用法,可能需要在调用此函数的代码行和定义此函数的代码行间来回切换,此时读者可以在调用此函数的代码行添加一个书签(左键点击此代码行,然后按 Ctrl＋F2 键),然后在定义此函数的代码行添加另一个书签,接下来就可以通过反复按 F2 键在这两段代码间快速切换了。如果读者不再需要这些书签,可以按 Ctrl＋Shift＋F2 键删除所有书签。更多的书签功能可以在 OS Lab 中查看"编辑"菜单中的"书签"子菜单。

4. 编译器工具

编译器工具可以帮助读者定位代码中的警告和错误,读者可以适时的使用快捷键 Ctrl＋Alt＋F7 执行"重新生成项目"来检查代码。如果在 OS Lab 的"输出"窗口中输出了警告或者错误,可以在"输出"窗口中双击要查看的行,源代码编辑器会打开源代码文件,并将光标设置在警告或错误所在行。

如果生成项目时报告的错误非常多,可以尝试着修改最前面的一两个错误,然后再次重新生成项目,报告的错误往往会减少很多。例如修改了头文件中的语法错误,则所有包含了此头文件的源文件都不会再报告此错误。

5. 调试器工具

要探究程序动态运行时的每个细节,需要在调试器中运行它。虽然调试器主要用于查找程序的错误,它还是分析程序运行的万能工具。下面的列表概括了对阅读代码最有帮助的调试器特性。

- 单步执行允许读者针对给定的输入,跟踪程序执行的精确顺序。调试器允许读者跳过子例程调用(当对特定的例程不感兴趣时可以按 F10 键跳过)或者进入调用(当希望分析例程的操作时按 F11 键进入)。
- 断点能够在程序执行到特定的点时,让程序停下来。读者可以使用断点快速地跳转到感兴趣的点,或检查某块代码是否得到执行。
- 数据提示可以为读者提供相应的视图,显示变量的值。使用它们可以监控这些变量在程序运行过程中如何变更。同时能够展开结构的成员,帮助读者对数据结构进行分析、理解和检验。

- 调用堆栈为读者提供通向当前执行点的调用历史,以及每个例程的地址及参数(在 C 和 C++ 中从 main 开始),可以帮助读者理解函数调用的层次。
- 反汇编可以让读者查看例程的汇编代码,可以用于检查 C 语言编写的与硬件相关的代码,是否执行了预期的操作,也可以让读者调试那些没有调试信息的汇编模块。

以上提到的各种工具不单是 OS Lab 会提供,很多集成开发环境都会提供类似的功能。读者在阅读 EOS 源代码的过程中应该有意识地多使用这些工具,熟练使用后才能发挥真正的威力。

第 3 章　EOS 的启动过程

如果读者一直对操作系统启动过程怀有极大的好奇心,那么本章可以帮助读者揭开这个秘密。虽然操作系统可以从多种存储设备启动,例如硬盘、软盘、光盘和闪存等。但是无论操作系统从哪种设备启动,其基本原理都是一样的:BIOS 程序首先将存储设备的引导记录(Boot Record)载入内存,并执行引导记录中的引导程序;然后,引导程序会将存储设备中的操作系统内核载入内存,并进入内核的入口点开始执行;最后操作系统内核完成系统的初始化,并允许用户与操作系统进行交互。

EOS 操作系统是从软盘启动的,其从 CPU 加电到启动完成的过程如图 3-1 所示。读者可以从图 3-1 中大致了解一下 EOS 操作系统启动的过程,各步骤执行的具体情况在本章会有详细介绍。

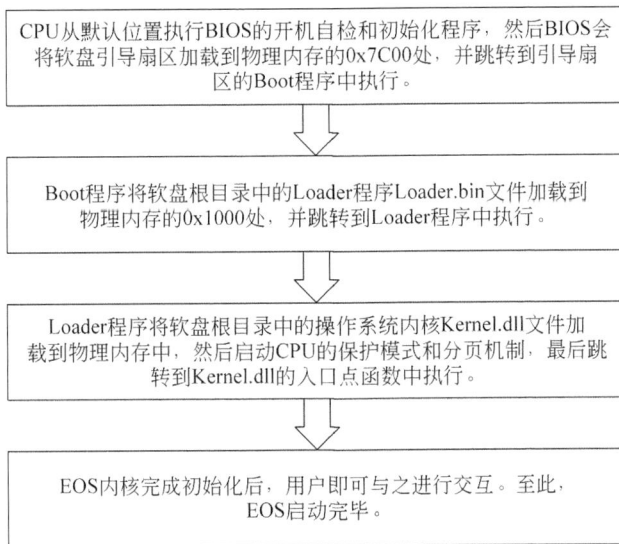

CPU从默认位置执行BIOS的开机自检和初始化程序,然后BIOS会将软盘引导扇区加载到物理内存的0x7C00处,并跳转到引导扇区的Boot程序中执行。

Boot程序将软盘根目录中的Loader程序Loader.bin文件加载到物理内存的0x1000处,并跳转到Loader程序中执行。

Loader程序将软盘根目录中的操作系统内核Kernel.dll文件加载到物理内存中,然后启动CPU的保护模式和分页机制,最后跳转到Kernel.dll的入口点函数中执行。

EOS内核完成初始化后,用户即可与之进行交互。至此,EOS启动完毕。

图 3-1　EOS 的启动过程

3.1　BIOS 程序的执行过程

BIOS(Basic Input/Output System)是基本输入输出系统的简称。BIOS 能为电脑提供最低级、最直接的硬件控制与支持,是联系最底层的硬件系统和软件系统的桥梁。为了在关机后使 BIOS 不会丢失,早期的 BIOS 存储在 ROM 中,并且其大小不会超过 64KB;而目前的 BIOS 大多有 1MB 到 2MB,所以会被存储在闪存(Flash Memory)中。

BIOS 用到的 CPU、软盘、硬盘、显卡、内存等系统硬件配置信息,会和计算机的实时时钟信息一起存放在一块可读写的 CMOS 存储器中。当关机后,系统会通过一块后备电池向CMOS 供电,以确保其中的信息不会丢失。

BIOS 的主要作用如下所示。

1. 自检及初始化

CPU 加电后会首先执行 BIOS 程序，其中 POST（Power-On Self-Test）加电自检程序是执行的第一个例行程序，主要是对 CPU、内存等硬件设备进行检测和初始化。

2. 设定中断

BIOS 中断调用即 BIOS 中断服务程序，是计算机系统软硬件之间的一个可编程接口。开机时，BIOS 会通知 CPU 各种硬件设备的中断号，并提供中断服务程序。软件可以通过调用 BIOS 中断对软盘驱动器、键盘及显示器等外围设备进行管理。

3. 将 CPU 移交操作系统

BIOS 会根据在 CMOS 中保存的配置信息来判断使用哪种设备启动操作系统，并将 CPU 移交给操作系统使用。例如，如果是从软盘启动操作系统，BIOS 会在完成自检及初始化后，将软盘的引导扇区加载到物理内存的 0x7C00 处，然后让 CPU 执行软盘引导扇区中的引导程序（从 0x7C00 处执行），然后启动操作系统。

CPU 在加电瞬间，其各个寄存器会自动初始化为默认值（这些默认值可以从 Intel 的资料《IA-32 Intel Architecture Software Developer's Manual Volume 3：System Programming Guide》中获得），其中 CS 和 IP 寄存器的默认值指向了 BIOS 程序的第一条指令，从而使 CPU 开始执行 BIOS 程序。BIOS 程序在执行一些必要的开机自检和初始化后，会将自己复制到从 0xA0000 开始的物理内存中并继续执行。然后，BIOS 开始搜寻可引导的存储设备。如果找到，则将存储设备中的引导扇区读入物理内存 0x7C00 处，并跳转到 0x7C00 继续执行，从而将 CPU 交给引导扇区中的 Boot 程序。

以 EOS 操作系统为例，开机时，如果在软盘驱动器中插有一张 EOS 操作系统软盘，则软盘的引导扇区（大小为 512 字节）就会被 BIOS 程序加载到物理内存的 0x7C00 处。此时的物理内存如图 3-2 所示。其中，常规内存（640KB）与上位内存（384KB）组成了在实模式

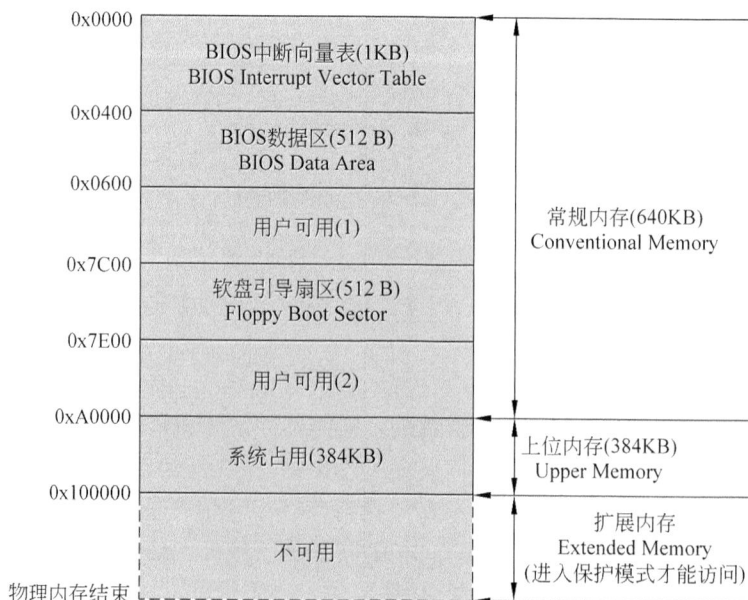

图 3-2　软盘引导扇区被加载后的物理内存的布局

下 CPU 能够访问的 1M 地址空间。并且此时只有两个区域的空白物理内存可供正在运行的 Boot 程序使用，即"用户可用(1)"和"用户可用(2)"。

3.2   Boot 程序的执行过程

在 Boot 程序执行的过程中，CPU 始终处于实模式状态。Boot 程序利用 BIOS 提供的 int 0x13 中断服务程序读取软盘 FAT12 文件系统的根目录，在根目录中搜寻 loader. bin 文件。如果 Boot 程序找到了 loader. bin 文件，会继续利用 int 0x13 功能将整个 loader. bin 文件读入从地址 0x1000 起始的物理内存，最后跳转到 0x1000 处开始执行 Loader 程序，Boot 程序的使命到此结束。

Boot 程序的大小被限制在一个软盘扇区(512 字节)之内，所以必须非常短小，除了加载并执行 Loader 程序之外不做任何其他事情。如果读者对 Boot 程序比较感兴趣，可以阅读 Boot 程序的源代码文件 boot/boot. asm。

3.3   Loader 程序的执行过程

Loader 程序的任务和 Boot 程序很相似，同样是将其他的程序加载到物理内存中，这次加载的是 EOS 内核。除此之外，Loader 程序还负责检测内存大小，为内核准备保护模式执行环境等工作。

Loader 程序首先利用 BIOS 的 int 0x15 中断服务程序检测物理内存的大小，然后将内存大小记录在内存变量中，以便传递给内核的内存管理器。接下来 Loader 程序从软盘的根目录中将内核文件 kernel. dll 载入物理内存 0x10000 处。加载内核文件完毕后，Loader 程序会打开 A20 地址线，加载全局描述符表(GDT)，并通过一个长跳转进入 80386 的保护模式，此时就可以访问 32 位的物理地址了。然后 Loader 程序会启动分页机制，将物理内存最开始的约 1/8(最小 4MB)映射到虚拟地址 0x80000000 处，这样 kernel. dll 就位于虚拟内存 0x80010000 处了，这正好是 kernel. dll 的运行基址。在 Loader 程序对内核文件进行节对齐操作后，Loader 程序就可以跳转到 kernel. dll 的入口点继续执行，从而将控制权交给内核，Loader 程序的使命到此结束。

之所以将 Boot 程序和 Loader 程序分开，原因是 Boot 程序受到 512 字节大小的限制，完成不了过多的任务。如果 Boot 程序没有大小限制，是完全可以将 Loader 程序并入 Boot 程序的。如果读者对 Loader 程序比较感兴趣，可以阅读 Loader 程序的源代码文件 boot/loader. asm。

3.4   内核的初始化过程

内核文件 kernel. dll 的入口点是源文件 ke/start. c 中的 KiSystemStartup 函数。该函数会首先执行内核的初始化操作，使内核具备基本的中断管理和时钟管理功能，也就是设置中断向量，并初始化 Intel 8259 可编程中断控制器和 Intel 8253 可编程定时计数器。

接下来 KiSystemStartup 函数会分别调用内存管理器、对象管理器、进程管理器和 IO

管理器的第一步初始化函数。各种管理器模块在执行第一步初始化时,不能调用任何可能会引起阻塞的函数,因为目前系统中还不存在进程和线程,仍执行在由 Loader 程序构造的调用堆栈中。接下来 KiSystemStartup 函数调用 PsCreateSystemProcess 函数创建一个系统进程(也是唯一的),然后调用 KeThreadSchedule 函数调度到系统进程的主线程中执行,KiSystemStartup 函数到此就执行完毕了。

然后系统进程的主线程开始执行,这也是目前系统中的唯一的一个线程,其线程函数是文件 ke/sysproc.c 中的 KiSystemProcessRoutine 函数。该线程所执行的任务很简单:首先创建用于执行系统第二步初始化的初始化线程(线程函数是 KiInitializationThread),然后将自己的优先级将为 0 并开始执行一个什么都不做的死循环,退化为系统的空闲线程。当没有优先级大于 0 的线程可以供处理器执行时,处理器就会不停的执行这个空闲线程。

此时,由于初始化线程的优先级大于 0,所以该线程会在处理器上执行。首先,初始化线程会分别调用内存管理器、对象管理器、进程管理器和 IO 管理器的第二步初始化函数,这些初始化函数可以调用阻塞函数,可以创建各模块内部所需的系统线程。然后,初始化线程创建了一个优先级为 24 的控制台派遣线程(线程函数为 io/console.c 文件中的 IopConsoleDispatchThread 函数),控制台派遣线程用于将键盘事件派遣到活动的控制台线程中。最后,初始化线程又创建了八个优先级为 24 的控制台线程(线程函数均为 ke/sysproc.c 文件中的 KiShellThread 函数),每个控制台线程服务于一个控制台窗口,用于和用户进行交互。用户可通过键盘按键组合 Ctrl+F1 ~ Ctrl+F8 在这八个控制台窗口之间任意切换。初始化线程的任务完成后就会结束。

至此,EOS 操作系统的启动过程宣告完成,用户可以在控制台中输入命令,或者执行应用程序了。

第 4 章　对　象　管　理

EOS 中的所有资源都是以对象的形式存在的,例如进程对象、信号量对象、文件对象等,这些对象全部由内核创建,并由内核统一管理,因此可以称它们为**内核对象**。对象管理器是 EOS 内核中的一个基本管理模块,定义了一些重要的数据结构和形如 ObXXX 的若干函数,用于对内核对象进行统一管理。这些函数主要提供给 EOS 内核中的其他模块使用,不会被导出作为 API 函数使用。例如,I/O 管理器在打开一个文件时,要首先调用对象管理器中的 ObCreateObject 函数创建一个文件对象,然后才能使用该文件对象进行相应的 I/O 操作。如果没有特殊说明,在本书中提到的对象都是指内核对象。

由于对象的类型有多种,所以 EOS 使用**对象类型**来创建对象。某种类型的对象只能使用固定的对象类型来创建,可以根据需要为一种对象类型创建多个对象。对象类型可以用来描述此类对象的共有属性和方法,对象可以认为是对象类型的实例。本章介绍对象类型、对象以及它们之间的关系。

4.1　对　象　类　型

EOS 中的所有对象类型都是使用 OBJECT_TYPE 结构体在系统内存池中创建的。对象类型用于记录该种类型对象的一些信息(例如使用此种对象类型所创建的对象数量),并赋予所有对象相同的行为(例如创建,读写等)。OBJECT_TYPE 结构体在头文件 ob/obp. h 中的定义如下所示:

```
typedef struct _OBJECT_TYPE{
    PSTR Name;                          //类型名称字符串指针
    SINGLE_LIST_ENTRY TypeListEntry;
                                        //类型链表项,所有对象类型结构体被插入了类型链表中
    LIST_ENTRY ObjectListHead;          //对象链表头,所有属于此类型的对象都插入这个链表中
    ULONG ObjectCount;                  //对象计数器,所有属于此类型的对象的总数
    ULONG HandleCount;                  //句柄计数器,所有属于此类型的对象的句柄总数
    OB_CREATE_METHOD Create;            //此类型对象的构造函数指针,创建对象时被调用
    OB_DELETE_METHOD Delete;            //此类型对象的析构函数指针,删除对象时被调用
    OB_WAIT_METHOD Wait;                //此类型对象的 WaitForSingleObject 函数指针
    OB_READ_METHOD Read;                //此类型对象的 Read 函数指针
    OB_WRITE_METHOD Write;              //此类型对象的 Write 函数指针
} OBJECT_TYPE;
```

在内核的各个模块进行初始化时,会调用 ObCreateObjectType 函数(在文件 ob/obtype. c 中定义)创建所需的对象类型,例如进程模块会创建进程、线程对象,I/O 模块会创建文件对象。读者可以在 EOS 内核项目中查找所有调用了 ObCreateObjectType 函数的代

码行,即可找到 EOS 内核创建的所有对象类型。

在文件 ob/obtype. c 的开始处,定义了一个全局变量 ObpTypeListHead 作为对象类型链表的链表头,还定义了一个全局变量 ObpTypeCount 作为对象类型的计数器。注意,对象类型链表是一个单向链表(参见第 2.3 节)。在 ObCreateObjectType 函数中,成功创建对象类型后,会将对象类型的 TypeListEntry 链表项插入对象类型链表,并增加对象类型的计数器,从而使 EOS 能够有效的管理所有对象类型。例如,可以遍历对象类型链表,查找到指定名称的对象类型(参见文件 ob/obtype. c 中的 ObpLookupObjectTypeByName 函数)。

4.2　对　　象

调用 ObCreateObject 函数(在文件 ob/object. c 中定义)可以为某个对象类型创建一个对象。所有对象都是从系统内存池中分配的一块内存,其结构如图 4-1 所示。

对象的第一部分是对象名称字符串。如果对象有名称,那么这个对象就是一个命名对象。对象管理器可以保证相同类型的所有命名对象的名称是不同的,这样就可以通过对象的类型和名称确定唯一的内核对象(参见文件 ob/obtype. c 中的 ObpLookupObjectByName 函数)。如果对象没有名称,那么这个对象就是一个匿名对象。

| 对象名称字符串,长度不定。占用内存是8字节的整数倍,可为0 |
| 对象头,尺寸固定。定义为OBJECT_HEADER结构体 |
| 对象体,尺寸不定。对应于各种类型对象的结构体,例如进程对象的对象体为PCB结构体 |

图 4-1　内核对象的结构

对象的第二部分是对象头。对象头保存了各种对象都需要维护的一些基本信息,例如对象 ID 等。所以,无论是哪种对象类型的对象,都使用相同的对象头。对象头结构体 OBJECT_HEADER 在头文件 ob/obp. h 中的定义如下所示:

```
typedef struct _OBJECT_HEADER {
    PSTR Name;                              //对象名称字符串指针,如果对象匿名则为 NULL
    ULONG Id;                               //对象 ID,全局唯一
    POBJECT_TYPE Type;                      //对象类型指针,指向对象所属的对象类型
    ULONG PointerCount;                     //对象引用计数器
    ULONG HandleCount;                      //对象句柄计数器
    LIST_ENTRY TypeObjectListEntry;         //所属类型的对象链表项,被插入所属类型的对象链表
    LIST_ENTRY GlobalObjectListEntry;
                                            //全局的对象链表项,被插入全局唯一的对象链表
    QUAD Body;                              //对象体的起始域,对象体包含了此域占用的内存
} OBJECT_HEADER, * POBJECT_HEADER;
```

对象的第三部分是对象体。对象体的大小是在调用 ObCreateObject 函数创建对象时,由参数 ObjectBodySize 指定的。对象体的大小一般就是某个结构体的大小,此结构体一定是与对象类型相对应的。例如,在创建 MUTEX 对象时,使用的是"MUTEX"对象类型,而与之对应的是 MUTEX 结构体,所以将 MUTEX 结构体的大小 sizeof(MUTEX)作为参数 ObjectBodySize 的值。读者可以在 EOS 内核项目中查找所有调用了 ObCreateObject 函数

的代码行,即可找到所有创建内核对象的地方。需要特别说明的是,对象体并不是紧接在对象头的后面,而是从对象头的 Body 域开始。所以,如果已经获得了对象头的指针 ObjectHeader,那么对象体的指针可以由表达式 &ObjectHeader－>Body 获得。反过来,如果已经获得了对象体的指针 Object,则对象头的指针可以由表达式 OBJECT_TO_OBJECT_HEADER(Object)获得。OBJECT_TO_OBJECT_HEADER 是一个宏函数,在文件 ob/obp.h 中定义。

在文件 ob/object.c 的开始处,定义了一个全局变量 ObpObjectListHead 作为全局对象链表的链表头,还定义了一个全局变量 ObpObjectCount 作为对象的计数器。在 ObCreateObject 函数中,成功创建对象后,会将对象头结构体中的 GlobalObjectListEntry 链表项插入全局对象链表中,并增加对象计数器。使用全局对象链表,可以遍历系统中所有的对象(参见文件 ob/object.c 中的 ObRefObjectById 函数)。此外,在对象类型 OBJECT_TYPE 结构体中的 ObjectListHead 域是此类型对象链表的链表头。所以,对象头结构体中的 TypeObjectListEntry 链表项会被插入所属对象类型的对象链表中。使用某个对象类型的对象链表,可以遍历所有属于此类型的对象(参见文件 ob/object.c 中的 ObRefObjectByName 函数)。

4.3　对象类型和对象组成的链表

前面已简单介绍了由对象类型组成的链表以及由对象组成的链表,为了让读者有一个更清晰的认识,本节再进行一次集中的讨论。如果读者对 EOS 中使用的链表还不是很熟悉,可以结合 2.3 节来学习下面的内容。

图 4-2 描述了当 EOS 操作系统中存在三种对象类型和若干个对象时,由对象类型和对象组成的链表。这里一共有三种链表,分别是对象类型链表、对象链表以及属于某种对象类

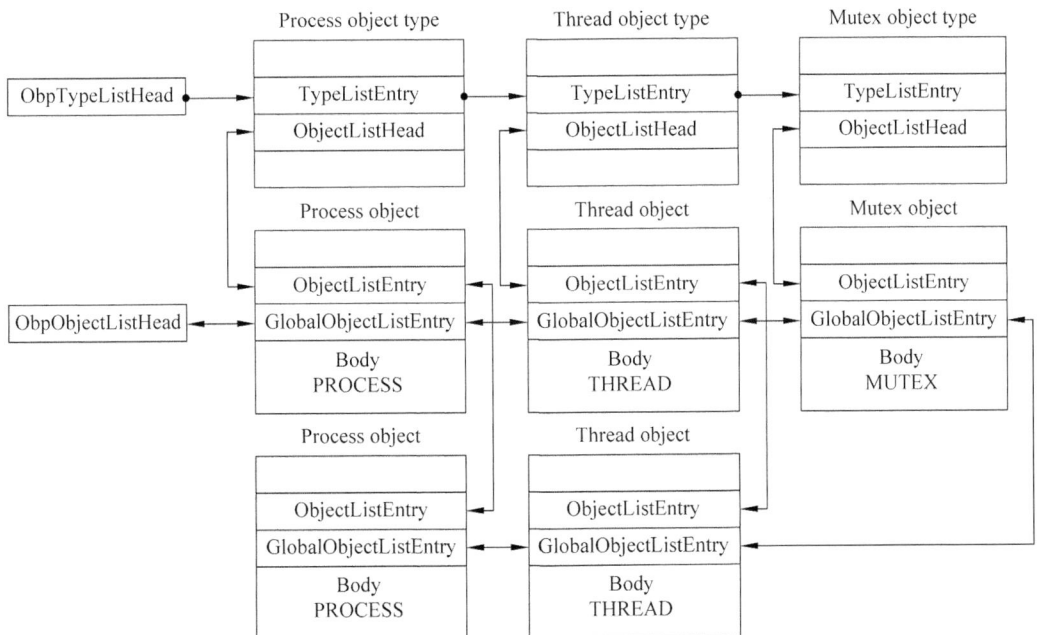

图 4-2　对象类型和对象组成的链表

型的对象链表。对象类型链表的链表头是 ObpTypeListHead（在文件 ob/obtype. c 中定义），管理了所有对象类型，该链表在全局是唯一的，并且是一个单向链表。图 4-2 的对象类型链表链接了三种对象类型，分别是 Process 对象类型、Thread 对象类型和 Mutex 对象类型。对象链表的链表头是 ObpObjectListHead（在文件 ob/object. c 中定义），管理了所有对象，该链表在全局也是唯一的，并且是一个双向循环链表。图 4-2 的对象链表链接了 5 个对象，每种对象类型都维护了一个链表，在该链表中只链接了属于此种对象类型的对象，其链表头是对象类型结构体 OBJECT_TYPE 中的 ObjectListHead 域，并且也是一个双向循环链表。图 4-2 的 Process 对象类型就链接了两个 Process 对象。可以说，任何一个对象肯定同时存在于两个链表中，一个是全局的对象链表，另一个是此对象所属对象类型的对象链表。

4.4 对象的方法

对于每种对象类型所创建的对象，都应该有一组函数对此类对象进行操作，这里称这样的一组函数为对象的方法。也就是说，不同类型的对象需要有不同的方法，相同类型的对象应该有相同的方法。

EOS 通过在对象类型中使用函数指针的方式，保证同类对象的方法相同，而不同类对象的方法不同。再来仔细看一下 OBJECT_TYPE 结构体，在该结构体的最后分别定义了 Create、Delete、Wait、Read 和 Write 五个函数指针域。每当要创建一个对象类型时，都会使用一个 OBJECT_TYPE_INITIALIZER 结构体（在文件 inc/ob. h 中定义）变量来初始化这五个函数指针，使它们分别指向该类型对象的构造、析构、等待、读和写函数。如果某个函数指针为空（NULL），则表示此类对象不支持某种方法。例如，进程对象类型的 Wait 函数指针指向 PspOnWaitForProcessObject 函数，其他函数指针为空。而线程对象的 Delete 函数指针指向 PspOnDeleteThreadObject 函数，Wait 函数指针指向 PspOnWaitForThreadObject 函数，其他函数指针为空。在文件 inc/ob. h 中可以找到这五个函数指针类型的定义，这些定义决定了这些函数的参数和返回值。值得注意的是，无论是哪种类型的函数，其第一个参数都是一个空指针（PVOID），用来传入对象的指针。

这种在对象类型中保存对象方法的做法，可以保证在不知道对象类型的情况下正确执行对象的方法。例如，已经获得了一个未知类型对象的指针 Object，当需要执行此对象的 Wait 方法时，可执行如下语句：

```
OBJECT_TO_OBJECT_HEADER(Object)->Type->Wait(Object);
```

首先根据对象的指针获得对象头的指针，然后再通过对象头的 Type 域获得对象所属对象类型的指针，然后就可以使用 Wait 函数指针来执行方法了。此时，无论 Object 指向何种类型的对象，都能执行正确的 Wait 方法。这与 C++ 语言中的虚函数以及接口的概念十分类似，都能够实现多态。

关于这五个函数指针所指向函数的具体功能，读者在学习 EOS 各个模块的过程中才能有深入的理解，这里先做一个简单介绍。Create 函数相当于对象的构造函数，在对象被创建时调用，用于初始化对象。Delete 函数相当于对象的析构函数，在对象被删除时调用，用于执行必要的清理工作。Wait 函数是对象的同步等待函数,用于进程/线程的同步。Read 和 Write 函数是对象的读写函数,例如文件对象的 Read 和 Write 函数分别用于磁盘文件的读写,串口设备对象的 Read 和 Write 函数分别用于串口设备的读写。

4.5 对象的生命周期

在每个对象的对象头中,都有一个引用计数器(参见 OBJECT_HEADER 结构体的 PointerCount 域),用于记录当前有多少个指针指向了这个对象。在 ObCreateObject 函数中,每当成功创建了对象后,会将对象的引用计数器设置为 1,并返回一个对象指针。此时,对象的声明周期就开始了。在使用对象的过程中,如果有一个新的指针指向了对象,应该调用 ObRefObject 函数将对象的引用计数器增加 1。如果对象的一个指针被舍弃,应该调用 ObDerefObject 函数将对象的引用计数器减少 1,并判断如果对象的引用计数器为 0,则将对象删除。此时,对象的生命周期结束。

下面举例说明使用这种方式维护对象生命周期的必要性。假设,进程 A 创建了一个文件对象 File,进程 B 需要和进程 A 共享这个文件对象,所以进程 B 会从进程 A 拷贝得到该文件对象的指针。若不采用引用计数器的方法,当进程 A 不再读写该文件对象时,若直接关闭文件对象,则该文件对象将被删除,此时进程 B 的文件对象指针将无效,如果进程 B 继续使用此指针进行读写操作,将会出现错误。如果使用了引用计数器的方法,在进程 A 创建文件对象时,引用计数器为 1,当进程 B 从进程 A 拷贝文件对象指针时,会调用 ObRefObject 函数增加引用计数器为 2。当进程 A 不再读写文件对象时,可调用 ObDerefObject 函数,此时文件对象并未被删除,仅仅是将引用计数器减为 1。此时进程 B 仍然可以使用该文件对象继续读写文件。当进程 B 完成对文件的读写后,同样调用 ObDerefObject 函数将引用计数器减小为 0,文件对象才会被删除。

4.6 对象的句柄

在操作系统中,进程是资源的拥有者,是资源分配的单位。为了记录每个进程打开的所有资源(内核对象),每个进程都有一个句柄表,表中的每一项都是一个对象指针,指向了进程已打开的内核对象。对象的句柄就是对象指针在句柄表中的整形索引值。

在进程中访问内核对象,一般都是通过句柄来完成。例如,进程在打开一个文件对象时,会在句柄表中查找一个空闲表项,使表项中的指针指向该文件对象,并使用表项的索引值作为句柄。接下来,就可以通过这个句柄(映射了一个对象指针)来读写文件了。

如果进程 A 和进程 B 打开了同一个文件对象,那么这两个进程的句柄表中都各有一个表项指向该文件对象,此时该文件对象的引用计数器的值为 2。注意,虽然是同一个文件对象,但是这个文件对象的指针在两个进程的句柄表中的索引值不一定相同。当两个进程都关闭了文件对象的句柄后,文件对象的引用计数器的值就会减小为 0,文件对象将被删除。需要特别说明的是,不管何种原因,当一个进程结束时,系统都会遍历该进程的句柄表,并关闭所有未关闭的句柄,从而避免资源泄漏。

第5章　进程管理

在操作系统中,进程是一个极其重要的概念。本章首先会通过比较进程和程序的区别来说明进程的基本概念,然后详细讲解在 EOS 中创建进程的过程。在现代操作系统中,线程已经获得了广泛的应用。所以,在 EOS 中也同样引入了线程的概念。本章会结合线程来重点讲解状态转换、同步以及调度等问题。

5.1　进程的描述与控制

操作系统中最核心的概念就是进程,其他所有的内容都围绕着进程。所以读者应该尽早地理解进程的概念。对于 EOS 操作系统来说,进程就是资源分配的单位。

5.1.1　进程和程序

程序可以被理解为是一组有序指令和数据的集合,通常以文件的形式被存放在某种介质(例如磁盘)上。进程是具有独立功能的程序关于某个数据集合上的一次运行活动,是系统进行资源分配的单位。程序和进程是两个完全不同的概念,但这两个概念又是紧密联系不可分割的。可以从以下几个方面来认识这两个概念:

- 进程的状态会随着程序指令的执行而不断地发生变化,可以认为进程是动态的。而程序则没有运动的概念,可以认为是静态的。
- 进程是暂时的,有一定的生命周期。而程序则可以长久保存。
- 进程不但包含了程序中的指令和数据,同时还会包含操作系统内核的部分指令和数据,如图 5-1 所示。
- 一个程序通过多次执行,可以产生多个进程。一个进程通过调用不同的程序,可以包括多个程序,如图 5-2 所示。

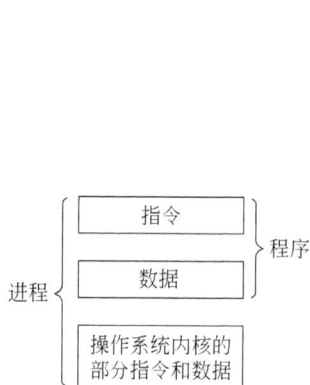

图 5-1　进程和程序的组成

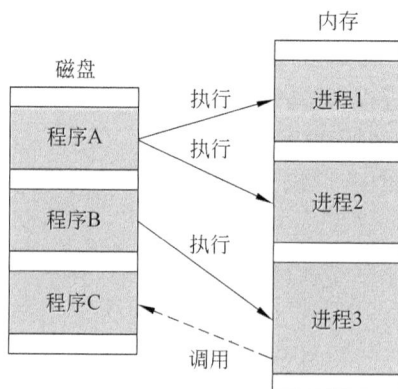

图 5-2　进程和程序的对应关系

5.1.2 进程控制块（PCB）

操作系统准备了一个专门的数据结构用来管理进程,这个数据结构通常被称为进程控制块(PCB: Process Control Block)。在 PCB 中记录了进程的各种信息,操作系统正是使用这些信息对进程进行管理的。所以,每当操作系统创建了一个新进程时,就会为其建立一个 PCB。在 ps/psp.h 中定义了 EOS 操作系统所使用的 PCB 结构体:

```
typedef struct _PROCESS {
    BOOLEAN System;                          //是否系统进程
    UCHAR Priority;                          //进程的优先级
    PMMPAS Pas;                              //进程地址空间
    PHANDLE_TABLE ObjectTable;               //进程的内核对象句柄表
    LIST_ENTRY ThreadListHead;               //线程链表头
    PTHREAD PrimaryThread;                   //主线程指针
    LIST_ENTRY WaitListHead;                 //等待队列,等待进程结束的线程在此队列等待。

    PSTR ImageName;                          //二进制映像文件名称
    PSTR CmdLine;                            //命令行参数
    PVOID ImageBase;                         //可执行映像的加载基址
    PPROCESS_START_ROUTINE ImageEntry;       //可执行映像的入口地址

    HANDLE StdInput;                         //标准输入句柄
    HANDLE StdOutput;                        //标准输出句柄
    HANDLE StdError;                         //标准错误输出句柄

    ULONG ExitCode;                          //进程退出码
} PROCESS;
```

可以看到,在 PCB 结构体中主要包括了进程控制信息(例如优先级 Priority、退出码 ExitCode 等),以及进程所拥有的资源(例如地址空间 Pas、内核对象句柄表 ObjectTable 等)。

一般来说,PCB 中还应该包括用来保存 CPU 现场的结构,这样才能使多个进程并发执行。但是由于 EOS 中使用了线程概念,将线程作为 CPU 执行和调度的单位,而进程仅仅作为资源的容器。所以,用来保存 CPU 现场的结构就被定义在线程控制块(Thread Control Block,TCB)中了。在 ps/psp.h 中可以找到 TCB 结构体的定义:

```
typedef struct _THREAD {
    ⋮
    CONTEXT KernelContext;
    ⋮
} THREAD;
```

CONTEXT 结构体中的域用来保存线程的 CPU 现场。在 inc/ke.h 文件中可以找到 CONTEXT 结构体的定义:

```
typedef struct _CONTEXT
{
    ULONG Eax;
    ULONG Ecx;
    ULONG Edx;
    ULONG Ebx;
    ULONG Esp;
    ULONG Ebp;
    ULONG Esi;
    ULONG Edi;
    ULONG Eip;
    ULONG EFlag;
    ULONG SegCs;
    ULONG SegSs;
    ULONG SegDs;
    ULONG SegEs;
    ULONG SegFs;
    ULONG SegGs;
}CONTEXT, * PCONTEXT;
```

可以看到 CPU 现场主要包含了 CPU 中各个寄存器的值。当一个线程被中断执行时,CPU
现场被保存在该线程的 TCB 中,当该线程可以继续执行时,TCB 中保存的现场被恢复到
CPU 中,该线程就可以从中断处继续执行了。

5.1.3 进程的创建

当 EOS 创建一个进程时,会首先创建一个进程对象,并且进程对象的对象体使用的就
是 PCB 结构体(关于对象体的概念可参见 4.2 节)。接下来,操作系统会为进程分配一个进
程地址空间和一个句柄表(进程地址空间的概念将会在第 6 章中介绍,而句柄表的概念可以
参见 4.6 节)。一般情况下,每个进程都是由一个可执行文件(后缀名为 EXE 的文件)来创
建的,所以,操作系统会将可执行文件装入进程地址空间的用户地址空间中,并和内核地址
空间中的内核进行动态链接(Dynamic Link)。最后,操作系统会为进程创建一个主线程,并
使主线程从进程可执行文件的入口点开始执行。关于进程创建的详细过程,请参看 ps/
create.c 源文件中的 PsCreateProcess 函数。

1. CreateProcess 函数介绍

EOS 提供了一个用于创建进程的 API 函数 CreateProcess,EOS 应用程序可以调用此
函数为一个可执行文件(应用程序)创建进程。CreateProcess 函数定义如下。

```
BOOL CreateProcess(
    IN PCSTR ImageName,
    IN PCSTR CmdLine,
    IN ULONG CreateFlags,
    IN PSTARTUPINFO StartupInfo,
```

```
    OUT PPROCESS_INFORMATION ProcInfo
    )
```

参数 ImageName 用来指定应用程序的可执行文件的路径和名称。EOS 会使用指定的可执行文件创建一个进程。此参数不能为空指针(NULL)。例如,如果要使用软盘根目录下的可执行文件 Hello.exe 创建进程,可以将此参数设置为"A:\\Hello.exe"(注意在字符串常量中的反斜线要使用转义字符来表示)。参数 CmdLine 是应用程序的命令行参数,如果应用程序不需要任何参数,可以设置此参数为空指针(NULL)。参数 CreateFlags 目前没有用到,设置为 0 即可。

参数 StartupInfo 是一个 STARTUPINFO 结构体变量的指针。STARTUPINFO 结构体在 inc/eosdef.h 中定义如下:

```
typedef struct _STARTUPINFO {
    HANDLE StdInput;
    HANDLE StdOutput;
    HANDLE StdError;
} STARTUPINFO, * PSTARTUPINFO;
```

在此结构体中定义了子进程需要用到的标准句柄(标准输入、标准输出、标准错误)。在调用 CreateProcess 函数之前,应该首先定义一个 STARTUPINFO 结构体的变量,在正确初始化此变量的各个成员后,才能将此变量的指针作为参数传入 CreateProcess 函数。例如在调用 CreateProcess 函数之前,先调用三次 GetStdHandle 函数(分别使用参数 STD_INPUT_HANDLE、STD_OUTPUT_HANDLE 和 STD_ERROR_HANDLE)来得到父进程拥有的标准句柄,然后将这些句柄分别赋值给 STARTUPINFO 结构体变量对应的成员,这样,子进程和父进程就可以使用相同的标准句柄了(也就是说如果父进程的标准输出是显示器,子进程的标准输出也是显示器;如果父进程的标准输入是控制台,子进程的标准输入也是控制台)。

参数 ProcInfo 是一个 PPROCESS_INFORMATION 结构体变量的指针,用来返回子进程的信息。PPROCESS_INFORMATION 结构体在 eosdef.h 文件中定义如下:

```
typedef struct _PROCESS_INFORMATION {
    HANDLE ProcessHandle;
    HANDLE ThreadHandle;
    ULONG ProcessId;
    ULONG ThreadId;
} PROCESS_INFORMATION, * PPROCESS_INFORMATION;
```

在调用 CreateProcess 函数之前,应该首先定义一个 PPROCESS_INFORMATION 结构体的变量,然后将此变量的指针作为参数传入 CreateProcess 函数,用来返回子进程的信息。子进程创建成功后,父进程可以调用 WaitForSingleObject 函数,并将 PPROCESS_INFORMATION 结构体变量的 ProcessHandle 成员(子进程句柄)作为第一个参数,将 INFINITE 作为第二个参数。这样 WaitForSingleObject 函数将一直等待,直到子进程执行完毕后才会返回。待 WaitForSingleObject 函数返回后，可以调用 GetExitCodeProcess 函数来得到子进程的退出码，从而判断子进程执行的结果。最后，如果不再使用子进程的句柄，应该调用函数 CloseHandle 关闭由此参数返回的子进程句柄和子进程的主线程句柄。

如果创建子进程成功，CreateProcess 函数会返回 TRUE。如果创建失败，返回 FALSE，此时可以调用 GetLastError 函数来得到错误码，然后根据错误码判断导致错误的原因。在 inc/error.h 文件中列出了 EOS 能够返回的所有错误码。下列源代码片断演示了一个典型的创建子进程的过程：

```
STARTUPINFO StartupInfo;
PROCESS_INFORMATION ProcInfo;
ULONG ulExitCode;

StartupInfo.StdInput=GetStdHandle(STD_INPUT_HANDLE);
StartupInfo.StdOutput=GetStdHandle(STD_OUTPUT_HANDLE);
StartupInfo.StdError=GetStdHandle(STD_ERROR_HANDLE);

if(CreateProcess("A:\\Hello.exe", NULL, 0, &StartupInfo, &ProcInfo)) {
    WaitForSingleObject(ProcInfo.ProcessHandle, INFINITE);
    GetExitCodeProcess(ProcInfo.ProcessHandle, &ulExitCode);
    printf("\nThe process exit with %d.\n", ulExitCode);

    CloseHandle(ProcInfo.ProcessHandle);
    CloseHandle(ProcInfo.ThreadHandle);
} else {
    printf("CreateProcess Failed, Error code: 0x%X.\n", GetLastError());
}
```

严格来说，EOS 并不保存进程的父子关系。虽然当父进程创建子进程时，父进程会得到子进程及其主线程的对象句柄。父进程也可以使用这些句柄对子进程或其主线程进行控制，例如调用 WaitForSingleObject 函数等待子进程结束、调用 TerminateProcess 函数强制结束子进程或者调用 GetExitCodeProcess 得到子进程的结束码。但是，父进程也可以什么都不做，只是关闭这些句柄。关闭这些句柄不会对子进程的运行产生任何影响，仅仅是使父进程失去了对子进程的控制权。

2. 其他函数的介绍

在之前提到的其他 API 函数如下所示：

```
HANDLE GetStdHandle(
    ULONG StdHandle
    )
```

功能：得到调用此函数的进程所使用的标准句柄。

参数：StdHandle 是进程标准句柄的索引。如果此参数设置为 STD_INPUT_HANDLE，返回进程的标准输入句柄，设置为 STD_OUTPUT_HANDLE 返回进程的标准输出句柄，设置为 STD_ERROR_HANDLE 返回进程的标准错误句柄。

返回值：返回调用此函数的进程的标准句柄。如果失败返回 NULL，此时可以调用 GetLastError 函数得到错误码。

```
ULONG WaitForSingleObject(
    IN HANDLE Handle,
    IN ULONG Milliseconds
    )
```

功能：等待直到指定的句柄进入有信号(Signaled)状态或者超时后才返回。

参数：Handle 指定要等待的句柄。例如此参数可以是一个进程句柄，当进程正在执行时，进程句柄是无信号的(Nonsignaled)，此函数不会返回，当进程结束后，进程句柄变为有信号(Signaled)，此函数就会返回。Milliseconds 指定超时时间，单位为毫秒，INFINITE 表示永远不会超时。

返回值：如果句柄变为有信号，返回 0。如果句柄无信号并且超时，返回 WAIT_TIMEOUT。如果返回−1 说明执行失败，此时可以调用 GetLastError 函数得到错误码。

```
BOOL GetExitCodeProcess(
    IN HANDLE ProcessHandle,
    OUT PULONG ExitCode
    )
```

功能：在进程执行完毕后，得到进程的退出码。

参数：ProcessHandle，指定要得到其退出码的进程句柄。ExitCode，ULONG 变量指针，输出进程的退出码。

返回值：如果成功得到进程的退出码，返回 TRUE。否则返回 FALSE，此时可以调用 GetLastError 函数得到错误码。

```
BOOL CloseHandle(
    HANDLE Handle
    )
```

功能：关闭指定的句柄。

参数：Handle 指定要关闭的句柄。例如进程句柄、线程句柄。

返回值：如果成功关闭指定的句柄，返回 TRUE。否则返回 FALSE，此时可以调用 GetLastError 函数得到错误码。

```
ULONG GetLastError(
    VOID
    )
```

功能：得到调用此函数的线程保存的最后的错误码。

参数：无

返回值：返回错误码。

5.1.4　进程的终止

EOS 中的进程终止运行可能由如下原因引起：

- 主线程终止运行。当进程的主线程终止运行时,进程中其他所有正在运行的线程都将被系统强制终止,从而使整个进程终止运行。操作系统会将主线程的退出码设置为进程的退出码。关于线程终止运行的原因,稍后会有介绍。
- 进程中的任意线程调用了 API 函数 ExitProcess。
- 其他进程调用了 API 函数 TerminateProcess 来结束本进程。

进程终止运行,最终是通过执行 ps/delete. c 源文件中的 PspTerminateProcess 函数来完成的,大致过程如下:

(1) 设置进程的结束标志。PROCESS 结构体中的 PrimaryThread 指针赋值为 NULL 标志进程已经结束。

(2) 唤醒所有正在阻塞等待进程结束的线程。

(3) 遍历进程的线程链表,结束进程的所有线程。

(4) 释放进程的句柄表。在释放句柄表时,句柄表内所有尚未关闭的句柄都将被关闭。

(5) 释放进程地址空间。在释放进程地址空间时,会对地址空间进行清理,释放所有虚拟内存。

(6) 释放所有对进程对象的引用。

注意:由于 EOS 仅仅是一个教学操作系统,为了保持结构简单,并没有过多考虑其健壮性。所以,不推荐使用 TerminateProcess 函数来强制结束一个进程,这可能会引起资源泄漏或者死锁。

5.2　线程的描述与控制

在 EOS 中,线程是处理器调度的基本单位。当一个进程被创建时,系统首先会为该进程分配一些资源(包括内存,内核对象,以及指令和数据等),然后系统会为该进程创建一个默认线程,作为该进程的主线程。进程的主线程开始执行后,就可以认为是进程开始执行了。多数情况下,进程只需要在主线程运行的过程中就可以完成工作。但是,随着单个处理器中内核数量的增加,越来越多的软件要求使用多线程进行并行处理,从而提高硬件资源的利用率,以及软件执行的效率。EOS 支持多线程并发执行,除了在前一节提到的多个进程(每个进程都有一个主线程)并发执行的情况外,还可以在一个进程中创建多个线程。例如,在一个进程的主线程中,可以调用 API 函数 CreateThread 来创建一个新线程,这个新线程与主线程共享该进程的所有资源,例如访问进程的地址空间、执行进程的代码、读写进程打开的文件等。而且,EOS 中的线程是属于内核级的,所有线程会一起竞争处理机的使用权,不会区分线程属于哪个进程。本节的主要内容就是向读者详细讲解以上的各种概念,帮助读者理解线程的本质。

5.2.1　线程控制块(TCB)

操作系统使用进程控制块(PCB)来管理进程,同样的,操作系统还使用线程控制块(TCB:Thread Control Block)来管理线程。EOS 中的 TCB 由 THREAD 结构体来描述,其在 ps/psp. h 中定义如下所示:

```
typedef struct _THREAD {
    PPROCESS Process;                        //线程所属进程指针
    LIST_ENTRY ThreadListEntry;              //进程的线程链表项
    UCHAR Priority;                          //线程优先级
    UCHAR State;                             //线程当前状态
    ULONG RemainderTicks;                    //剩余时间片,用于时间片轮转调度
    STATUS WaitStatus;                       //阻塞等待的结果状态
    KTIMER WaitTimer;                        //用于有限等待唤醒的计时器
    LIST_ENTRY StateListEntry;               //所在状态队列的链表项
    LIST_ENTRY WaitListHead;                 //等待队列,所有等待线程结束的线程都在此队列等待

    PVOID KernelStack;                       //线程位于内核空间的栈
    CONTEXT KernelContext;                   //线程执行在内核状态的上下文环境状态

    PMMPAS AttachedPas;                      //线程在执行内核代码时绑定进程地址空间

    PTHREAD_START_ROUTINE StartAddr;         //线程的入口函数地址
    PVOID Parameter;                         //传递给入口函数的参数

    ULONG LastError;                         //线程最近一次的错误码
    ULONG ExitCode;                          //线程的退出码
} THREAD;
```

THREAD 结构体中的域比较多,这里先结合已有的知识简单介绍几个域,其他域会在后面的内容中一一介绍。首先,所有的线程在某一时刻都必须依附于某一个进程,TCB 的 Process 域就指向了线程所依附的进程。其次,每个线程都有一个自己的栈(用来保存函数返回地址、函数参数和局部变量),TCB 的 KernelStack 域指向栈在内存中的位置。在 KernelContext 域中会保留线程被中断执行时的处理器的上下文(就是处理器各个寄存器的值)。通过 KernelStack 和 KernelContext 这两个域的合作,就可以完全记录下线程被中断执行时的状态,当线程恢复执行时,就可以从之前的状态继续执行了。

5.2.2　线程的创建和终止

在 EOS 内核中,线程的创建最终都是通过调用 PspCreateThread 函数(在文件 ps/create.c 中定义)完成的。该函数的流程比较简单,首先是创建一个空白的线程控制块,然后为线程分配栈,并初始化线程的上下文环境,最后使线程进入就绪状态。更加详细的过程请读者阅读该函数的源代码。

在 EOS 应用程序中可以调用 API 函数 CreateThread 来创建一个新线程。该 API 函数的定义如下所示:

```
HANDLE CreateThread(
    IN SIZE_T StackSize,
    IN PTHREAD_START_ROUTINE StartAddr,
    IN PVOID ThreadParam,
```

```
        IN ULONG CreateFlags,
        OUT PULONG ThreadId
    );
```

如果该函数成功的创建了一个新线程,就返回线程对象的句柄,否则就会返回 NULL。该函数各个参数的意义如下所示:

参 数	描 述
StackSize	线程栈的大小。目前栈的大小总是使用默认值,输入 0 即可
StartAddr	线程入口函数的指针
ThreadParam	传递给线程函数的参数
CreateFlags	创建参数,目前尚无参数可选,输入 0 即可
ThreadId	指向用于保存线程 ID 变量的指针,如果为 NULL 就不获取 ID

线程入口函数的类型在文件 inc/eosdef.h 中定义如下:

```
typedef ULONG(* PTHREAD_START_ROUTINE)(PVOID ThreadParameter);
```

在调用 CreateThread 函数创建线程之前,要首先按照线程入口函数类型的定义,编写一个线程入口函数。需要强调的一点是,当线程创建成功后,CreateThread 函数会立即返回,也就是说创建者线程和被创建线程是异步执行的。

当线程入口函数返回时,新建的线程就结束执行了。此时,线程对象会由 nonsignaled 状态变为 signaled 状态。注意,EOS 应用程序启动执行时会创建一个主线程,在主线程执行的过程中,使用 CreateThread 函数创建的线程可以认为是子线程。当主线程结束后,进程就会结束,此时,所有的子线程无论是否执行完毕,都会被强制结束执行。所以,一般情况下,主线程应该等待所有的子线程执行完毕后再结束执行。

5.2.3 线程的状态和转换

1. 状态

线程在其整个生命周期中(从创建到终止)会在多个不同的状态间进行转换。EOS 线程的状态由线程控制块 TCB 中的 State 域保存,在 ps/psp.h 中定义的线程状态如下所示:

```
typedef enum _THREAD_STATE {
    Zero,               //线程状态转换过程中的中间状态
    Ready,              //就绪
    Running,            //运行
    Waiting,            //等待(阻塞)
    Terminated          //结束
} THREAD_STATE;
```

EOS 线程的状态及其转换过程参见图 5-3。在椭圆圈内的是线程的状态,箭头表示状

态的转换过程。EOS 被设计为运行在单处理器上的多任务操作系统,所以,在任意时刻,最多只能有一个处于运行状态的线程占用处理器,而处于其他状态的线程数量可以为 0 个或多个。注意,由于 Zero 状态是线程状态转换过程中的中间状态,所以在图 5-3 中并没有出现。

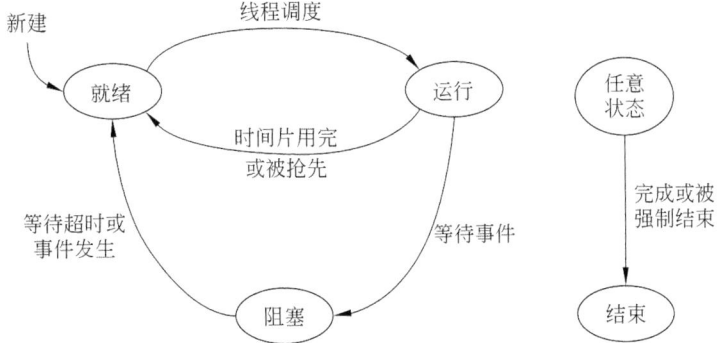

图 5-3 线程的状态和转换过程

2. 转换

下面对 EOS 线程状态的转换过程做一些简单的介绍。

1)新建→就绪

当创建一个进程或线程时,新进程的主线程或者新线程都会被初始化为就绪状态,并被放入就绪队列中。

2)就绪→运行

当调度程序认为某个处于就绪状态的线程应当执行时,便使其成为当前运行的线程,该线程就会从就绪状态进入运行状态。

3)运行→就绪

当前运行线程因时间片用完或被更高优先级线程抢先时,当前运行线程就会由运行状态转入就绪状态。

4)运行→阻塞

当前运行线程可能因调用 API 函数 WaitForSingleObject 等待事件或者执行 I/O 请求而被阻塞,从而由运行状态转入阻塞状态。

5)阻塞→就绪

处于阻塞状态的线程所等待的事件变为有效后,或等待超时后,该线程将被唤醒,从而由阻塞状态进入就绪状态。

6)任意状态→结束状态

线程可以由任意一个状态转入结束状态。例如,线程执行完毕会由运行状态转入结束状态,就绪线程或者阻塞线程如果被强制结束,也会转入结束状态。

7)转换时调用的函数

在 EOS 中,线程在不同的状态间相互转换时,最终都是通过调用 ps/sched.c 文件中的函数来完成的。

(1)PspReadyThread:将指定线程插入其优先级对应的就绪队列的队尾,并修改其状态码为 Ready。除了当前运行线程因被抢先而进入就绪状态的情况外，其他任何情况下，都是通过调用此函数使线程进入就绪状态的。注意：当前运行线程因被抢先而进入就绪状态时，应将其插入其优先级对应的就绪队列的队首，因为其时间片尚未用完。

（2）PspUnreadyThread：将指定线程从就绪队列中移除，并修改其状态码为 Zero。无论是要将就绪线程转入运行状态，还是要结束处于就绪状态的线程，都必须先调用这个函数使线程脱离就绪状态。

（3）PspWait：将当前运行线程插入指定等待队列的队尾，并修改状态码为 Waiting，然后执行线程调度，让出处理器。通过 PspWait 的第二个参数可以指定等待的时限，如果等待超时则会被系统自动唤醒进入就绪状态。当前运行的线程都是调用这个函数而进入阻塞状态的。

（4）PspUnwaitThread：将阻塞线程从其所在的等待队列中移除，并修改其状态码为 Zero。不管是因事件条件满足或等待超时而使阻塞线程进入就绪状态，还是要结束处于阻塞状态的线程，都必须先调用这个函数使线程脱离阻塞状态。

（5）PspWakeThread：该函数会先调用 PspUnwaitThread 函数使线程脱离阻塞状态，然后再调用 PspReadyThread 函数使线程进入就绪状态，从而唤醒被阻塞的线程。线程被唤醒后将从函数 PspWait 返回并继续运行。PspWakeThread 的第二个参数将作为被唤醒线程从 PspWait 返回时的返回值。

（6）PspSelectNextThread：线程调度程序函数，使被抢先的线程从运行状态进入就绪状态，并决定哪个就绪线程应该进入运行状态。任何线程进入运行状态都是这个函数执行的结果。在本章的后面会对该函数进行详细讲解。

5.2.4　线程的挂起状态

为了让读者对线程的状态有更加深入的了解，这里为线程引入一个新的状态——**挂起状态**。下面重点描述挂起状态的概念，并实现一个较简单的原型，而进一步的编程工作会留给读者来完成。

在引入挂起状态后，自然会增加挂起状态与其他各种非挂起状态之间的转换。一种最简单的转换情况是，从就绪状态（又称活动就绪）转入挂起状态（又称静止就绪），或者相反，如图 5-4 所示。当线程处于活动就绪状态时，使用挂起原语 Suspend 可以将该线程挂起，该线程便会转入静止就绪状态。处

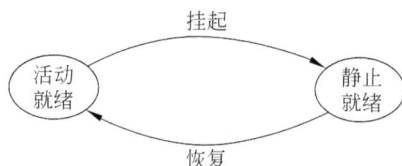

图 5-4　活动就绪和静止就绪状态
之间的转换过程

于静止就绪状态的线程，不会再被调度执行，直到使用原语 Resume 将该线程恢复为活动就绪状态。

EOS 已经初步实现了这种最简单的线程挂起功能。在 ps/psspnd.c 文件中，定义了一个线程队列用于保存处于静止就绪状态的线程控制块（TCB），并已经将队列初始化为空：

```
LIST_ENTRY SuspendListHead={&SuspendListHead, &SuspendListHead};
```

在该文件中，已经为原语 Suspend 实现了对应的函数 PsSuspendThread：

```
STATUS PsSuspendThread(IN HANDLE hThread)
{
    STATUS Status;
    BOOL IntState;
    PTHREAD Thread;

    Status=ObRefObjectByHandle(hThread, PspThreadType,(PVOID * )&Thread);

    if(EOS_SUCCESS(Status)) {
        IntState=KeEnableInterrupts(FALSE);              //关中断
        if(Ready==Thread->State) {
            PspUnreadyThread(Thread);
            ListInsertTail(&SuspendListHead, &Thread->StateListEntry);
            Status=STATUS_SUCCESS;

        } else {
            Status=STATUS_NOT_SUPPORTED;
        }
        KeEnableInterrupts(IntState);                    //开中断
        ObDerefObject(Thread);
    }

    return Status;
}
```

在此函数中通过关闭中断实现了原语操作且在原语操作中确定要挂起的线程是处于活动就绪状态(Ready)后,就执行下列操作:

- 调用 PspUnreadyThread 函数将线程从就绪队列中移除,此时线程处于游离状态(Zero)。
- 调用 ListInsertTail 函数将处于游离状态的线程插入挂起线程队列的末尾,从而完成对线程的挂起操作。

需要特别注意的是,PsSuspendThread 函数只能挂起处于活动就绪状态的线程,对于挂起处于运行或者阻塞状态的线程的工作留给读者来完成。原语 Resume 对应的函数 PsResumThread 也已经在此文件中实现,但是,将处于静止就绪状态的线程恢复为活动就绪状态的代码还没有编写完毕,此处也留给读者来实现。

为了方便读者验证自己修改后的 PsResumThread 函数是否能够正常工作,EOS 提供了两个控制台命令 suspend ThreadID 和 resume ThreadID。EOS 首先将 PsSuspendThread 函数和 PsResumThread 函数包装成了两个 API 函数,分别是 api/eosapi.c 文件中的 SuspendThread 函数和 ResumeThread 函数。然后在 ke/sysproc.c 文件中,在 suspend 命令的函数 ConsoleCmdSuspendThread 中调用了 SuspendThread 函数,将一个线程挂起。同样的,在 resume 命令的函数 ConsoleCmdResumeThread 中调用 ResumeThread 函数,将一个挂起的线程恢复。

读者可能已经注意到,EOS 目前所实现的 suspend 原语在将线程挂起时,挂起线程的

状态为 Zero,这违背了 EOS 定义 Zero 状态的初衷。显然,应该在枚举类型 THREAD_
STATE 中定义一个新的项用来表示静止就绪状态,并需要对 PsSuspendThread 函数进行
适当修改。此外,处于阻塞状态和运行状态的线程也应该可以被挂起并被恢复,读者可以尝
试继续修改 PsSuspendThread 函数和 PsResumeThread 函数来补充这部分功能。在开始
动手编写代码之前,有几个重要的问题建议读者先考虑清楚:处于阻塞状态的线程都被链
接在内核同步对象的等待队列中,在挂起这些线程时,能直接将它们从等待队列中移除并放
入之前定义的 SuspendListHead 队列中吗? 如果这样做了,在恢复这些线程时,如何再将它
们放入原来的等待队列中呢? 如果不将这些线程从等待队列中移除,是否需要添加新的线
程状态? 并会对之前介绍的各个线程状态转换函数造成哪些影响? 读者可以参考图 5-5 来
思考这些问题。注意,像就绪状态分为活动就绪和静止就绪一样,阻塞状态也分为了活动阻
塞和静止阻塞。

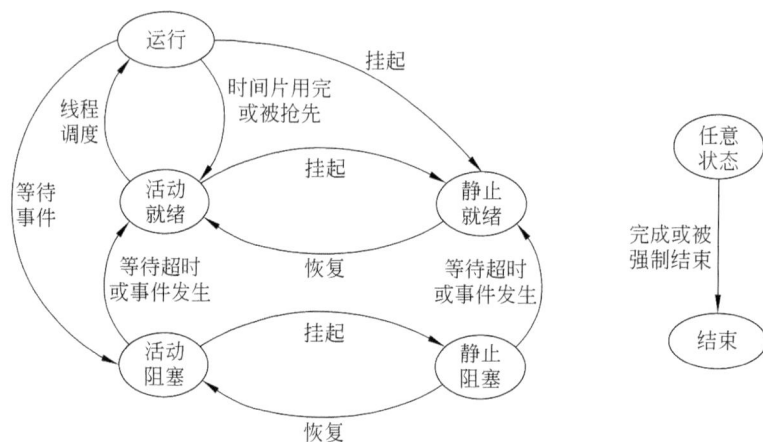

图 5-5　添加挂起状态后线程的状态和转换过程

5.3　进程的同步与通信

任何一本操作系统原理教材都会将进程的同步与通信作为重点内容来介绍,所以本节
只是简单强调一些基本概念,然后重点讲解 EOS 内核中提供的同步对象。另外,在 EOS 的
进程管理模块中,目前仅实现了必要的同步机制,还没有实现任何通信功能(例如管道、共享
内存等),感兴趣的读者可以自己来添加通信功能。

5.3.1　基本概念

1. 临界资源和临界区

多个并发执行的进程可以同时访问的硬件资源(打印机、磁带机)和软件资源(共享内
存)都是临界资源。由于进程的异步性,当它们争用临界资源时,会给系统造成混乱,所以必
须互斥地对临界资源进行访问。我们把在每个进程中访问临界资源的那段代码称为临界区
(Critical Section),可以使用互斥体(Mutex)保证各进程互斥地进入自己的临界区,从而保
证各进程互斥地访问临界资源。

```
Lock mutex and enter critical section
Critical section
Release mutex and exit critical section
```

可以看到进入临界区和退出临界区一定是成对出现的。

2. 进程的同步

进程同步的主要任务是使并发执行的各进程之间能有效的共享资源和相互合作。可以使用互斥体(Mutex)、信号量(Semophore)和事件(Event)等同步对象来解决一系列经典的进程同步问题,例如"生产者-消费者问题"、"读者-写者问题"、"哲学家进餐问题"等。

3. 生产者-消费者问题

生产者-消费者问题是一个著名的进程同步问题。它描述的是:有一群生产者进程在生产某种产品,并将此产品提供给一群消费者进程去消费。为使生产者进程和消费者进程能并发执行,在他们之间设置了一个具有 n 个缓冲区的缓冲池,生产者进程可以将它生产的一个产品放入一个缓冲区中,消费者进程可以从一个缓冲区中取得一个产品消费。尽管所有的生产者进程和消费者进程都是以异步方式运行的,但它们之间必须保持同步,既不允许消费者进程到一个空缓冲区去取产品,也不允许生产者进程向一个已经装有产品的缓冲区中放入产品。

5.3.2 EOS 内核提供的同步对象

因为 EOS 提供了内核级的线程,系统内的所有线程一起并发执行而不区分所属进程,所以 EOS 内的同步机制也是基于线程的。

EOS 内核提供了三种专门用于线程同步的内核对象:互斥(Mutex)对象、信号量(Semaphore)对象和事件(Event)对象。另外,EOS 中的进程对象和线程对象也支持同步功能。

EOS 中所有支持同步功能的对象都有 signaled 和 nonsignaled 两种状态,线程对处于 nonsignaled 状态的同步对象执行 Wait 操作将会被阻塞,直到同步对象的状态变为 signaled。EOS 内核为同步对象提供了统一的 Wait 操作接口函数——WaitForSingleObject,其 C 语言函数在 inc/eos.h 中的声明如下所示:

```
ULONG WaitForSingleObject(
        IN HANDLE Handle,
        IN ULONG Milliseconds
);
```

关于此函数参数和返回值的说明如下所示:

参　　数	描　　述
Handle	Wait 操作对象的句柄,可以是互斥体、信号量、事件、线程、进程等任意支持同步功能的内核对象
Milliseconds	等待的最长时间。时间终了,即使等待的对象未变为 signaled 状态,此函数也要返回。如果此值为 0,函数测试对象的状态并立刻返回。如果此值为 INFINITE,函数永远阻塞等待直到对象变为 signaled 状态。设定合理的超时值,可以有效避免线程死锁

返　回　值	描　　述
0	等待成功,对象变为 signaled 状态
WAIT_TIMEOUT	等待超时,等待对象仍未变为 signaled 状态

1. Mutex 对象

EOS 提供的 Mutex 对象用于同步多个线程对临界资源的互斥访问。Mutex 对象包括一个持有线程指针、一个递归计数器和一个等待队列,用于定义 Mutex 对象的结构体在文件 inc/ps.h 中的定义如下所示:

```
typedef struct _MUTEX {
    PVOID OwnerThread;            //当前拥有 Mutex 的线程指针
    ULONG RecursionCount;         //递归拥有 Mutex 的计数器
    LIST_ENTRY WaitListHead;      //等待队列
}MUTEX, * PMUTEX;
```

当持有线程指针为 NULL 时,Mutex 不被任何线程持有,此时 Mutex 处于 signaled 状态;当指针指向持有 Mutex 的线程时,Mutex 处于 nonsignaled 状态。当一个线程对 Mutex 成功调用了 WaitForSingleObject 后,Mutex 的线程指针就会指向此线程,此线程就持有了 Mutex,Mutex 变为 nonsignaled 状态。此时其他线程再对同一个 Mutex 调用 WaitForSingleObject,将会被阻塞在 Mutex 的等待队列中,直到持有该 Mutex 的线程调用 ReleaseMutex 释放 Mutex 使之变为 signaled 状态。Mutex 还支持递归,持有该 Mutex 的线程可以对该 Mutex 多次调用 WaitForSingleObject 而不被阻塞,递归计数器记录了持有线程调用 WaitForSingleObject 的次数。只有该 Mutex 的持有线程可以对该 Mutex 调用 ReleaseMutex,持有线程每调用一次 ReleaseMutex,该 Mutex 的递归计数器减小 1,当计数器变为 0 时,该 Mutex 的持有线程指针被设置为 NULL,变为 signaled 状态。关于 EOS 中 Mutex 对象的实现,请参看 EOS 内核源文件 ps/mutex.c。

Mutex 对象的 Create 函数在 inc/eos.h 中的声明如下所示:

```
HANDLE CreateMutex(
    IN BOOL InitialOwner,
    IN PCSTR Name
);
```

如果该函数成功创建了一个 Mutex 对象,就会返回 Mutex 对象的句柄,否则就会返回 NULL。该函数各个参数的意义如下所示:

参　　数	描　　述
InitialOwner	为 TRUE 则初始化新建 Mutex 对象的持有线程为当前调用线程,为 FALSE 则初始化新建 Mutex 对象的持有线程为 NULL。如果 CreateMutex 执行的是打开已存在的命名 Mutex 对象则忽略此值
Name	Mutex 对象的名称。如果为 NULL 则创建一个新的匿名 Mutex 对象。如果不为 NULL 则先尝试打开已存在的命名 Mutex 对象,若命名 Mutex 对象不存在则创建一个新的命名 Mutex 对象

Mutex 对象的 Signal 操作函数在 inc/eos.h 中的声明如下所示:

```
BOOL ReleaseMutex(
    IN HANDLE Handle
);
```

参数 Handle 为的 Mutex 对象的句柄。如果该函数执行成功就会返回 TRUE,否则返回 FALSE。

2. Semaphore 对象

EOS 内核提供的 Semaphore 对象是典型的记录型信号量。当 Semaphore 对象中的整形变量大于 0 时,其处于 signaled 状态,当整型变量小于等于 0 时,其处于 nonsignaled 状态。不同于标准记录信号量,EOS 内核提供的 Semaphore 对象还记录了其整型变量的最大取值范围。用于定义 Semaphore 对象的结构体在文件 inc/ps.h 文件中定义如下:

```
typedef struct _SEMAPHORE {
    LONG Count;                     //信号量的整形值
    LONG MaximumCount;              //允许最大值
    LIST_ENTRY WaitListHead;        //等待队列
}SEMAPHORE, * PSEMAPHORE;
```

关于 EOS 中 Semaphore 对象的实现,请参看 EOS 内核源文件 ps/Semaphore.c。

Semaphore 对象的 Create 函数在 inc/eos.h 中的声明如下所示:

```
HANDLE CreateSemaphore(
    LONG InitialCount,
    LONG MaximumCount,
    PCSTR Name
);
```

如果该函数成功创建了一个 Semaphore 对象,就会返回 Semaphore 对象的句柄,否则就会返回 NULL。该函数各个参数的意义如下所示:

参　　　数	描　　　述
InitialCount	Semaphore 整形变量的初始值。如果 CreateSemaphore 执行的是打开已存在的命名 Semaphore 对象则忽略此值
MaximumCount	Semaphore 整形变量的允许最大值。如果 CreateSemaphore 执行的是打开已存在的命名 Semaphore 对象则忽略此值
Name	Semaphore 对象的名称。如果为 NULL 则创建一个新的匿名 Semaphore 对象。如果不为 NULL 则先尝试打开已存在的命名 Semaphore 对象,若命名 Semaphore 对象不存在则创建一个新的命名 Semaphore 对象

Semaphore 对象的 Signal 操作函数在 inc/eos.h 中的声明如下所示:

```
BOOL ReleaseSemaphore(
    HANDLE Handle,
```

```
        LONG ReleaseCount,
        PLONG PreviousCount
);
```

如果该函数执行成功就会返回 TRUE,否则返回 FALSE。该函数各个参数的意义如下
所示:

参　　数	描　　述
Handle	Semaphore 对象的句柄
ReleaseCount	Semaphore 整型变量的增加量,此值必须大于 0,若此值可能使整形变量超过预先设定的允许最大值,则整形变量值保持不变,函数返回 FALSE
PreviousCount	指向整型变量的指针,用于保存调用本函数前 Semaphore 的整型变量值,如果为 NULL 则不保存

3. Event 对象

Event 对象是 EOS 中最具弹性的同步对象,Event 的两种状态 signaled 和 nonsignaled
可完全由程序控制,使用非常灵活。用于定义 Event 对象的结构体在 inc/ps.h 中的定义如
下所示:

```
typedef struct _EVENT {
    BOOL IsManual;                  //是否手动类型事件
    BOOL IsSignaled;                //是否处于 Signaled 状态
    LIST_ENTRY WaitListHead;        //等待队列
}EVENT, * PEVENT;
```

对 Event 调用 SetEvent 可使之变为 signaled 状态,调用 ResetEvent 可使之复位为
nonsignaled 状态。Event 分为手动和自动两种类型。线程对手动类型 Event 调用
WaitForSingleObject 并成功返回会时,Event 保持 signaled 不改变,所有线程再对 Event 调
用 WaitForSingleObject 都将立即成功返回,除非手动调用 ResetEvent 使之复位为
nonsignaled 状态。线程对自动类型 Event 调用 WaitForSingleObject 并成功返回时,Event
将自动复位为 nonsignaled 状态,所有线程再对 Event 调用 WaitForSingleObject 都将会被
阻塞。关于 EOS 中 Event 对象的实现,参见 EOS 内核源文件 ps/event.c。

Event 对象的 Create 函数在 inc/eos.h 中的声明如下所示:

```
HANDLE CreateEvent(
    BOOL ManualReset,
    BOOL InitialState,
    PCSTR Name
);
```

如果函数成功创建了一个 Event 对象,就会返回 Event 对象的句柄,否则就会返回 NULL。
该函数各个参数的意义如下所示:

参　数	描　述
ManualReset	为 TRUE 则创建手动类型 Event 对象,为 FALSE 则创建自动类型 Event 对象,如果 CreateEvent 执行的是打开已存在的命名 Event 对象则忽略此值
InitialState	为 TRUE 则初始化 Event 对象的状态为 signaled,为 FALSE 则初始化 Event 对象的状态为 nonsignaled,如果 CreateEvent 执行的是打开已存在的命名 Event 对象则忽略此值
Name	Event 对象的名称。如果为 NULL 则创建一个新的匿名 Event 对象。如果不为 NULL 则先尝试打开已存在的命名 Event 对象,若命名 Event 对象不存在则创建一个新的命名 Event 对象

Event 对象的 SetEvent 函数在 inc/eos.h 中的声明如下所示:

```
BOOL SetEvent(
    HANDLE Handle
);
```

参数 Handle 是要改变为 signaled 状态的 Event 对象的句柄。如果函数执行成功则返回 TRUE,否则返回 FALSE。如果存在线程正在阻塞等待 Event 对象,调用 SetEvent 之后,如果 Event 是手动类型的,那么所有等待线程都将成功返回,同时 Event 保持 signaled 状态。但是,如果 Event 是自动类型的,就只有等待队列中的第一个线程成功返回,同时 Event 自动复位至 nonsignaled 状态。

Event 对象的 ResetEvent 函数在文件 inc/eos.h 中声明如下:

```
BOOL ResetEvent(
    HANDLE Handle,
);
```

参数 Handle 是要改变为 nonsignaled 状态的 Event 对象的句柄,如果该函数执行成功会返回 TRUE,否则就会返回 FALSE。

5.4　线　程　调　度

在 EOS 内核中,处理器调度的对象是线程,线程是调度的基本单位。所以这里称之为"线程调度",而不是"进程调度",但无论是"线程调度"还是"进程调度",它们的核心思想都是一致的。

线程调度属于低级调度,它决定了处于"就绪"状态的哪个线程将获得处理器。注意,线程调度的对象只包括处于"就绪"状态的线程,而处于"阻塞"或者"挂起"状态的线程,只有在它们转变为"就绪"状态后才会被调度。线程调度执行的频率很高,在默认情况下,EOS 每隔几十毫秒就会执行一次线程调度。后面会有专门的内容介绍线程调度执行的时机。

目前 EOS 实现了基于优先级的抢先式调度。当这种线程调度方式运行时,如有比正在执行的线程优先级高的线程处于"就绪"状态,这种调度方式会停止正在执行的低优先级的线程,然后将处理器分配给高优先级的线程,使之执行,而低优先级的线程会进入"就绪"状态,直到再也没有比它优先级高的"就绪"线程时,它才能重新获得处理器。下面详细介绍 EOS 是如何实现线程调度的。

5.4.1 就绪队列和就绪位图

EOS 为了实现基于优先级的抢先式调度,为线程定义了从 0 到 31 的 32 个优先级,其中 0 优先级最低,31 优先级最高。线程控制块结构体 THREAD(在文件 ps/psp.h 中定义)中的 Priority 域就是用来记录线程优先级的。

在文件 ps/sched.c 中,定义了一个数组:

```
LIST_ENTRY PspReadyListHeads[32];
```

在这个数组中保存了 32 个链表头,每个链表头都可以指向一个双向链表,这样,该数组就可以同时管理 32 个双向链表。每个链表都代表一个对应优先级的就绪队列,其中序号为 n 的链表对应优先级为 n 的就绪队列,所以,优先级为 0 的就绪线程要放入序号为 0 的链表中,优先级为 8 的就绪线程要放入序号为 8 的链表中。当执行线程调度时,总是率先选择高优先级就绪队列中的线程获得处理器,而对于同一个优先级就绪队列中的多个线程,则按照先来先服务(FCFS)的顺序进行调度。在 ps/sched.c 文件中还定义了一个 32 位的变量:

```
volatile ULONG PspReadyBitmap=0;
```

用于维护一个 32 位的就绪位图,如果位图的第 n 位为 1,则表明优先级为 n 的就绪队列非空。通过从高优先级向低优先级(从高位向低位)扫描这个就绪位图,即可得到优先级最高的非空就绪队列的索引。

下面结合图 5-6 所示的就绪队列和就绪位图来详细描述一下基于优先级的抢先式调度

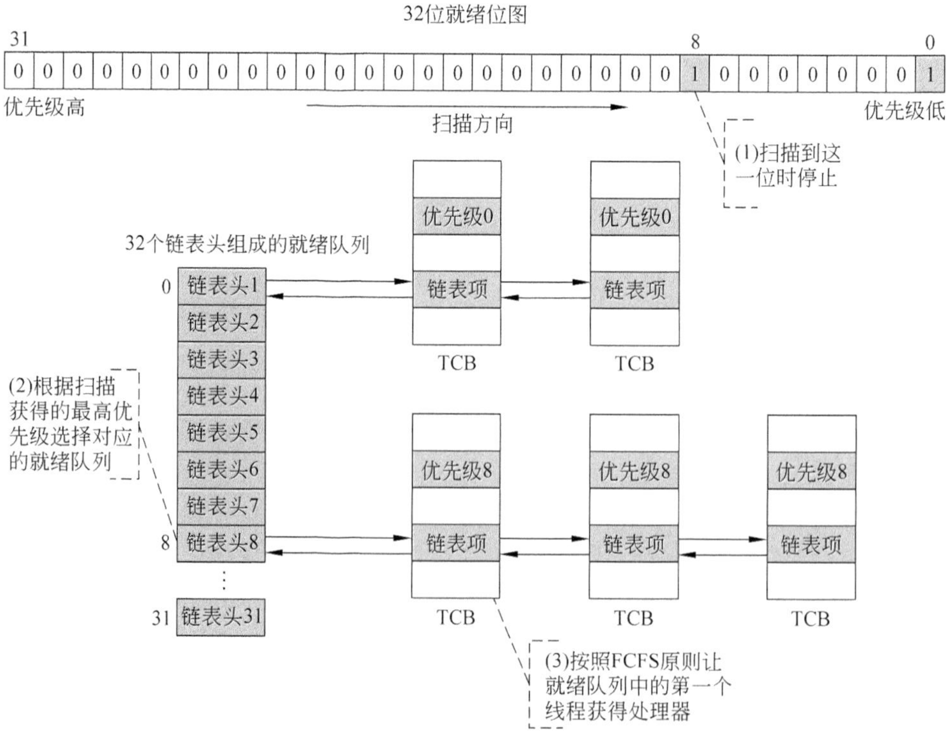

图 5-6 就绪队列和就绪位图

是如何工作的。假设有一个优先级为 6 的线程正在处理器上运行,此时线程调度开始执行,它首先从高位向低位扫描就绪位图,在遇到的第一个为 1 的位停止扫描,并记下其对应的优先级 8,由于存在优先级更高的就绪线程,所以会根据扫描获得的最高优先级选择对应的就绪队列,并按照 FCFS 原则让该就绪队列中的第一个线程获得处理器。优先级为 6 的线程会让出处理器,如果该线程进入"就绪"状态,则应该被插入优先级为 6 的就绪队列的末尾,注意,扫描位图的第 6 位要变为 1 了。读者可以结合图 5-6 考虑一下,如果正在处理器上运行的线程的优先级是 24,线程调度应该如何运行。

5.4.2 线程调度执行的时机

线程调度执行的时机与中断处理是密不可分的,所以这里首先对 EOS 处理中断的过程做一个简单的介绍,可以帮助读者更好的理解线程调度执行的时机。EOS 中关于中断处理的源代码大部分集中在 ke/i386/int. asm 文件中,在该文件中主要定义了一个统一的中断处理函数 Interrupt,由外部设备触发的各种硬中断都会进入此函数进行处理。在 Interrupt 函数中首先会调用 IntEnter 函数将被中断执行的线程的 CPU 现场保存到线程控制块的 KernelContext 域中,然后调用 KiDispatchInterrupt 函数(在文件 ke/i386/dispatch. c 中定义)将中断派遣到对应的中断服务程序中进行处理,最后调用 IntExit 函数恢复被中断执行的线程的 CPU 现场(在不考虑线程调度的情况下),使之继续运行。图 5-7(a)显示了在不考虑线程调度的情况下,EOS 中断处理过程的流程图。

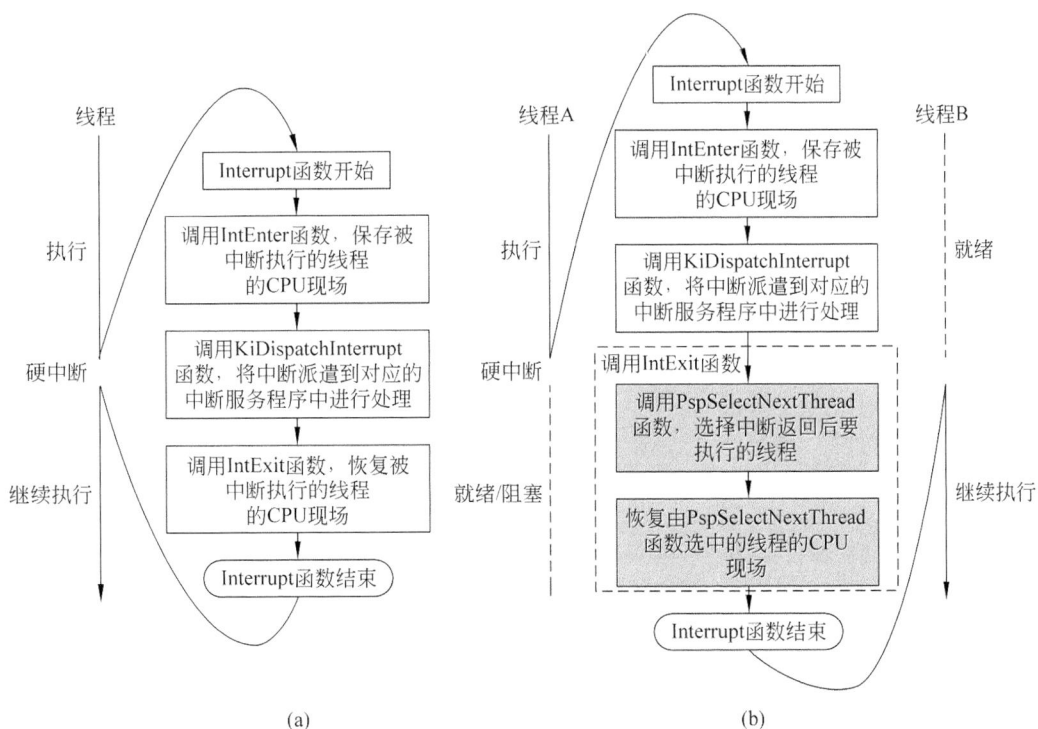

图 5-7 EOS 硬中断处理过程的流程图

之前是在不考虑线程调度的情况下简单讨论了一下 EOS 的中断处理过程,那么执行线程调度的中断处理过程会有什么不同呢? 其实只是在 IntExit 函数中调用了

PspSelectNextThread 函数（在文件 ps/sched.c 中定义），该函数按照调度策略从所有处于"就绪"状态的线程和当前被中断执行的线程中选择中断返回后继续执行的线程，最后 IntExit 函数恢复被 PspSelectNextThread 函数选中的线程的 CPU 现场，使之继续执行。图 5-7（b）显示了在 EOS 的中断处理过程中加入线程调度后的流程图，在该图中 PspSelectNextThread 函数选择了处于"就绪"状态的线程 B，所以在中断处理完毕后，线程 B 得以继续执行。

除了由外部设备产生的硬中断（可以是定时计数器的定时中断，也可以是用户敲击键盘后产生的键盘中断等）会触发线程调度外，EOS 还提供了一个 48 号软中断，专门用于正在运行的线程主动中断后触发线程调度，从而让出处理器的情况。例如，正在运行的线程调用 Sleep 函数，使自己暂停运行；或者调用 WaitForSingleObject、ReadFile 等函数，使自己被阻塞；又或者调用 ReleaseMutex、SetEvent 等函数唤醒其他线程，从而使自己被抢先。所有这些操作，最终都是通过调用 PspThreadSchedule 函数（在文件 ps/sched.c 中定义）来主动执行线程调度的。在 PspThreadSchedule 函数中使用了一个宏定义 KeThreadSchedule（在头文件 inc/ke.h 中定义），该宏定义是通过"int 48"指令触发了一个中断号为 48 的软中断，从而使当前正在运行的线程中断执行并触发线程调度。如果读者查看一下 ke/i386/int.asm 文件中 Int_48 标号所在行就会发现，在处理 48 号软中断时并没有进入 Interrupt 函数，而是直接调用了 IntEnter 和 IntExit 函数，这就造成 48 号软中断没有对应的中断服务程序，而仅仅是在中断返回之前执行函数 PspSelectNextThread，从而选择一个"就绪"线程开始运行，这就再次说明了 48 号软中断是专为正在运行的线程主动中断后触发线程调度而设计的。关于 48 号软中断处理过程的流程图可以参见图 5-8，与图 5-7（b）有明显的差别。感兴趣的读者可以查找一下 EOS 源代码中所有调用了函数 PspThreadSchedule 的地方，分析一下正在运行的线程为什么要在这些地方主动执行线程调度。

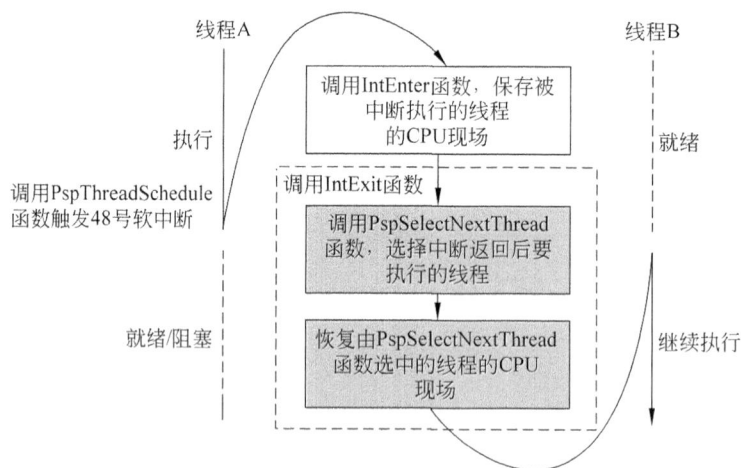

图 5-8　48 号软中断处理过程的流程图

现在读者可以返回到 2.6 节，再查看一下 EOS 实现原语操作的方式。在进行原语操作之前，EOS 会设置 CPU 停止响应外部设备产生的硬中断，当然也就不会再由硬中断来触发线程调度，这样，当前线程在进行原语操作的过程中，既不会被中断后去执行中断服务程序，也不会被其他线程抢占处理器,从而保护了原语操作。需要特别注意的是软中断,在进行原语操作时,CPU仍然会响应软中断,所以读者可以发现PspThreadSchedule函数经常是在退出原语操作之前被调用的,而且在调用该函数时,实际上已经完成了原语操作,这一点需要读者仔细体会。

5.4.3 调度程序

线程调度最终由PspSelectNextThread函数决定是让被中断的线程继续执行,还是从所有"就绪"线程中选择一个来执行,所以这里也称函数PspSelectNextThread为"调度程序"。调度程序要实现的逻辑其实很简单,它只需要根据已知的几个条件来做出决定即可。图5-9显示了调度程序的流程图,读者可以在流程图中自顶向下地来理解调度程序是如何做出决定的。为了加深理解,读者也可以自底向上地思考一下,首先考虑调度程序让被中断的线程继续执行的情况,此时被中断的线程一定仍然处于"运行"状态,并且没有比它优先级更高的"就绪"线程;另一种情况是调度程序需要从所有"就绪"线程中选择一个来执行,此时被中断的线程要么在中断前就主动让出了处理器(例如被阻塞,或者结束执行等),要么就是被优先级更高的就绪线程抢占了处理器,从而不得不进入"就绪"状态。读者可以阅读在ps/sched.c文件中的PspSelectNextThread函数的源代码,并且结合之前介绍的基于优先级的抢占式调度的工作方式来理解,源代码中还有一些这里没有讨论到的细节也值得读者仔细研究。

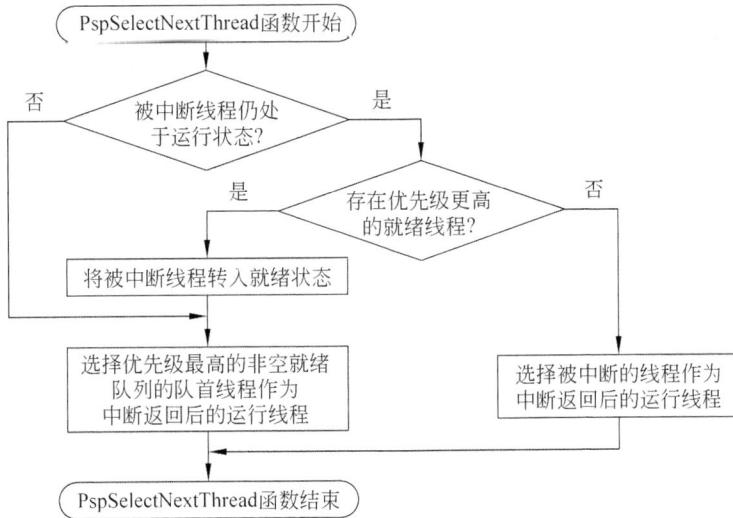

图 5-9　PspSelectNextThread 函数流程图

5.4.4 时间片轮转调度

EOS实现的基于优先级的抢占式调度存在一个问题,即同一个优先级就绪队列中的多个线程,一旦队首线程获得处理器后,队列中的其他线程只有等队首线程被阻塞或者结束后,才能够依次执行。如果已经获得处理器的队首线程是在计算一个小数点后二十位的圆周率,则它有可能会一直占用处理器长达数小时,在这期间,队列中的其他线程有可能是由于刚刚接收到用户的键盘输入而进入就绪状态的,那么用户就必须等待数小时后才能获得这个键盘输入的处理结果,这在一个典型的分时系统中是绝对无法接受的,完全无法保证人机交互的及时性。为此,EOS 引入了时间片轮转调度(Round Robin)来解决这个问题。

时间片轮转调度被绝大多数操作系统采用(极少数实时操作系统除外),虽然各种操作系统在实现的细节上会有差异,但是基本原理都是相同的。通常的做法是为就绪队列中的每个线程分配一个时间片(Time Slice),当线程调度执行时,把 CPU 分配给队首线程,待线程的时间片用完后,会重新为它分配一个时间片,并将它移动到就绪队列的末尾,从而让新的队首线程开始执行。时间片的大小一般从几十毫秒到几百毫秒,这样就可以保证就绪队列中的所有线程,在一给定的时间(人所能接受的等待时间)内,均能获得一个时间片的CPU 执行时间,从而保证人机交互的及时性。

虽然时间片轮转调度的原理很简单,不过它还需要靠定时计数器中断(32 号中断)来驱动。下面结合 EOS 处理定时计数器中断的方法,详细讨论 EOS 是如何实现时间片轮转调度的。几乎每种计算机系统(包括 PC 机、手机等)都有一个可编程定时计数器(PIT,Programmable Interval Timer),用于产生固定频率的定时计数器中断。PC 机上的 Intel 8253 芯片就是一个定时计数器。EOS 操作系统在每次启动时,都会将 8253 初始化为每秒钟向 CPU 发送 100 次定时计数器中断,即每隔 10ms 一次。有些操作系统将一次定时计数器中断称作一个时钟滴答(Tick),EOS 也使用这个概念。EOS 处理定时计数器中断的过程可以参见图 5-10(该图也是对图 5-7 和图 5-8 的一个综合)。与所有其他外部设备产生的硬中断的处理过程相同,KiDispatchInterrupt 函数会将定时计数器中断派遣到其对应的中断服务程序 KiIsrTimer 函数(在文件 ke/ktimer.c 中定义)中处理。KiIsrTimer 函数除了会依次处理已经注册的各个计时器外,另一个重要任务就是进行时间片轮转调度。EOS 的时间片轮转调度并没有直接写在 KiIsrTimer 函数中,而是写成了一个函数 PspRoundRobin(在文件 ps/sched.c 中定义),并且在 KiIsrTimer 函数的最后调用了此函数。

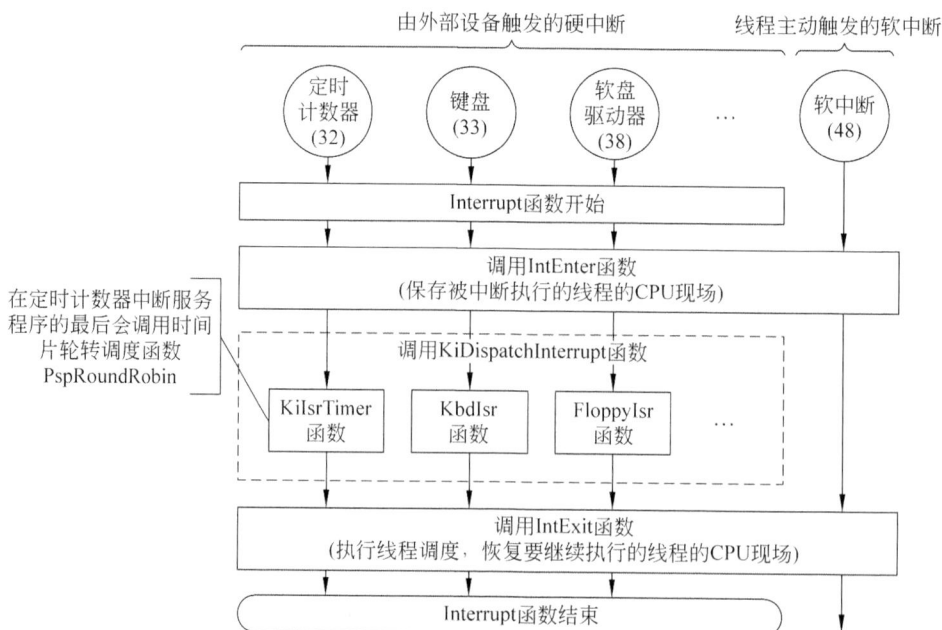

图 5-10　定时计数器中断处理过程的流程图

读者会发现 EOS 中的 PspRoundRobin 函数什么都没有做,是一个空函数。没错!这个函数是留给读者完成的。为了方便读者完成该函数,接下来讨论一下应该如何在函数 PspRoundRobin 中实现时间片轮转调度。EOS 已经为读者完成该函数做了一些准备工作,例如,线程控制块中的域 RemainderTicks 用来保存线程剩余的时间片(就是时钟滴答的数量),而且每个线程在创建时(由 PspCreateThread 函数完成)都会使用宏定义 TICKS_OF_TIME_SLICE(在文件 ps/psp.h 中定义)将该域的值初始化为 6,这样每个线程在初始时都会有长度为 6 个时钟滴答的时间片(即时间片的大小是 60ms)。读者参照图 5-11 所示的流程图完成 PspRoundRobin 函数后,正在执行的线程的时间片每过 10ms 就会减 1,当时间片用完后,就会为线程重新分配时间片,并将线程插入对应就绪队列的末尾,从而让调度程序选择就绪队列队首的线程开始执行。需要再次强调的是,只有当被中断的线程仍然处于"运行"状态时才需要执行时间片轮转调度;若线程的时间片用完,只有当存在与被中断的线程优先级相同的就绪线程时(即优先级相同的就绪队列为空),才需要将被中断的线程转入"就绪"状态,并插入相同优先级就绪队列的末尾。

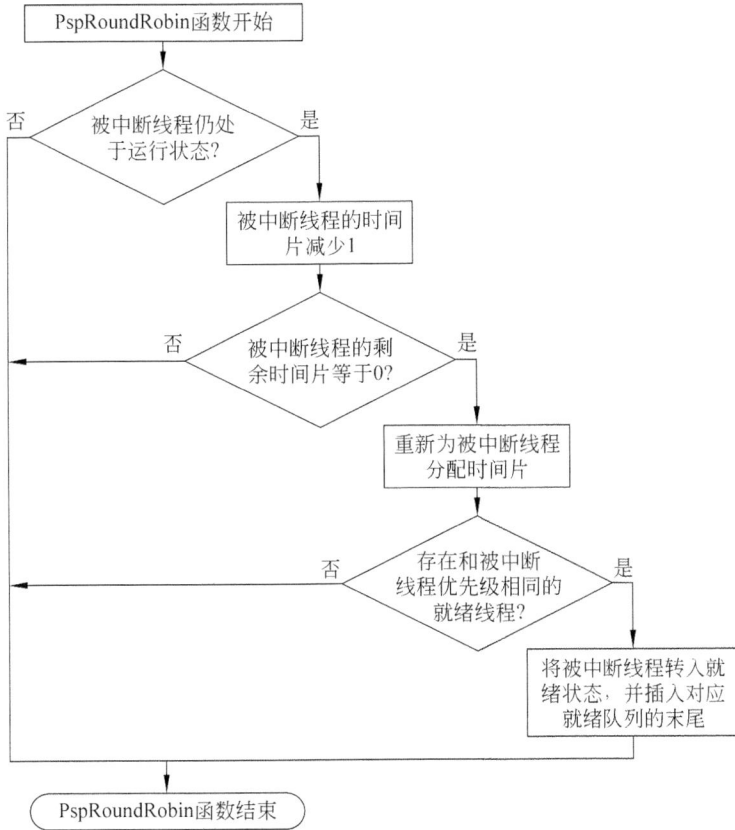

图 5-11 PspRoundRobin 函数的流程图

读者不用担心如何验证完成的时间片轮转调度是否正确的问题,EOS 已经提供了一个控制台命令 rr 专门用来测试时间片轮转调度。读者在 EOS 的控制台中输入 rr 命令后,会同时新建 20 个优先级都为 8 的线程,在读者没有完成时间片轮转调度的情况下,只有一个优先级为 8 的线程在虚拟机屏幕上显示其正在运行,而其他线程只能处于"就绪"状态(始终处于优先级为 8 的就绪队列中)而无法获得处理器。如果读者完成了时间片轮转调度,则在虚拟机屏幕上会显示这 20 个新建的线程轮流执行一个时间片的过程。参见 ke/sysproc.c 中的 ConsoleCmdRoundRobin 函数。

在读者完成了时间片轮转调度并测试通过后,可以进行一项有趣的尝试——修改时间片的大小。从一个正在处理器上执行的线程切换到另一个线程需要一定的时间(包括保存和恢复线程的 CPU 现场,更新各种队列等),假如这种线程切换需要 5ms。读者将宏定义 TICKS_OF_TIME_SLICE(在 ps/psp.h 中定义)的值修改为 1,则一个时间片的大小为 10ms。当 CPU 在执行完线程的一个时间片后,将花费 5ms 来进行线程切换。50% 的 CPU 时间被浪费在管理开销上了。为了让 CPU 将更多的时间花费在有用的工作上,读者可以将 TICKS_OF_TIME_SLICE 的值修改为 100,则时间片为 1000ms。这时浪费的 CPU 时间只有 0.5%。但是在 EOS 这样的分时系统中,正像此时 rr 命令执行的过程一样,第 20 个线程不得不等待大约 20 秒才能获得运行机会,假如用户正在等待第 20 个线程处理一个键盘输入,那么用户将无法忍受要 20 秒才能做出响应。于是,EOS 在进行了一个比较合理的折中后,将时间片的默认值设置为 60ms(与 Windows 相同)。

至此,对 EOS 的线程调度的讨论就可以告一段落了。读者不但要了解中断在线程调度中的重要作用,还应该重点学习 PspSelectNextThread 函数和 PspRoundRobin 函数,EOS 的线程调度正是由这两个函数协作完成的。PspSelectNextThread 函数最终决定哪个线程可以使用处理器,不过 PspRoundRobin 函数可以在 PspSelectNextThread 函数做出决定之前搞一些"小动作",而且这对于 PspSelectNextThread 函数是透明的。建议读者可以自己设定一些线程调度的场景,并结合这两个函数的流程图,尝试描述一下线程调度执行的流程。

第6章　内　存　管　理

内存是计算机系统的重要组成部分,是一种必须要仔细管理的重要资源。内存管理的主要任务是跟踪哪些内存空间正在被使用,哪些内存空间空闲,在需要时为进程分配内存,使用完毕后回收内存。EOS 和 Linux、Windows 等主流操作系统一样,采用了分页内存管理方式。由于 EOS 是一个面向教学的操作系统,为了保持其结构尽可能的简单,没有为其实现换页功能,也就是说目前 EOS 不支持虚拟内存的管理。

6.1　i386 处理器的工作模式和内存管理方式

i386 处理器提供了三种工作模式,即**实模式**、**保护模式**和**虚拟 8086 模式**。这里主要介绍 EOS 使用的实模式和保护模式。

1. 实模式

在实模式下,其寻址方式和 8086 完全相同,都是将 16 位段寄存器中的内容左移 4 位,再和 16 位的段内偏移地址相加,得到 20 位的内存地址。所以在实模式下,内存最大寻址空间为 1MB,段内寻址空间为 64KB。

2. 保护模式

在保护模式下,寻址方式仍然是段基址再加上段内偏移地址,不同的是,段基址和偏移地址都是 32 位的。所以在保护模式下,段内寻址空间是 4GB。为了兼容 8086,386 的段寄存器仍然是 16 位的,很明显存放不下 32 位的段基址。为了解决这个问题,386 引入了描述符(Descriptor)和描述符表(Descriptor Table)。描述符的长度是 8 个字节,描述符表中最多可以包含 8192 个描述符。段描述符(Segment Descriptor)是描述符的一种,在段描述符的 8 个字节中,可以记录段的 32 位基址、段的界限以及读写属性等信息。在进行地址变换时,首先使用 16 位段寄存器的值作为索引在描述符表中查找到对应的段描述符,然后从段描述符中得到段的 32 位基址,再和 32 位段内偏移地址相加,就可以得到 32 位的线性地址,从而完成分段变换(参见图 6-3)。如果没有启动 386 的分页机制,此时得到的 32 位线性地址就是物理地址。

如果在保护模式下启动了分页机制,就会对 32 位线性地址进行基于二级页表的分页变换,从而将线性地址转换为物理地址,如图 6-1 所示。

在二级页表分页机制中,无论是页目录(Page Directory)、页表(Page Table)还是物理页,它们的大小均为 4KB。其中,第一级是一个页目录,在这个唯一的页目录中包含了 1024 个页目录项(Page Directory Entry,PDE)。页目录中的每个页目录项可以映射第二级的一个页表,所以,页目录最多可以映射 1024 个页表。第二级的每个页表都包含了 1024 个页表项(Page Table Entry,PTE),每个页表项可以映射一个 4KB 大小的物理页。这样,一个页目录可以映射 1024 个页表,每个页表又可以映射 1024 个物理页,所以,二级页表最终就可以映射 $1024 \times 1024 \times 4KB = 4GB$ 的物理地址。

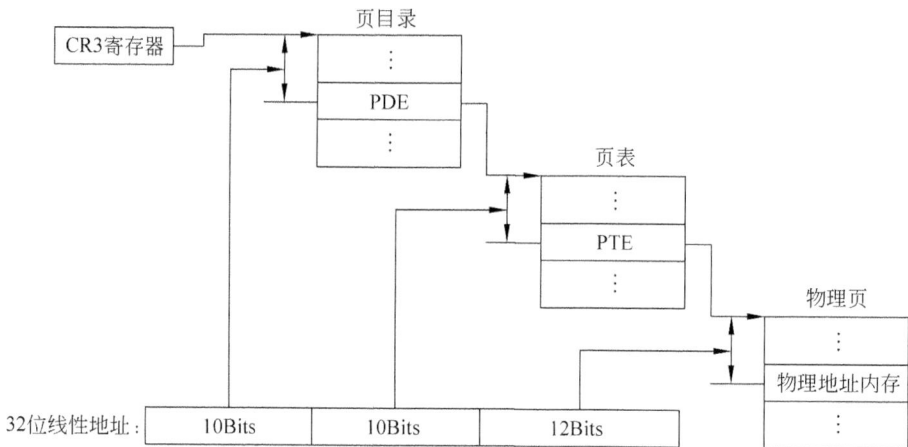

图 6-1 二级页表分页机制

由于页目录和页表的大小都是 4KB,并且都包含了 1024 个 PDE 或者 PTE,显然,PDE 和 PTE 的大小都会是 4 个字节,而且 PDE 和 PTE 的结构也十分类似,参见图 6-2。

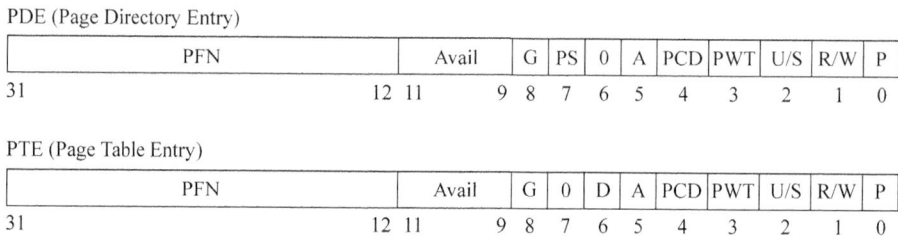

PDE (Page Directory Entry)

PFN		Avail	G	PS	0	A	PCD	PWT	U/S	R/W	P
31	12 11	9	8	7	6	5	4	3	2	1	0

PTE (Page Table Entry)

PFN		Avail	G	0	D	A	PCD	PWT	U/S	R/W	P
31	12 11	9	8	7	6	5	4	3	2	1	0

图 6-2 页目录项和页表项结构图

PDE 和 PTE 中各个数据位的具体含义如下所示:

名　　称	位	含　　义
P(Present)	0	存在位。表示当前项所映射的页表或物理页是否在物理内存中。P=1 表示存在,P=0 表示不存在
R/W(Read/Write)	1	读/写位。为用户级页面提供写保护,表示当前项所映射的页是否为只读的。R/W=0 表示只读,R/W=1 表示可读写
U/S(User/Supervisor)	2	特权级位。如果 U/S=0 则只允许系统级代码访问此页数据,如果 U/S=1 则系统级或用户级代码均可访问此页数据
PWT(Page Write Through)	3	页面缓冲策略控制位。如果系统不允许使用缓存(Cache)则忽略此位。如果 PTW=0 则使用 Write-Back 缓冲策略,否则使用 Write-Through 缓冲策略
PCD(Page Cache Disable)	4	页面缓存禁止位。如果系统不允许使用缓存(Cache)则忽略此位。如果 PCD=0 则该项映射的页表或物理页可以被缓冲,否则不可以被缓冲
A(Accessed)	5	访问位。每当处理器访问该表项映射的页表或物理页时,此位被置 1
D(Dirty)	6	脏页位。每当处理器写该表项映射的页表或物理页时,此位被置 1。PDE 没有使用此位

名　　　称	位	含　　义
PS(Page Size)	7	页大小位。如果 PS＝0 则页大小为 4KB,PDE 指向页表。这里不讨论 PS＝1 的情况。PTE 没有使用此位
G	8	全局页标志
Avail（Available for system programmer's use）	9～11	系统程序员可使用位。
PFN(Page Frame Number)	12～31	该表项映射的页表或物理页在物理内存中的页框号。

这里再结合图 6-1 简单描述一下线性地址到物理地址的分页变换过程：

（1）由 CR3 寄存器得到页目录在物理内存中的位置。

（2）将 32 位线性地址中的 22～31 位作为索引,在页目录中找到 PDE,由 PDE 即可获得页表在物理内存中的位置。

（3）将 32 位线性地址中的 12～21 位作为索引,在页表中找到 PTE,由 PTE 即可获得该物理页的位置。

（4）将物理页的起始地址和线性地址中 0～11 位页内偏移地址相加,即可获得线性地址对应的物理地址。

另外,在进行分页地址变换时,CPU 还会对 PDE 或 PTE 中的 P、R/W、U/S 位进行审查。如果页面不存在,或者试图对只读的页面进行写访问,再或者用户级代码试图访问系统特权级别的页面,都会引起一次页面异常故障（产生异常中断）。导致故障产生的线性地址会被存储在 CR2 寄存器中,供异常处理程序使用。

从之前的讨论可以看出,线性地址到物理地址的转换过程增加了两次额外的内存访问（读 PDE 和读 PTE）,这将大大降低内存访问的效率。为了提高效率,386 引入快表（Translation Lookaside Buffer,TLB）,用于暂存经常访问的页目录和页表。系统程序在每次修改内存中的 PDE 或 PTE 后,都要刷新 TLB,以保证 TLB 中的内容和内存中的 PDE 或 PTE 一致。刷新 TLB 只需要重写 CR3 寄存器的内容即可,在 EOS 中由 rtl/i386/hal386. asm 文件中的一段汇编代码完成：

```
_MiFlushEntireTlb:
;{
    mov eax, cr3
    mov cr3, eax
    ret
;}
```

此段汇编代码将 CR3 寄存器中的内容写入 EAX 寄存器,然后又将 EAX 寄存器中的内容写回到 CR3 寄存器中,从而完成刷新 TLB 的工作。在 C 语言编写的代码中调用 MiFlushEntireTlb()函数,就会执行此段汇编代码。

6.2　EOS 内存管理概述

前面已简单介绍了 i386 处理器的内存管理方式,下面将详细讲解 EOS 操作系统是如何利用处理器的内存管理单元来管理内存的(包括物理存储器和进程的逻辑地址空间)。

在详细讲解 EOS 操作系统管理内存的方式之前,需要再次明确一下 EOS 操作系统中的逻辑地址是如何变换为物理地址的。EOS 在 i386 处理器的保护模式下启用了分页机制,根据之前对 i386 处理器内存管理的讲解,可以确定逻辑地址到物理地址的变换过程应该如图 6-3 所示。

32位逻辑地址 ——→ 分段变换 ——→ 32位线性地址 ——→ 分页变换 ——→ 32位物理地址

图 6-3　逻辑地址到物理地址的变换过程

从图中可以看到有分段变换和分页变换两个阶段,而分段变换的过程其实很简单,原因是 EOS 将代码段和数据段的段基址都设置为 0,大小都设置为 4GB。这样,分段变换会将逻辑地址和段基址 0 相加,得到的线性地址和逻辑地址是相同的,就好像不存在分段变换一样。在 Intel 的官方资料中,将这种旁路分段变换的寻址方式称作**平坦模式(Flat mode)**。Linux、Windows 的 IA32(Intel x86 32 位体系结构)版本,也都使用了平坦模式。

6.3　物理存储器的管理

EOS 使用了分页内存管理方式,所以对物理存储器也是以页为单位来进行管理的。EOS 中使用页框号数据库(PFN Database)来管理所有物理页。PFN Database 其实是一个数组,数组中的元素是由一个结构体来定义的,数组的长度和物理存储器所包含的物理页数量是一致的。数组中的第 N 项描述了页框号为 N 的物理页的状态,并且该项还指向了具有相同状态的另一个物理页的页框号,以构成链表。用于描述数组中元素的结构体在文件 mm/i386/mi386.h 中定义如下:

```
typedef struct _MMPFN
{
    ULONG Unused : 9;                    //未用
    ULONG PageState : 3;                 //物理页的状态
    ULONG Next : 20;                     //下一个物理页的页框号
}MMPFN, * PMMPFN;
```

目前只定义了三种物理的页状态:

(1) 零页,此页空闲可用,已进行零初始化,每个字节的值都是 0。

(2) 自由页,此页空闲可用,未进行零初始化,每个字节的值都不确定。

(3) 占用页,此页正在被系统或某个进程使用。

页的状态被定义为枚举类型,在文件 mm/mi.h 中定义如下:

```
typedef enum _PAGE_STATE {
    ZEROED_PAGE,                    //零页
    FREE_PAGE,                      //自由页
    BUSY_PAGE,                      //占用页
} PAGE_STATE;
```

上述的三种状态中,只有零页和自由页对应的数据库项被组成链表,也就是零页链表和自由页链表。当申请分配物理页时,只需要从任意一个链表的首部移除数据库项即可,数据库项对应的物理页即可作为分配结果。将可分配物理页分为零页和自由页两类的原因是,大部分时候申请者都希望得到已经被零初始化的页。目前,在文件 mm/pfnlist.c 中定义了系统内部用于申请分配物理页的两个函数:MiAllocateAnyPages 和 MiAllocateZeroedPages,其中前一个用于分配未经零初始化的自由页,后一个用于分配零页。MiAllocateAnyPages 函数在执行时,先尝试从自由页链表分配,如果自由页链表不够则继续从零页链表分配,最坏的情况就是两个链表的和仍然不够申请分配页数,此时返回失败。MiAllocateZeroedPages 函数在执行时,首先从零页链表分配,如果零页链表不够则继续从自由页链表分配,并会对从自由页链表中分配的每一页进行零初始化,确保所有分配页都是被零初始化的。

系统启动时,所有空闲物理页都是未初始化的,此时零页链表为空。为了提高 MiAllocateZeroedPages 函数的执行效率,尽量使之仅从零页链表中分配,可以为系统建立一个零页线程。零页线程属于系统进程,其优先级仅比空闲线程的优先级高 1 级,这样,当系统空闲时零页线程可以得以执行。零页线程在执行时,如果自由页链表非空,则会对自由页链表中物理页进行零初始化,并将零初始化后的物理页移入零页链表。零页线程目前还没有实现,感兴趣的读者可以尝试完成。

6.4　进程地址空间

EOS 中的每个进程都有一个独立的 4GB 虚拟地址空间(即 4GB 的逻辑地址空间),其中低 2GB 为进程私有的用户地址空间,高 2GB 为所有进程共享的系统地址空间。进程的用户地址空间用于存放用户进程的代码、数据等。系统地址空间被 EOS 内核使用,用于存放内核的代码、内核运行时的各种数据结构以及所有线程的内核模式栈等,如图 6-4 所示。

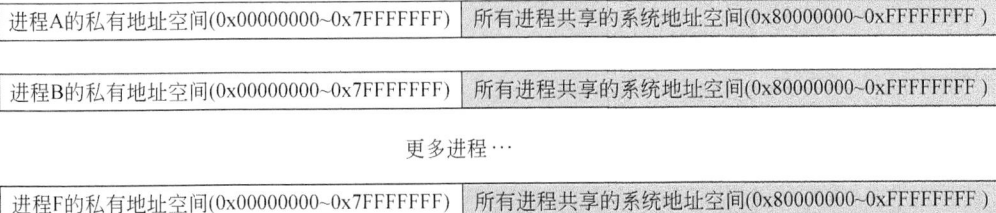

| 进程A的私有地址空间(0x00000000~0x7FFFFFFF) | 所有进程共享的系统地址空间(0x80000000~0xFFFFFFFF) |

| 进程B的私有地址空间(0x00000000~0x7FFFFFFF) | 所有进程共享的系统地址空间(0x80000000~0xFFFFFFFF) |

更多进程⋯

| 进程F的私有地址空间(0x00000000~0x7FFFFFFF) | 所有进程共享的系统地址空间(0x80000000~0xFFFFFFFF) |

图 6-4　进程地址空间

在地址 0x00000000~0x7FFFFFFF 范围内,任何进程对内存读写都不会影响其他进程,就好像不存在其他进程一样。在地址 0x80000000~0xFFFFFFFF 范围内,任何进程对内存读取的结果都相同,任何进程对内存修改都将影响其他进程。这种效果是通过为每个进

程分配一个页目录和若干页表来实现的。在每个进程的页目录中，其最开始的512个PDE都指向了进程私有的页表，页表中的PTE都指向了进程私有的物理页。而余下的512个PDE都指向了相同的系统页表，这些页表必然指向相同的系统物理页。在进行进程切换时，操作系统会将得到CPU使用权的进程的页目录设置为系统页目录（这个过程称作地址空间切换），即将页目录放入CR3寄存器中。这样，每个进程在执行时，对内存的访问都将通过自己的页目录进行分页地址变换。

6.5 页目录和页表的逻辑地址

在开启i386的分页功能后，就不能通过物理地址直接读写物理内存了，任何对内存的访问都必须使用逻辑地址，并最终由处理器转换为物理地址。所以，在开启分页功能之前必须准备好一些物理页用作页目录和页表，并通过直接读写物理内存的方式将页目录和页表的内容初始化好。这样，在开启分页功能之后，就可以直接使用页目录和页表进行分页变换了。另外，在开启分页功能之后，还需要经常修改页目录或页表，例如，当需要取消某逻辑地址对某物理页的映射时，就需要将对应的页表项的存在位改为0。由于开启分页功能后，不能直接通过物理地址读写物理内存，那么该如何修改位于物理内存中的页目录和页表呢？

为了解决上面提到的问题，EOS在开启分页功能时，就将页目录和所有页表映射在虚拟地址0xC0000000开始的4MB地址空间中。由于页目录和页表映射在虚拟地址空间中的固定位置，所以，在启动分页功能后，可以通过对此固定虚拟地址区域的读写来访问物理内存中的页目录和页表。

在详细讲解EOS设置页目录和页表的虚拟地址之前，需要先讲解一下EOS定义的PTE结构体。因为PDE和PTE的区别不大，并且硬件会自动忽略对PDE或PTE无用的位，所以在文件mm/i386/mi386.h中可以将它们统一定义为如下的结构体：

```
typedef struct _MMPTE_HARDWARE
{
    ULONG Valid : 1;                    //存在位
    ULONG Writable : 1;                 //可写标志
    ULONG User : 1;                     //用户页标志
    ULONG WriteThrough : 1;             //穿透写标志
    ULONG CacheDisable : 1;             //缓存使用标志
    ULONG Accessed : 1;                 //已访问标志
    ULONG Dirty : 1;                    //脏页标志
    ULONG LargePage : 1;                //大页面标志
    ULONG Global : 1;                   //全局页标志
    ULONG Unused : 3;                   //Avail位,EOS不使用
    ULONG PageFrameNumber : 20;         //页表或物理页的页框号
}MMPTE_HARDWARE, * PMMPTE_HARDWARE;
```

编程时，通过修改结构体中的位域即可修改PDE或PTE中相应的位。

这里假设页目录占用的物理页的页框号为0x400（物理地址0x00400000）来讲解页目录和页表的映射原理。在初始化页目录时，可将页目录的第0x300个PDE初始化为如下：

```
    {
        Valid=1,
        Writable=1,
        User=0,
        WriteThrough=0,
        CacheDisable=0,
        Accessed=0,
        Dirty=0,
        LargePage=0,
        Global=0,
        Unused=0,
        PageFrameNumber=0x400
    }
```

注意,这个 PDE 指向的页表的物理页框号也是 0x400,也就是说这里重复利用了页目录,使之同时充当一张页表使用。

下面用这个页目录和页表来对虚拟地址 0xC0300000 进行分页变换。0xC0300000 的二进制表示为 1100,0000,00|11,0000,0000|,0000,0000,0000,高 10 位的值为 0x300,中间 10 位的值为 0x300,低 12 位的值为 0。下面进行分页地址变换:

(1) 用高 10 位的值 0x300 作为索引,在页框号为 0x400 的页目录中查找 PDE。此 PDE 正好是我们初始化的 PDE,它指向了页框号为 0x400 的页表,此页表恰好是页目录的复用。

(2) 用中间 10 位的值 0x300 作为索引,在页框号为 0x400 的页表(页目录)中查找 PTE,此 PTE 是对 PDE 的复用,它指向了页框号为 0x400 的物理页,恰好是用作页目录的物理页。

(3) 将物理页框号 0x400 和虚拟地址的低 12 位进行拼合,得到物理地址 0x00400000。

通过上述分页地址变换,可以发现用作页目录的 0x400 号物理页被映射到了从虚拟地址 0xC0300000 开始的 4KB 虚拟地址空间,那么对此虚拟地址范围读写就是在读写页目录的内容了。

通过地址变换可以发现,第 1 个 PDE 指向的页表会被映射到虚拟地址 0xC0000000,第 2 个 PDE 指向的页表会被映射到虚拟地址 0xC0001000,第 3 个 PDE 指向的页表会被映射到虚拟地址 0xC0002000,…,第 1024 个 PDE 指向的页表会被映射到虚拟地址 0xC03FF000。也就是说,所有页表会被均匀地映射到 0xC0000000 开始的 4MB 虚拟地址空间中,被按顺序无缝隙的拼合到了一起,组成了一个占 4MB 虚拟内存空间。

EOS 通过巧妙地将页目录复用为页表,从而将页目录和页表映射到虚拟地址空间,方便了对页目录和页表的维护与修改。

6.6　虚拟地址描述符链表

物理内存是有限的,而且在 32 位地址线的情况下最大只能使用 4GB 物理内存,所以系统不可能为每个进程的 4G 虚拟地址空间全都映射物理页。只有在进程申请的时候,才为进程分配一定数量的物理页,并在进程指定的虚拟地址区域或由系统选择的一个可用虚拟地址区域进行映射。一般来说,进程虚拟地址空间对物理页的映射是稀疏的。为了记录进程虚拟地址空间中的哪些地址区域已经被使用,EOS 使用一个虚拟地址描述符(VAD,Virtual Address Descriptor)记录一段被使用的地址范围,并将所有 VAD 按照地址增序组成链表。VAD 结构体和 VAD 链表结构体在 mm/mi.h 中的定义如下所示:

```
typedef struct _MMVAD{
    ULONG_PTR StartingVpn;          //被使用区域的开始虚页框号
    ULONG_PTR EndVpn;               //被使用区域的结束虚页框号
    LIST_ENTRY VadListEntry;        //链表项,用于将描述同一地址空间的所有 VAD 串成链表
}MMVAD, * PMMVAD;


typedef struct _MMVAD_LIST{
    ULONG_PTR StartingVpn;          //记录的进程地址空间的开始虚页号
    ULONG_PTR EndVpn;               //记录的进程地址空间的结束虚页号
    LIST_ENTRY VadListHead;         //VAD 链表头
}MMVAD_LIST, * PMMVAD_LIST;
```

　　用户进程可以调用 API 函数 VirtualAlloc 在进程地址空间内申请分配一段虚拟地址区域并映射物理内存。用户进程必须指定虚拟地址区域的大小,还可以选择是否指定虚拟地址区域的开始地址。如果指定了开始地址,那么 VirtualAlloc 首先遍历 VAD 链表,查找指定的地址区域是否已经被使用。如果没有被使用,则分配一个 MMVAD 结构体并初始化,将之按照地址增序插入 VAD 链表。否则返回失败。如果没有指定地址区域起始地址,那么 VirtualAlloc 遍历 VAD 链表,按照最先适配原则查找一个满足大小的未使用区域,然后分配一个 MMVAD 结构体并初始化,将之按照地址增序插入 VAD 链表。如果未找到满足大小的未使用区域则返回失败。VirtualAlloc 分配虚拟地址区域成功后,可以继续分配并映射物理页给刚刚分配的虚拟地址区域,不过不是必须。用户可以稍后再次调用 VirtualAlloc,分配并映射物理页给已分配但未映射物理页的地址区域。用户进程可以调用 API 函数 VirtualFree 释放已分配地址区域,映射在已分配地址区域的物理页也将被释放。VritualAlloc 和 VirtualFree 的算法请参见 mm/virtual.c 源文件中的 MmAllocateVirtualMemory 和 MmFreeVirtualMemory 函数。

　　通过前面的介绍,读者应该已经了解到,每个进程地址空间至少需要一个页目录和一个 VAD 链表,在 EOS 中这被组织为一个 PAS(Process Address Space)结构体,每个 PAS 结构体对应于一个进程的虚拟地址空间,也就是 PCB 中的 Pas 域。PAS 结构体在 mm/mi.h 中的定义如下所示:

```
typedef struct _MMPAS {
    MMVAD_LIST VadList;             //VAD 链表结构体
    ULONG_PTR PfnOfPageDirectory;   //页目录的物理页框号
    ULONG_PTR PfnOfPteCounter;      //PTE 计数器页的物理页框号
}MMPAS;
```

　　这里需要解释一下 PTE 计数器页的作用。PTE 计数器页中包含了 1024 个计数器,和

页目录中 PDE 的项数一致,且是一一对应的,第 n 项计数器记录了页目录中第 n 项 PDE 对应的页表中的有效 PTE 数量。如果某个计数器的值为 0,说明对应的页表中有效的 PTE 为 0,此时可以将页表占用的物理页回收,同时将对应的 PDE 的存在位 P 修改为 0。这样可以避免无用的页表占用宝贵的物理页,提高内存利用率。

6.7 系统内存池

系统内存池是位于系统地址空间中的一段地址区域,此区域全部被映射了物理内存,用于为系统管理需要的各种数据结构分配内存,例如进程对象(PCB)、线程对象(TCB)、文件对象(FCB)等各种内核对象结构体在被创建时,都是从系统内存池申请分配的内存。由于系统内存池位于系统共享地址空间中,所以各个进程都可以访问到从这里分配的内存,可以实现基于共享内存方式的进程间通信。用于进程间通信的管道、消息队列等机制所需的缓冲区也都应从此区域分配内存。系统内存池的初始化等代码位于文件 mm/syspool.c 中。

目前,系统内存池使用了伙伴分配算法。伙伴分配算法的实现位于 mm/mempool.c 源文件中,请参考数据结构的相关资料阅读此源文件。伙伴算法的优点是分配最长时间是可确定的,不依赖于具体的使用情况,缺点是有可能块内碎片比较大,最坏的情况下实际分配的大小几乎是申请大小的两倍。读者可以修改 mm/mempool.c 源文件,将分配算法修改为最先适配、最佳适配等算法,以进行对比。

6.8 进程地址空间的内存分布

前面已经介绍了进程地址空间、页框号数据库、系统内存池的概念,其中页框号数据库、系统内存池都位于各个进程共享的系统地址空间中,现在有必要了解一下进程地址空间的内存分布情况。进程的 4GB 虚拟地址空间的内存布局参见图 6-5。

系统地址空间从虚拟地址 0x80000000 开始到 0xFFFFFFFF 结束,共 2GB。EOS 的加载程序 Loader 在将控制权交给内核之前,就已经开启了 i386 处理器的保护模式并启用了分页机制。Loader 在启动分页机制时,将全部物理内存最开始的约 1/8(最多映射 256MB)连续映射到了系统地址空间的起始处,具体映射的尺寸(Loader)是通过一个 LOADER_PARAMETER_BLOCK 结构体参数传递给内核的。所以,系统启动后对从 0x80000000 开始的一段虚拟地址区域的读写,就是对从 0 开始的物理内存的读写。下面介绍被 Loader 映射的内存的使用情况。

Loader 在加载 kernel.dll 文件时还没有启动分页,kernel.dll 被加载到从 0x10000 起始的物理内存。由于 1MB 之前的 64KB(0xA0000-0xFFFFF)物理内存是仅供 BIOS 使用的,其他程序不能被使用,所以可用于加载内核的物理地址范围是 0x10000-0x9FFFF,共 576KB。从前面的内容可知,启动分页后加载 kernel.dll 的物理内存会被映射到虚拟地址 0x80010000 处,这正好是在链接内核时所指定的装入基址。

物理地址 0xB8000 起始的 32KB 物理内存(位于 BIOS 区域中)是用于字符模式 VGA 显示的缓存,对此区域写入数据,可以直接反映在显示器上。同理,开启分页后,这段区域会被映射到虚拟地址 0x800B8000 处,EOS 的控制台所显示的内容都是通过对虚拟地址

进程的4GB虚拟地址空间

0x00000000	不可访问的64KB缓冲区域。用于捕捉对空指针的非法访问	
0x00010000	用户进程可用的虚拟地址空间。 用户进程的可执行映像被加载到地址0x400000处，用户进程的堆和栈也位于这段区域内。 用户进程调用VirtualAlloc函数进行虚拟内存分配时，也是在这段区域分配	用户地址空间 (低2GB)
0x7FFF0000	不可访问的64KB缓冲区域。用于捕捉对空指针的非法访问	

0x80000000	物理内存的约1/8被映射到此处，映射的总量不超过256MB，且向上4M地址对齐。
	被映射的物理内存使用如下：
	    0~64KB：用作I/O缓冲区。
	    64KB~640KB：用于加载kernel.dll。
	    640KB~1MB：BIOS区域，不可用。
	    1MB~?：用于页框号数据库，大小根据物理页面数量而定。
	    ?~?：系统内存池。
	    ?~?：最后8K用作ISR专用栈
		内核地址空间
		(高2GB)

0x90000000	保留未用	
0xA0000000	供系统动态管理分配的虚拟地址空间，这段区域的大小为物理内存大小的1/4，最大512MB。 这段区域在初始化时，需全部安装PTE，避免各进程的页目录项不一致	
0xC0000000	进程页表被映射到此4MB区域	
0xC0400000	页表有效PTE计数器被映射到此4KB区域	
0xC0401000	系统PTE区域，用于快速将单个物理页框映射至此，对物理内存进行初始化	
0xC0800000	保留未用	

图 6-5　进程的 4GB 虚拟地址空间的内存布局

0x800B8000 开始的显示缓存直接写入数据来完成的。

　　1MB 之后的部分物理内存，被用作页框号数据库，也就是说页框号数据库位于系统地址空间的 0x80100000 处。页框号数据库的大小和系统物理内存的页数相关。被映射的物理内存的最后 64KB 被用作了中断服务程序(Interrupt Service Routine,ISR)栈。夹在页框号数据库和 ISR 栈之间的已映射内存被初始化为系统内存池。

　　剩余未被使用的物理页的起始页号，被 Loader 程序通过 LOADER_PARAMETER_BLOCK 结构体传递给了内核。在初始化页框号数据库时，这些物理页对应的数据库项被初始化为自由页链表。

　　0x90000000 ～ 0x9FFFFFFF 的 256MB 虚拟地址区域保留未用。0xA0000000 ～ 0xBFFFFFFF 的 512MB 虚拟地址区域，用作在系统区域内执行 VirtualAlloc，大部分时间

用于给线程分配核心态使用栈。

0xC0000000～0xC03FFFFF 的 4MB 虚拟地址区域用于映射页表和页目录,以便能够对页表和页目录进行修改。在分页模式下,无论如何是不能够通过物理地址直接读写物理内存,唯一的办法就将物理内存映射到约定的虚拟地址区域,对虚拟地址区域进行读写。这段区域就是专门用来映射进程的页目录和页表的,以便在进程执行时能够动态的映射和取消映射一些物理页(例如执行 VirtualAlloc 和 VirutalFree)。在进程切换时,得到 CPU 使用权的进程的页目录、页表都将被映射到此。

0xC0400000～0xC0400FFF 的 4KB 虚拟地址区域用于映射当前进程地址空间的页表项计数器页。0XC0401000～0xC07FFFFF 为系统 PTE 区域,此段地址区域是为了临时映射物理页而保留的,例如在对物理页进行零初始化时,可将物理页先映射至此进行写零,然后再取消映射。此区域映射所使用的 PTE 都存在,并且被组成链表。对此区域的操作请参看 mm\ptelist. c 源文件。0xC0800000～0xFFFFFFFF 保留未用。

最后再次强调,EOS 中用户进程的地址空间分为低 2GB 的私有地址空间和共享的高 2GB 系统地址空间,而系统中唯一的系统进程地址空间却很特殊,系统进程地址空间不使用低 2GB,也就是说系统进程的全部活动都在高 2GB 的系统地址空间中展开。用户进程在执行 VirtualAlloc 和 VirtualFree 时都是在 0x00010000～0x7FFEFFFF 的虚拟地址空间中进行操作,而系统进程则是在 0xA0000000～0xBFFFFFFF 的虚拟地址区域进行操作。

第 7 章 I/O 管 理

控制 I/O 设备是操作系统的主要功能之一。操作系统必须提供一组程序对这些设备进行管理,必须向设备发送命令,捕获中断并进行错误处理,还必须为设备与系统其余部分之间的通信提供接口,并通过这些接口提供设备无关性。

本章会首先介绍 EOS 操作系统是如何管理种类繁多、特性相差很大的 I/O 设备的。接下来重点向读者介绍设备驱动的技术细节,以及典型 I/O 设备的管理。

7.1 驱动程序对象与设备对象

EOS 中的 I/O 管理基于对象管理模块提供的对象管理功能,每个驱动程序都对应一个驱动程序对象,每个设备都对应一个设备对象。

驱动程序的作用就是屏蔽设备工作的细节,为上层应用提供统一的、简洁的设备操作接口。例如,当上层应用需要通过串口发送或接收数据时,只需调用串口驱动程序提供的 Read、Write 接口函数即可,而且参数非常简单,只需指出读写缓冲区位置和读写字节数即可,剩下的设备操作细节都由驱动程序来完成。这样带来的好处是,当设备发生变化时,上层的应用可以不用修改。例如,不同厂商生产的串口设备其工作原理可能会不同,在更换串口设备后只需更换相应的驱动程序,保证新驱动程序提供的 Read、Write 接口和原来的一致即可,这样上层的应用程序就无须做任何修改了。

EOS 中的每个驱动程序都对应一个驱动程序对象,驱动程序对象的结构体在文件 io\iop. h 中定义如下:

```
typedef struct _DRIVER_OBJECT {
    LIST_ENTRY DeviceListHead;
    STATUS (* AddDevice)(IN PDRIVER_OBJECT, IN PDEVICE_OBJECT, IN USHORT,
                    OUT PDEVICE_OBJECT *);
    STATUS (* Create)(IN PDEVICE_OBJECT, IN PCSTR, IN ULONG, IN OUT PFILE_OBJECT);
    VOID (* Close)(IN PDEVICE_OBJECT , IN OUT PFILE_OBJECT);
    STATUS (* Read)(IN PDEVICE_OBJECT, IN PFILE_OBJECT, OUT PVOID, IN ULONG,
                    OUT PULONG);
    STATUS (* Write)(IN PDEVICE_OBJECT, IN PFILE_OBJECT, IN PVOID, IN ULONG,
                    OUT PULONG);
    STATUS (* Query)(IN PDEVICE_OBJECT, IN PFILE_OBJECT, OUT PFILE_INFO);
    STATUS (* Set)(IN PDEVICE_OBJECT, IN PFILE_OBJECT, IN PSET_FILE_INFO);
} DRIVER_OBJECT;
```

该结构体中的 AddDevice、Create、Close、Read、Write、Query、Set 7 个函数指针记录了驱动程序提供的各个接口函数的入口地址。

在一台计算机中,可以存在多个完全相同的设备,例如 PC 一般都有两个串口设备 COM1 和 COM2。因为这些相同设备的工作原理和过程都完全一样,所以只需要由一个驱动程序提供驱动服务即可,但前提是驱动程序必须能够区分所服务的几个相同设备。例如,在向串口驱动程序发出读 COM1 端口请求时,驱动程序必须能够识别出请求的目标是 COM1 而不是 COM2,并了解 COM1 的参数和缓冲区位置等信息,然后开始读取 COM1 设备。

为了区分设备,EOS 中的每个设备都对应一个设备对象,设备对象记录了该设备在同类设备中的编号,并记录了为此设备提供服务的驱动程序对象的指针等一些信息。设备对象的结构体在文件 io\iop. h 中定义如下:

```
typedef struct _DEVICE_OBJECT {
    BOOLEAN IsBlockDevice;              //块设备标志
    USHORT DeviceNumber;                //用于区分相同设备的编号,例如 COM1 为 0、COM2 为 1
    PDRIVER_OBJECT DriverObject;        //为此设备提供驱动服务的驱动程序对象的指针
    LIST_ENTRY DeviceListEntry;         //设备链表的节点
    ULONG OpenCount;                    //设备被重复打开的计数器
    BOOLEAN ShareRead;                  //设备是否可以被共享读
    BOOLEAN ShareWrite;                 //设备是否可以被共享写
    PVOID DeviceExtension;  //指向设备扩展块,扩展块中应该记录设备的寄存端口地址等信息
    MUTEX Mutex;                        //用于多线程互斥读写同一设备的互斥体
} DEVICE_OBJECT;
```

驱动程序只能以只读的方式访问设备结构体中的 DeviceNumber、OpenCount 和 DeviceExtension 域,其他域对驱动程序是透明的,驱动程序不应使用和访问。

DeviceExtension 域指向了设备扩展块,设备扩展块用于存放不同设备的参数。设备扩展块的结构体内容由设备驱动程序根据设备的特点进行定义。例如,在串口设备对象的设备扩展块中(参见 io\driver\serial. c 文件),存放了用于该设备发送数据的环形缓冲区的指针和用于通知请求线程发送完成的 Events 事件(串口驱动目前仅实现了发送数据功能)。设备扩展块的内存是由系统在创建设备对象时一起为之分配的,驱动程序需要做的仅仅是在创建设备对象时指明设备扩展块的大小。

在创建设备对象时,系统会将设备对象插入为设备提供服务的驱动程序对象的设备链表中,同时也会在设备对象中记录为此设备提供服务的驱动程序对象的指针。也就是说,通过遍历驱动程序对象的设备链表,就可以获知驱动程序服务的多个相同设备的信息,通过设备对象的驱动程序对象指针,也可以获知为此设备提供驱动服务的驱动程序信息。

7.2 文件对象及其操作

EOS 使用文件对象标记进程打开的设备或磁盘文件。进程在打开设备或磁盘文件时,IO 管理模块会创建一个与被打开设备或磁盘文件关联的文件对象,并返回此文件对象的句柄。此后,进程内的任何线程都可以通过此文件句柄来读写文件,从而完成对设备或磁盘文件的读写。需要注意的是,EOS 允许一个设备或磁盘文件被多个文件对象关联,例如,进程

A、B、C 可以使用共享读的方式同时打开串口设备 COM1,那么每个进程都将获得一个和 COM1 关联的文件对象。文件对象的结构体在文件 io\iop. h 中定义如下:

```
typedef struct _FILE_OBJECT {
    PDEVICE_OBJECT DeviceObject;        //关联的设备对象指针
    PVOID FsContext;                    //文件的上下文环境指针,
    BOOLEAN ReadAccess;                 //文件是否可读
    BOOLEAN WriteAccess;                //文件是否可写
    BOOLEAN SharedRead;                 //文件是否允许共享读
    BOOLEAN SharedWrite;                //文件是否允许共享写
    ULONG FlagsAndAttributes;           //标志和属性位
    ULONG CurrentByteOffset;            //文件当前读写偏移位置
    MUTEX Mutex;                        //用于多线程互斥访问文件对象的互斥体结构
} FILE_OBJECT;
```

EOS 应用程序无论在打开一个设备还是在打开一个磁盘文件时,都是通过调用 EOS API 函数 CreateFile 来完成的。CreateFile 函数在文件 inc/eos. h 中声明如下:

```
HANDLE
CreateFile(
    IN PCSTR FileName,
    IN ULONG DesiredAccess,
    IN ULONG ShareMode,
    IN ULONG CreationDisposition,
    IN ULONG FlagsAndAttributes
    );
```

参数 FileName 是设备名或磁盘文件名的字符串指针,例如设备名可以是 COM1,磁盘文件名可以是“A:\autorun. txt”。参数 DesiredAccess 指定使用什么样的读写权限来打开文件,可以为 GENERIC_READ 和 GENERIC_WRITE 的一种或它们的组合。参数 ShareMode 指定使用什么样的共享方式来打开文件,可为 0,也可以是 FILE_SHARE_READ 和 FILE_ SHARE_WRITE 的一种或它们的组合。参数 CreationDisposition 指定创建新文件的方式,其可选值如下所示:

CREATE_ALWAYS	创建一个大小为 0 的新文件,如果文件已经存在则覆盖已存在文件
CREATE_NEW	创建一个大小为 0 的新文件,如果文件已经存在则返回失败
OPEN_ALWAYS	打开一个文件,如果文件不存在则创建一个新文件
OPEN_EXISTING	打开一个已存在文件,如果文件不存在则返回失败
TRUNCATE_EXISTING	打开一个已存在文件并截断大小为 0,如果文件不存在则返回失败

如果打开的是位于磁盘上的文件,则 CreationDisposition 参数可以为表中的一个值,如果打开的是设备,则 CreationDisposition 参数的值只能为 OPEN_EXISTING,因为必须认为设备是已经存在的。参数 FlagsAndAttributes 指定磁盘文件的属性,可为 0,也可以为

FILE_ATTRIBUTE_READONLY、FILE_ATTRIBUTE_HIDDEN、FILE_ATTRIBUTE_SYSTEM 中之一。此参数仅对磁盘文件有效,打开设备时只能为 0。如果成功打开了设备或者磁盘文件,CreateFile 函数就会返回文件的句柄,否则就会返回无效句柄(INVALID_HANDLE_VALUE)。

下面是调用 CreateFile 函数打开 COM2 端口和磁盘文件"A:\autorun. txt"的示例:

```
HANDLE hCom2;
HANDLE hDiskFile;
hCom2=CreateFile("COM2", GENERIC_READ | GENERIC_WRITE, 0, OPEN_EXISTING, 0);
hDiskFile=CreateFile("A:\autorun.text", GENERIC_READ | GENERIC_WRITE, 0, OPEN_
EXISTING, 0);
```

CreateFile 函数在执行时会分为以下几个步骤(详情可参见在文件 io/file. c 文件中定义的 IopCreateFileObject 函数):

(1) 检查参数的合法性。

(2) 根据设备名打开相关设备对象,如果设备对象不存在就返回失败。注意,文件名字符串中第一个'\'字符之前的内容被认为是设备名,例如"A:\autorun. txt"中的设备名为"A:"。如果字符串中不存在'\'字符则认为整个字符串是设备名,例如"COM1"。

(3) 创建并初始化一个文件对象,使文件对象中的 DeviceObject 指针指向打开的设备对象。

(4) 调用设备驱动程序提供的 Crcate 接口函数。文件名中第一个'\'字符之后的内容被作为相对路径名参数传递给 Create 接口函数,如果文件名中不存在'\'字符则传递空字符串。

EOS 应用程序在调用 CreateFile 函数打开文件后,就可以通过调用 EOS API 函数 ReadFile 和 WriteFile 来读写文件了。ReadFile 和 WriteFile 函数的原型在文件 inc/eos. h 中声明如下:

```
BOOL
ReadFile(
    IN HANDLE Handle,              //文件对象句柄
    OUT PVOID Buffer,              //用于保存读取内容的缓存区
    IN ULONG NumberOfBytesToRead,  //期望读取的字节数
    OUT PULONG NumberOfBytesRead   //实际完成读取的字节数
    );

BOOL
WriteFile(
    IN HANDLE Handle,              //文件对象句柄
    IN PVOID Buffer,               //要写数据缓冲区指针
    IN ULONG NumberOfBytesToWrite, //期望写的字节数
    OUT PULONG NumberOfBytesWritten //实际写的字节数
    );
```

ReadFile 函数在执行时,仅是向文件对象的 DeviceObject 指针指向的设备对象发起读请求——调用设备驱动程序的 Read 接口函数(详情可参见在文件 io/file.c 文件中定义的 IopReadFileObject 函数)。WriteFile 和 ReadFile 一样,区别是调用了设备驱动程序的 Write 接口函数(详情可参见在文件 io/file.c 文件中定义的 IopWriteFileObject 函数)。

与其他内核对象句柄一样,如果文件对象句柄不再使用,应用程序需要调用 CloseHandle 函数将其关闭。文件对象在被对象管理器删除时,会调用文件对象的析构函数 IopCloseFileObject(在文件 io/file.c 文件中定义)。IopCloseFileObject 函数在执行时,会对文件对象中 DeviceObject 指针指向的设备对象发出 Close 请求——调用驱动程序的 Close 接口函数。

7.3 设备驱动的安装与工作原理

EOS 操作系统在初始化时,会创建所需的驱动程序对象和设备对象,并将这两类对象进行绑定,从而保证 EOS 操作系统可以有效地管理所有设备,并进行正常的输入输出操作。这个过程是在执行 I/O 管理模块的第二步初始化时(io\ioinit.c 文件中的 IoInitializeSystem2 函数)完成的。首先,调用 IopCreateDriver 函数(在文件 io/iomgr.c 文件中定义),为每个驱动程序创建一个驱动程序对象;然后,调用每个驱动程序的初始化函数,从而完成驱动程序对象的初始化。驱动程序对象的初始化很简单,就是使对象中的各个函数指针指向驱动程序提供的接口函数即可,典型的例子可以参见串口驱动程序的初始化函数 SrlInitializeDriver(在文件 io\driver\serial.c 中定义)。这里需要注意的是,并非每个驱动程序都必须提供所有功能函数,例如,键盘是只读设备,所以键盘驱动程序就没有必要提供 Write 接口函数了。

初始化驱动程序对象后,会紧接着调用驱动程序对象的 AddDevice 接口函数,在创建设备对象的同时,将设备对象与驱动程序对象绑定。如果一个驱动程序对象同时管理了多个相同类型的设备,就需要连续调用多次驱动程序对象的 AddDevice 接口函数,为每个设备都创建设备对象,并且每次传递的设备编号参数都不一样。驱动程序提供的 AddDivice 接口函数的原型应该如下所示(参见 DRIVER_OBJECT 结构体的定义):

```
STATUS XXXAddDevice(
    IN PDRIVER_OBJECT DriverObject,          //驱动程序对象指针,this 指针
    IN PDEVICE_OBJECT NextLayerDevice,
                    //下层设备对象指针,磁盘文件系统设备下层是磁盘设备,其他情况为 NULL
    IN USHORT DeviceNumber,          //设备编号,用于设备区分,例如 COM1 为 0、COM2 为 1
    OUT PDEVICE_OBJECT * DeviceObject          //指向用于保存新建设备对象指针的指针
    );
```

驱动程序提供的 AddDevice 接口函数需要完成如下任务:

(1) 调用 IopCreateDevice 函数(在文件 io/iomgr.c 文件中定义),为指定编号的设备创建一个设备对象,并初始化设备参数(包括创建设备扩展块)。

(2) 初始化设备扩展块。如果是物理设备,还需为设备安装 ISR(Interrupt Service

Routine，中断服务程序）。

　　AddDevice 接口函数的执行过程可以参考串口驱动程序的 SrlAddDevice 函数（在文件 io/driver/serial.c 文件中定义）。

　　当驱动程序的 Create 接口函数被调用时，对于非文件系统设备（例如串口）来说，如果设备对象的 OpenCount 为 0 则说明设备由关闭状态被打开，否则说明设备以共享的方式被重复打开。设备在由关闭状态被打开时，可根据需要进行相应的设备初始化，例如使设备脱离低能耗模式。请参考串口驱动程序的 Create 接口函数 SrlCreate（在文件 io/driver/serial.c 文件中定义）。

　　当驱动程序的 Read 或 Write 接口函数被调用时，驱动程序应将读写请求转化为对设备硬件的操作。下面讲解物理设备（如串口、软驱等）驱动程序的 Read 和 Write 的工作原理。由于 Read 和 Write 的执行过程基本上一样，区别仅是读和写，所以这里仅以串口驱动程序的 Write（见 io\driver\serial.c 中函数 SrlWrite）为例进行讲解。

　　设备的 I/O 过程一般都由中断驱动，即执行 I/O 请求的进程（线程）在向设备的控制器发出 I/O 参数和启动命令后，便进入阻塞等待状态，此时系统会调度其他进程（线程）继续运行。此后，设备便在设备控制器的控制下独立工作，无需使用 CPU。当设备出错或完成 I/O 时，便通过控制线向 CPU 发送一个中断信号。CPU 检测到中断信号后便通知操作系统，操作系统暂停正在运行的进程（线程），执行相应设备的中断服务程序（ISR，Interrupt Service Routine）。设备的 ISR 在执行时，先读取设备控制器的状态，以确定产生中断的原因。如果是设备错误，则 ISR 执行相应的错误处理，若 ISR 不能处理此错误，则释放正在阻塞等待 I/O 完成的进程并通知进程发生了 I/O 错误。如果是设备成功完成了 I/O，则 ISR 释放正在阻塞等待 I/O 完成的进程并通知进程 I/O 成功完成。

　　图 7-1 是接口函数 SrlWrite（发送数据）和 SrlIsr 的流程图（为了保持结构简单，未考虑出错处理）。串口是典型的字符设备，为了避免每发送完一个字节 ISR 都释放并通知一次发送线程，减少线程调度的次数，串口驱动设置了一个发送缓冲区。线程在执行 Write 时，

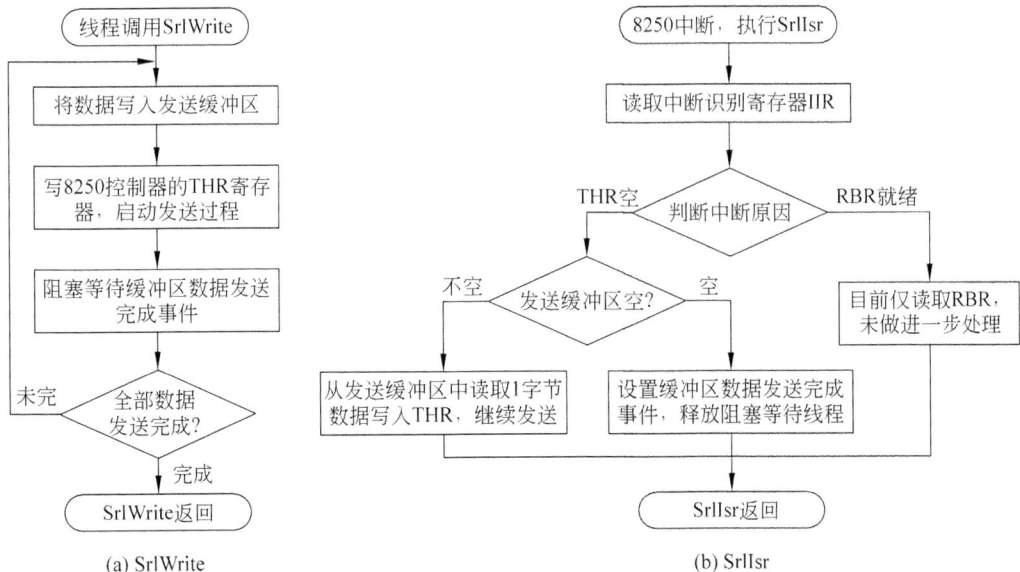

(a) SrlWrite　　　　　　　　　　(b) SrlIsr

图 7-1　串口设备 Write 接口函数 SrlWrite 和串口设备中断服务程序 SrlIsr 的流程图

先将要发送的数据尽可能多地放入发送缓冲区中(缓冲区大小有限),然后才启动发送过程。串口设备每发送一字节后都会触发一次中断,ISR 在执行时先检测发送缓冲区是否为空,如果不空则从缓冲区中读取一字节并启动串口设备进行发送。当缓冲区中的数据全部发送完后,ISR 才调用操作系统功能,释放阻塞等待发送完成的线程。

目前串口驱动的 Read 接口函数(接收数据函数)是空的,和接收数据相关的 ISR 代码也是空的,请读者补齐这些代码,使串口驱动可以接收数据。可以不考虑错误处理。

当设备驱动程序的 Close 接口函数被调用时,对于非文件系统设备,如果文件对象的 OpenCount 为 0,则说明设备被真正关闭,此时可根据需要执行一些操作,例如关闭设备供电或使设备进入低能耗模式。否则说明设备之前被重复打开,此时无需任何操作。请参考串口驱动程序的 Close 接口函数 SrlClose(在文件 io/driver/serial. c 文件中定义)。

7.4　文件系统驱动

文件系统是建立在磁盘等块设备之上的一个逻辑层,或者说是一个抽象转换层。在读写文件时,文件系统驱动会将文件读写请求转换为对磁盘扇区的读写请求,最终由磁盘驱动程序完成对磁盘扇区的读写。文件系统驱动程序在接口上和普通设备驱动程序是一致的,这里仅对其特殊之处进行说明。

非文件系统设备的编号是为了区分同一驱动程序服务的多个相同设备,编号作用域仅限于这几个相同设备,例如 COM1、COM2 的编号为 0 和 1,而软驱 A 和 B 的编号也分别是 0 和 1。文件系统设备的编号被统一进行编号,作用域是整个系统。例如软驱 A 的软盘文件系统的编号为 0,软驱 B 的文件系统编号为 1,硬盘驱动器 0 的第 1 个分区的文件系统编号为 2,第二个分区的文件系统编号为 3,以此类推。文件系统的设备名称和编号一一对应,编号 0 对应名称"A:",编号 1 对应名称"B:",以此类推,最多可存在 26 个文件系统设备。

使用 CreateFile 函数在打开非文件系统设备时,CreateFile 创建的文件对象和设备对象直接关联,对此文件对象的读写就是对设备的读写。但是,在使用 CreateFile 函数打开磁盘文件时,CreateFile 函数创建的文件对象是和磁盘文件的控制块相关联,磁盘文件控制块由文件系统创建。以后对文件对象进行读写时,文件系统根据文件对象关联的文件控制块(FCB,File Control Block)进行操作。例如在使用 CreateFile 函数打开"A:\autorun. txt"文件时,FAT12 文件系统先查找软盘根目录上是否存在名称为"autorun. txt"的文件,如果存在则创建一个 FCB 结构体,并使用 FCB 记录文件在磁盘中的扇区位置、文件大小、最后修改时间等信息,然后使文件对象的 FsContext 域指向 FCB 结构体。此后对文件读写时,文件系统都会根据 FCB 中记录的文件信息完成对磁盘扇区的读写。在第 8 章会对 FAT12 文件系统进行详细的介绍。

7.5　块设备的读写

块设备不同于字符设备,其主要特点是以扇区为单位来存取设备中的数据。EOS 为了保持简单,目前仅管理了一个块设备——软盘驱动器,其扇区大小为 512 字节。EOS 在读取软盘上某个扇区中的部分字节时,要首先将整个扇区读入缓冲区,然后再从缓冲区中获取指定的字节。更为麻烦的是,在修改某个扇区中的部分字节时,也必须首先将整个扇区读入缓冲区,然后在缓冲区中修改指定的字节,最后再将缓冲区中的整个扇区写回软盘。EOS对块设备中单个扇区的读写操作由 io/block.c 文件中的 IopReadWriteSector 函数完成,该函数还为多线程并发访问块设备提供了互斥和同步,参见图 7-2。

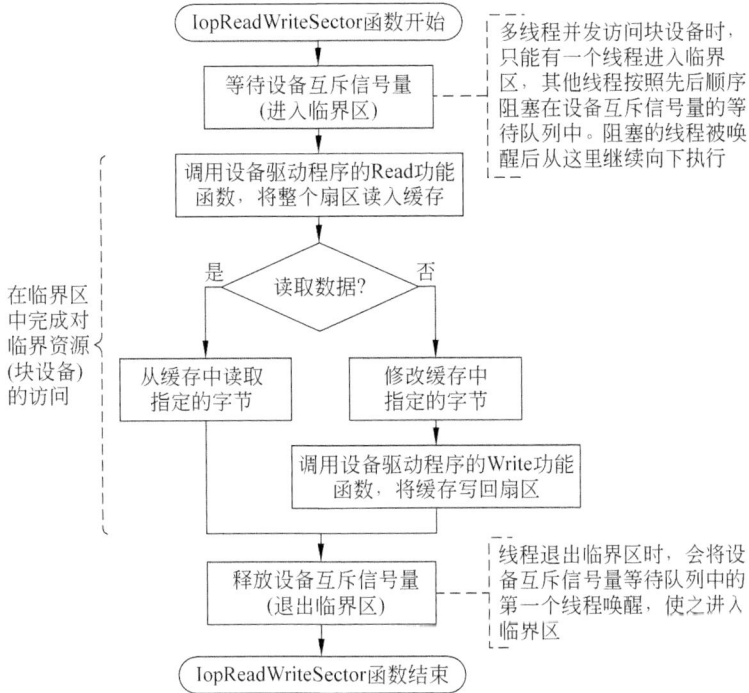

图 7-2 IopReadWriteSector 函数流程图

　　虽然在同一时刻,EOS 只能有一个线程访问作为临界资源的软盘,但这并不意味着不能有多个线程并发访问软盘。线程在访问软盘上的文件时会调用 FAT12 文件系统提供的读写文件函数,对文件占用的多个扇区进行访问,但是在这类函数中并不会锁定软盘来阻止其他线程访问,而是将锁定软盘的操作推迟到访问文件所占用的单个扇区时,即 IopReadWriteSector 函数中。这样就可以将线程对软盘上文件的连续访问,分解为对若干个扇区的离散访问,从而允许多个并发的线程交替的访问软盘上的单个扇区。这里使用一个简单的例子来做进一步的说明,假设有三个线程并发访问软盘上三个不同的文件,线程 1 访问的文件 A 占用了软盘上的 89、90、91 扇区,线程 2 访问的文件 B 占用了软盘上的 100、101、106 扇区,线程 3 访问的文件 C 占用了软盘上的 103、104、105 扇区,这三个线程并发执行的过程可能如图 7-3 所示。从用户的角度看(宏观上),三个线程是在同时访问软盘上的数据;从线程的角度看(微观上),三个线程是在交替的访问软盘上的单个扇区;而从软盘驱动器的角度看,它甚至根本不知道线程的存在,只是根据请求来访问软盘上的各个扇区。

　　块设备层在 EOS 操作系统中所处的位置如图 7-4(b)所示,从图中可以得知块设备层处于各种文件系统与实际的磁盘设备和驱动程序之间(EOS 还不支持虚线内的文件系统和磁盘设备)。这种层次关系在函数的调用层次上也有明显的体现,例如,EOS 应用程序在读文件时会调用 API 函数 ReadFile,如果这个文件存储在软盘上,则 ReadFile 函数最终会调用

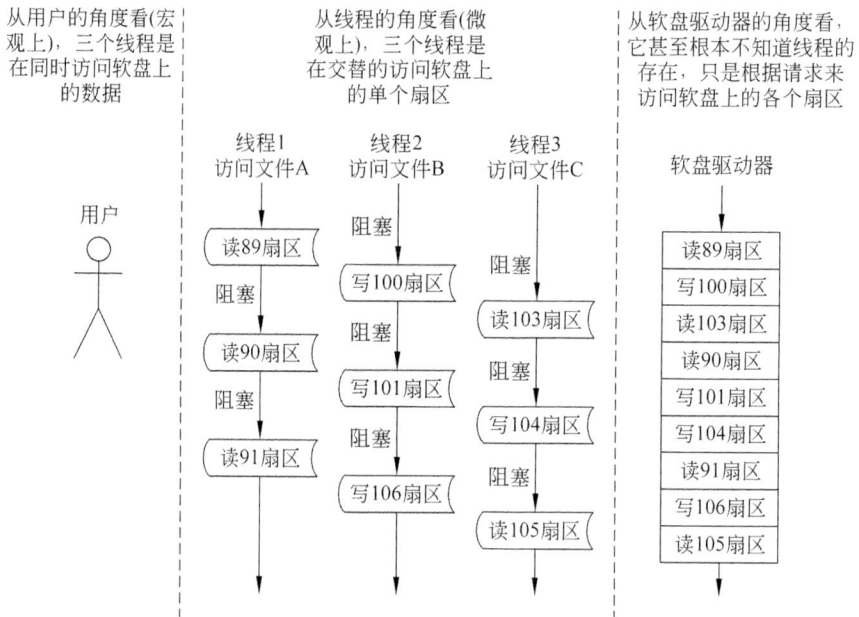

从用户的角度看(宏观上)，三个线程是在同时访问软盘上的数据

从线程的角度看(微观上)，三个线程是在交替的访问软盘上的单个扇区

从软盘驱动器的角度看，它甚至根本不知道线程的存在，只是根据请求来访问软盘上的各个扇区

图 7-3　三个线程并发访问软盘上三个不同的文件

FAT12 文件系统提供的读文件函数 FatReadFile,在 FatReadFile 函数中又会调用块设备层提供的读扇区函数 IopReadWriteSector,而在 IopReadWriteSector 函数中又是调用了软盘驱动程序提供的读扇区函数 FloppyRead 从而完成读文件操作的,在图 7-4(a)中可以更直观地查看这些函数的调用层次。读者可以将 EOS 应用程序对软盘上的一个文件进行写操作的函数调用层次整理出来,从而加深对这种层次结构的理解。

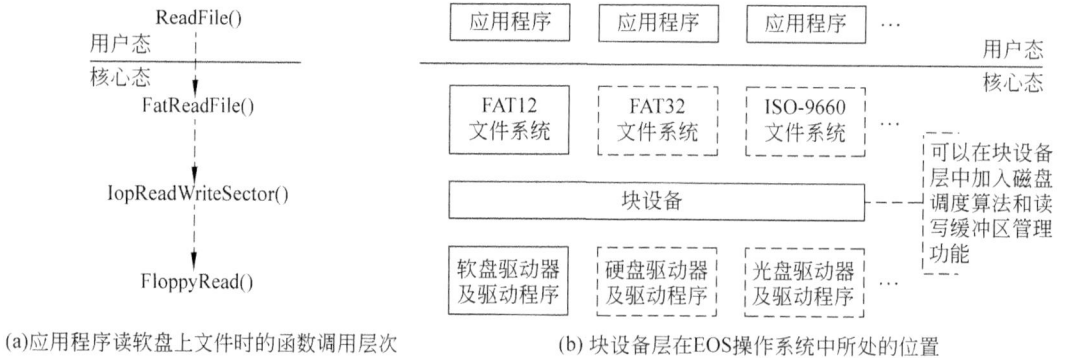

(a)应用程序读软盘上文件时的函数调用层次
(b) 块设备层在EOS操作系统中所处的位置

图 7-4　位置与调用层次

　　虽然加入块设备层似乎使 EOS 的结构更加复杂,但是块设备层也可以带来很多好处,例如,块设备层对各种磁盘设备的读写操作进行了良好的抽象,可以为各种文件系统提供统一的操作界面;同时也可以在块设备层中加入磁盘调度算法和读写缓冲区管理功能,从而为所有磁盘设备提供一致的优化策略。块设备层的相关代码主要集中在 io/block.c 文件中。

7.5.1　磁盘调度算法

EOS 管理的软盘驱动器采用可移动的磁头来访问盘面上的各个磁道,所以,可以使用磁盘调度算法来优化磁头移动的轨迹,从而加快对软盘上数据存取的速度。关于软盘驱动器的机械结构,读者可以参考操作系统教材中的对应章节,在这里只讨论 EOS 是如何在块设备层中实现磁盘调度算法的。

首先应该明确磁盘调度算法调度的对象究竟是什么。显然应该是磁盘驱动器内的磁头。但是,磁头的位置却是由线程要访问的磁道来决定的,磁盘调度算法不能直接设置磁头的位置。当有多个线程并发访问磁盘时,只能有一个线程获得访问磁盘的机会(独占磁盘),而其他的线程会被阻塞,待独占磁盘的线程结束访问操作后,才能唤醒一个阻塞的线程,令其继续独占访问磁盘(可以参考图 7-3)。在刚刚提到的"唤醒一个阻塞的线程"时,可能会有多个线程由于并发访问磁盘而被阻塞,磁盘调度算法就是根据不同的策略,从中选择一个合适的线程来唤醒。所以,准确地说,磁盘调度算法调度的对象应该是——由于并发访问同一个磁盘设备而被阻塞的多个线程。另外,还可以得出一个结论:只有当多个线程并发访问同一个磁盘设备时,磁盘调度算法才会工作,而单个线程访问磁盘设备是不会触发磁盘调度算法的。

明白了磁盘调度算法调度的对象之后,接下来需要考虑这些被阻塞的线程应该以怎样的方式被组织起来,从而方便磁盘调度算法从中选择一个合适的线程来唤醒。EOS 采取的做法是,为每个访问磁盘的线程创建一个对应的请求,并将这些请求放入一个请求队列中。用于创建请求的结构体在 io/iop.h 文件中定义如下:

```
typedef struct _REQUEST {
    ULONG Cylinder;
    LIST_ENTRY ListEntry;
    EVENT Event;
}REQUEST, * PREQUEST;
```

请求中的 Cylinder 域记录了线程要访问的磁道号;并发访问磁盘的多个线程所对应的多个请求,使用它们的 ListEntry 域组成一个双向循环链表,在 io/block.c 文件中定义的 RequestListHead 是链表头;那些暂时没有机会访问磁盘的线程,会阻塞在其对应请求的 Event 域上,直到磁盘调度算法决定要唤醒哪个线程时,就会设置其对应请求的 Event 为有效,则那个线程就可以继续访问磁盘了。由于线程和请求总是一一对应的,为了方便后面的讨论,有时就不再区分这两个概念,请读者注意。

下面结合源代码来详细说明一下 EOS 的块设备层是如何实现磁盘调度算法的。图 7-2 所示的是还未实现磁盘调度算法时 IopReadWriteSector 函数的流程图,实际的 IopReadWriteSector 函数中已经实现了磁盘调度算法。在 io/block.c 文件的 IopReadWriteSector 函数中,开始会调用 IopReceiveRequest 函数将线程对磁盘的访问转化为一个请求,并将请求插入请求队列的末尾,然后继续按照图 7-2 所示的流程处理这个请求,待请求处理完毕后(线程完成对磁盘设备的访问),会调用 IopProcessNextRequest 函数继续处理下一个请求,并在此时按照一定的策略进行磁盘调度。IopReceiveRequest 函数和

IopProcessNextRequest 函数也都定义在 io/block.c 文件中,可以结合这两个函数的源代码以及图 7-5 所示的完整流程图来理解 EOS 实现的磁盘调度算法。

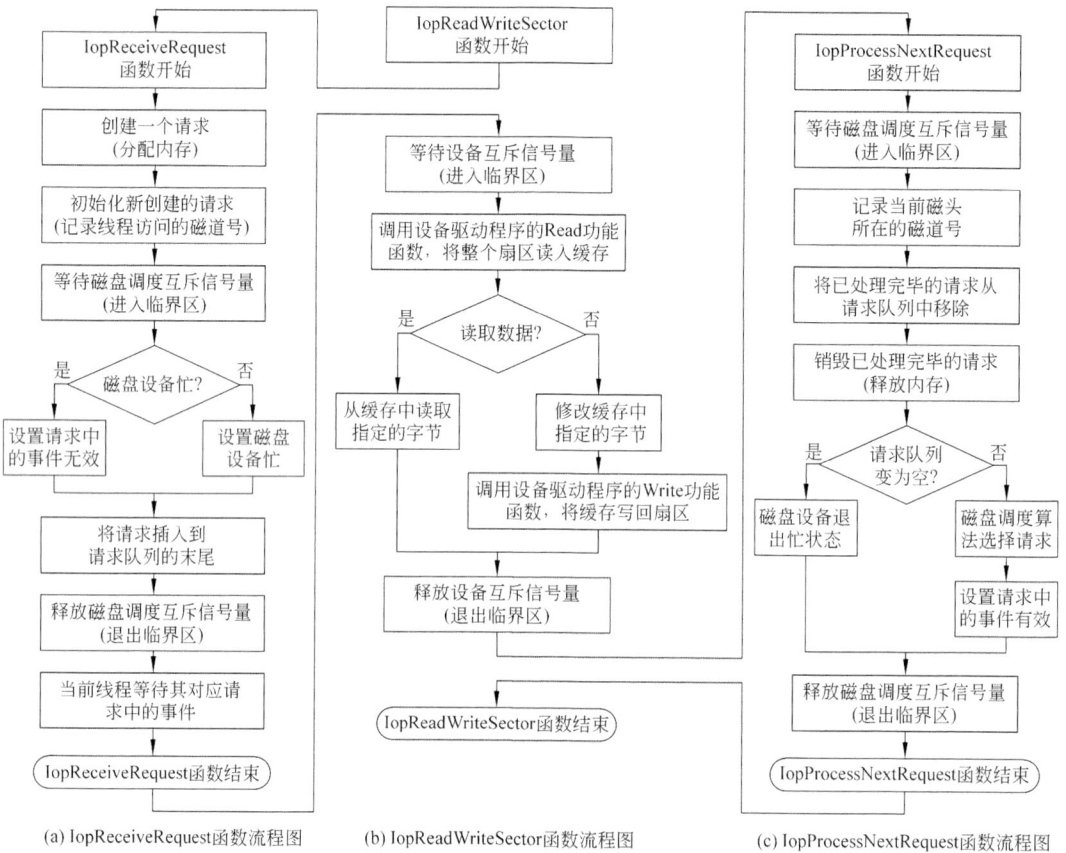

(a) IopReceiveRequest函数流程图　　(b) IopReadWriteSector函数流程图　　(c) IopProcessNextRequest函数流程图

图 7-5　完整流程图

在 IopReceiveRequest 和 IopProcessNextRequest 两个函数中,都使用了 DiskScheduleMutex 互斥信号量对象(在 io/block.c 文件中定义)来保护与磁盘调度相关的全局变量,从而保证并发的多个线程能够互斥的访问这些全局变量。与磁盘调度相关的全局变量都定义在文件 io/block.c 文件中,主要包括:变量 IsDeviceBusy 记录了磁盘设备是否处于忙状态;变量 CurrentCylinder 记录了磁头当前所在的磁道号;变量 RequestListHead 是请求队列的链表头。通过阅读源代码和流程图,读者可能会注意到在这两个函数中很多操作都是成对出现的,例如创建请求和销毁请求,设置磁盘设备忙和不忙,设置请求中的事件有效和无效等,这两个函数正是通过这些成对的操作来合作完成磁盘调度的,这一点请读者仔细体会。另外,这两个函数还会对磁盘调度算法执行的过程和数据进行统计和输出,这部分功能在函数流程图中没有涉及,这里也不再进行详细的讨论,请读者自己阅读代码来理解。

图 7-6 演示了一个比较简单的先来先服务(FCFS)磁盘调度算法的工作过程。图 7-6(a)显示了没有线程访问软盘时的情况,此时软盘处于空闲状态,而且请求队列为空。图 7-6(b)显示了线程 A 正在访问软盘时的情况,此时软盘处于忙状态,而且请求队列中只有一个线程 A 对应的请求,注意,正是由于请求 A 中的事件是有效的,线程 A 才能够访问软盘。如

果在线程 A 正在访问软盘的同时,线程 B 和 C 也并发访问软盘,则线程 B 和 C 就会阻塞在对应请求的事件上,如图 7-6(c)所示。图 7-6(d)显示的是线程 A 完成对软盘的访问,并且其对应的请求 A 已经从请求队列中移除后的情况,此时 FCFS 磁盘调度算法会选择请求队列中的第一个请求——请求 B,并设置请求 B 的事件为有效,这样线程 B 就会被唤醒,从而开始访问软盘,如图 7-6(e)所示。待请求队列中所有的请求都依次被处理后,就又回到了图 7-6(f)所示的空闲状态。读者可以考虑一下如果使用的是最短寻道时间优先(SSTF)算法,图 7-6(e)应该是什么样子。

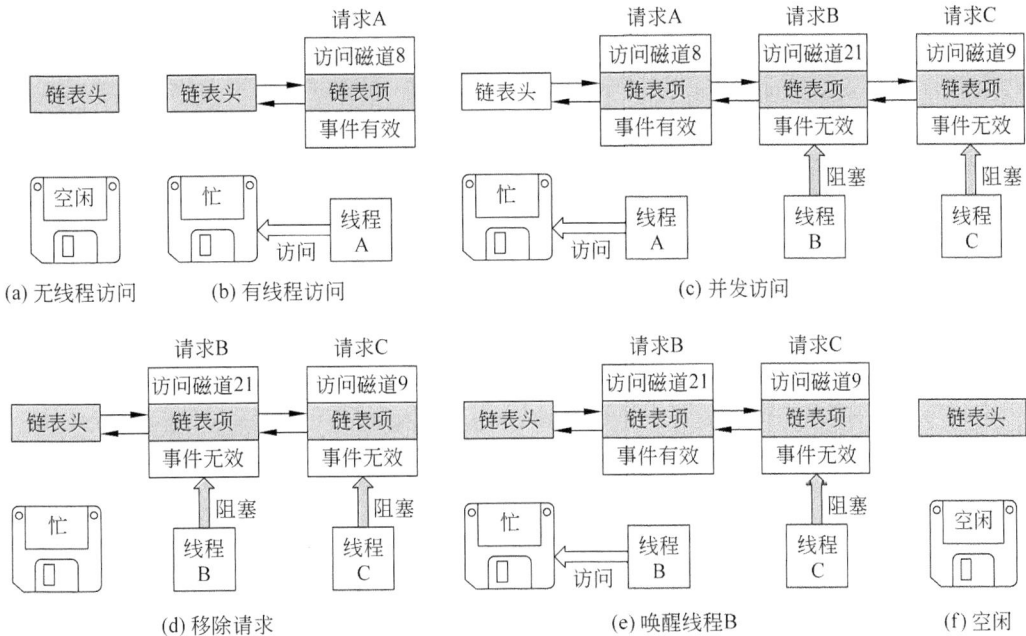

图 7-6　并发访问软盘的多个线程,在请求队列中阻塞与唤醒的过程

在 IopProcessNextRequest 函数中,选择下一个要处理的请求的工作是由 IopDiskSchedule 函数来完成的。IopDiskSchedule 函数在文件 io/block.c 中定义如下:

```
PREQUEST
IopDiskSchedule(
    VOID
    )
```

在该函数中可以实现多种磁盘调度算法,包括 FCFS、SSTF、SCAN、CSCAN、N-Step-SCAN 等,目前仅实现了最简单的 FCFS 算法。关于各种磁盘调度算法的详细说明,读者可以参考操作系统教材中的对应章节。大部分磁盘调度算法都需要根据当前磁头所在的磁道号以及各个阻塞线程要访问的磁道号,来选择应该唤醒哪个线程,同样的,在 IopDiskSchedule 函数中,当前磁头所在的磁道号保存在全局变量 CurrentCylinder 中,而请求队列中各个请求的 Cylinder 域保存了对应线程要访问的磁道号。需要注意的是,IopDiskSchedule 函数只是从请求队列中选择合适的请求,并返回请求的指针,而并不需要将请求从请求队列中移除,也不需要将选中的请求中的事件设置为有效。

现在考虑一下,如果在 IopDiskSchedule 函数中实现了一种新的磁盘调度算法,应该如何测试算法是否正确,或者新算法会对磁头的移动轨迹造成怎样的影响呢？最好的测试方法莫过于使用实际的数据,例如让多个并发的线程同时访问软盘上的不同文件。但是,显然这样的测试方法和测试数据难于组织和维护(例如使不同的文件保存在不同的磁道或者保证线程调度的次序都比较困难),而且会依赖于磁盘上使用的文件系统。EOS 使用了一种更加直接、有效的方法进行测试。EOS 提供了一个控制台命令"ds"专门用来测试磁盘调度算法。该控制台命令是在 ke/sysproc.c 文件中的 ConsoleCmdDiskSchedule 函数内实现的。在该函数执行的过程中,首先让当前线程访问一次磁盘上的某个磁道,从而设置磁头的初始位置,然后将磁盘设备的状态设置为忙,并创建多个访问不同磁道的线程。由于磁盘设备忙,这些线程的请求都会被放入请求队列中,直到被磁盘调度算法选中后才会被处理。最后触发磁盘调度算法,按照调度策略依次处理请求队列中的所有请求。该测试方法可以很方便的指定线程的数量,各个线程要访问的磁道号,以及线程被阻塞的顺序,而且与磁盘上使用的文件系统无关。

由于目前 EOS 只管理了一个块设备——软盘驱动器,所以在块设备层中只需使用一个请求队列,记录一个设备的状态(包括设备是否忙和磁头当前所在的磁道号等)即可正常工作。但是,如果 EOS 要管理多个块设备,例如加入硬盘驱动器和光盘驱动器,则每个块设备都需要有一个自己的请求队列,并记录自己的状态。感兴趣的读者可以在现有源代码的基础上进行修改,使 EOS 能够管理多个块设备,并为所有的块设备提供统一的磁盘调度算法。

7.5.2 读写缓冲区

应用程序在读写磁盘文件时,往往是断断续续地读取,每次读写的内容可能只有几十个字节,如果每次都读写整个扇区,效率将非常低。为此,可以考虑在块设备层中添加读写缓冲区管理功能。缓冲区可以提供一定数量的扇区缓存块,当读写某设备的一个扇区时,首先查找该扇区是否已经保存在扇区缓存块中。如果存在,直接读写扇区缓存块即可。如果不存在,则可以查找一个最近最久未使用的扇区缓存块,将扇区内容读入扇区缓存块,最后再对扇区缓存块进行读写即可。另外,在将数据写入扇区缓存块时,可以使用"写穿透"策略,即修改缓存块后会立刻将整个缓存块内容写入对应的扇区。

上面提到的最近最久未使用算法,可以通过链表实现。所有的扇区缓存块被组织在一个链表中,每次读写扇区缓存块时,都从前向后遍历链表进行查找。如果找到了(命中)对应的缓存块,则在读写此缓存块后将缓存块移至链表的首部,以表示最近访问过。如果没有命中,则从链表的尾部查找一个还未被使用的缓存块(最久未用),并将整个扇区读入此缓存块中,然后对此缓存块进行读写,最后再将缓存块移至链表的首部,以表示最近访问过。在对扇区缓存块进行读写时,要考虑到多线程同步的问题,要对正在访问的缓存块进行加锁,从而允许并发的多个线程互斥访问同一个缓存块。

EOS 的块设备层目前只能将一个扇区缓存在 BlockDeviceBuffer 缓冲区中(在 io/block.c 文件中定义),还没有实现读写缓冲区管理功能,感兴趣的读者可以按照上面的提示在 io/block.c 文件中添加。

第 8 章　FAT12 文件系统

目前 EOS 使用的是 1.44M 软盘,在 1.44M 软盘上使用的是 FAT12 文件系统,所以本章主要介绍 FAT12 文件系统。待读者认真分析了 FAT12 文件系统之后,就可以较容易地学习其他文件系统了,因为大部分文件系统的基本原理都是相通的。

8.1　文件系统是一个逻辑层

几乎所有的操作系统原理教材都有专门的章节介绍文件系统,但是由于这些教材都致力于将文件系统的各种概念和原理教授给读者,往往会使文件系统的一个很重要的概念——**文件系统是一个逻辑层**——显得不够清晰。不过,幸好有许多优秀的操作系统原理教材对文件系统进行了全面介绍,本章才能够有重点地对文件系统进行讲解。

为什么说文件系统是一个逻辑层呢? 因为文件系统对用于存储文件的数据块进行了一些重要的抽象。首先,文件系统不关心用于存储文件的各个数据块的物理位置,而总是将这些数据块抽象为与其大小相同的**逻辑扇区**,并将这些逻辑扇区组成了一个线性的、可随机访问的、从 0 开始计数的数组。以 EOS 使用的 FAT12 文件系统为例,虽然 1.44M 软盘上的 2880 个物理扇区分布在不同的盘面和磁道上,但是 FAT12 文件系统只是将这些物理扇区抽象为编号从 0 到 2879 的逻辑扇区。当 FAT12 文件系统需要访问 9 号逻辑扇区时,就将编号 9 作为参数传入块设备层的 IopReadWriteSector 函数即可,软盘驱动程序负责将逻辑扇区编号映射到相应的物理扇区。正是由于文件系统将物理扇区抽象为了逻辑扇区,物理扇区所在的物理位置可以更加的分散,这也正是分布式文件系统能够存在的理论基础。

现在,请读者忘了物理扇区吧,现在要研究的对象只是一个从 0 开始计数的逻辑扇区数组。所以,在后面提到的扇区如果没有特殊说明,都是指逻辑扇区。

文件系统往往不能让所有的扇区都用来保存文件数据,而必须保留一些扇区用于存放文件系统需要使用和维护的信息,例如每个文件存储的位置和属性等。为此 FAT12 文件系统使用开始的若干个扇区作为**系统区**,而将随后的扇区作为**数据区**。每个文件的存储位置和属性等信息保存在系统区中,而每个文件的实际数据都保存在数据区中。接下来,文件系统又对数据区做了一个重要抽象,添加了一个新概念——**簇(Cluster)**。簇包括一组连续的扇区,文件系统将簇作为数据区中存储文件数据的基本单位。簇包含的扇区数量总是 2 的乘方,比如 1、2、4 或 8 个扇区。图 8-1(a)显示了一个簇包含一个扇区的情况,图 8-1(b)显示了一个簇包含两个扇区的情况。

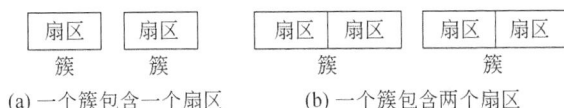

(a) 一个簇包含一个扇区　　　(b) 一个簇包含两个扇区

图 8-1　簇与扇区

EOS 使用的 FAT12 文件系统中,一个簇只包含一个扇区,所以扇区的分布可以如图 8-2 所示。关于系统区和数据区具体占用了哪些扇区以及簇是如何编号的,会在后面进行详细的讨论。

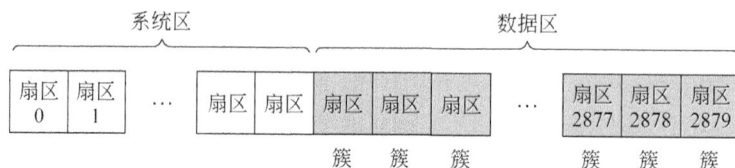

图 8-2　1.44M 软盘上 FAT12 文件系统的扇区分布

8.2　系　统　区

FAT12 文件系统的系统区从 0 扇区开始,到 32 扇区结束。这 33 个扇区又被分成了三部分,分别是引导扇区、**文件分配表(FAT)和根目录**。其中引导扇区占用 0 扇区,FAT 表占用 1 到 18 扇区,根目录占用 19 到 32 扇区。余下的 33 到 2879 扇区是**数据区**。有了这些详细的分布信息,图 8-2 就可以演变为图 8-3 了。

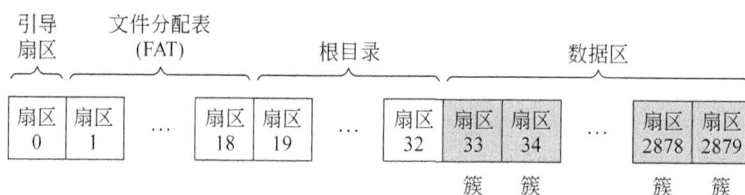

图 8-3　1.44M 软盘上 FAT12 文件系统的更详细的扇区分布

8.2.1　根目录

在根目录中,文件系统为每个文件或者文件夹都准备了一个 32 字节的**目录项**,目录项用来描述文件的名字、属性、文件大小以及文件起始簇的簇号。由于根目录占用了从 19 到 32 的 14 个扇区,每个扇区的大小为 512 字节,所以,根目录中最多只能有 224 个目录项(14×512/32＝224),这就意味着在 FAT12 文件系统管理的 1.44M 软盘的根目录中最多只能有 224 个文件或者文件夹。目录项在根目录中的分布参见图 8-4。

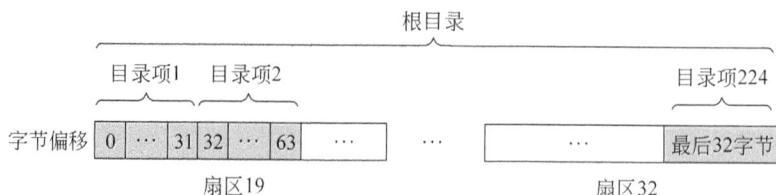

图 8-4　目录项在根目录中的分布

目录项中 32 个字节的使用情况如表 8-1 所示。

表 8-1 目录项中 32 个字节的使用情况

字节数	描 述
11	文件名和扩展名。其中文件名占用前 8 个字节,扩展名占用后 3 个字节。例如,文件名 abc.txt 的字符 abc 存储在最开始的 3 个字节,字符 txt 存储在最后的 3 个字节,中间的 5 个字节设置为 0,点号不用保存。第一个字节也可以用来表示文件的状态:0x00 表示目录项没有对应文件;0x2E 表示目录项对应的是一个子目录;0xE5 表示目录项对应的文件已经被删除
1	文件的属性。一个文件可以有多种属性,各个属性占用的位如下: 0x01 只读 0x02 隐藏 0x04 系统 0x10 子目录 0x20 存档
10	这 10 个字节保留未用
2	文件创建或最后一次被修改的时间。以二进制格式存储 16 位,如 hhhhhmmmmmmsssss
2	文件创建或最后一次被修改的日期。以二进制格式存储 16 位,如 yyyyyyymmmmddddd。年为 000 到 119,以 1980 年作为起点,月为 1 到 12,日为 1~31
2	文件占用的起始簇号。如果文件为空,起始簇号为 0
4	文件的大小,以字节为单位

在 EOS 的 io/driver/fat12.h 文件中定义了目录项的结构体:

```
typedef struct _DIRENT {
    CHAR Name[11];
    UCHAR Attributes;
    UCHAR Reserved[10];
    FAT_TIME LastWriteTime;
    FAT_DATE LastWriteDate;
    USHORT FirstCluster;
    ULONG FileSize;
} DIRENT, * PDIRENT;
```

这个结构体中的域是与表 8-1 中的项一一对应的,其中用到的 FAT_TIME 和 FAT_DATE 结构体在该文件中也都有定义,读者可以计算一下这个结构体正好也是 32 个字节。在 EOS 支持的 FAT12 文件系统中,无论是打开文件还是关闭文件,都需要访问文件在根目录中对应的目录项。但是由于 CPU 无法直接访问磁盘而只能访问内存,所以只能在内存中准备一个目录项的副本供 CPU 访问,而这个副本就是由 DIRENT 结构体来定义的。

当打开一个根目录中的文件时,首先需要从磁盘上的根目录中,将文件对应的目录项读入一个 DIRENT 结构体定义的变量中,这个 DIRENT 结构体定义的变量就是目录项在内存中的副本。然后使用该目录项的副本来初始化文件控制块(FCB)中对应的域。这个过程在函数 FatOpenFileInDirectory(在文件 io/driver/fat12.c 中定义)中完成。在 EOS 的 io/driver/fat12.h 文件中定义了 FCB 结构体,就像进程有进程控制块,线程有线程控制块一样,EOS 内核为每个打开的文件在内存中准备了一个文件控制块,方便管理已打开的文件,下面只列出了 FCB 中与目录项相关的域：

```
typedef struct _FCB {
    CHAR Name[13];
    BOOLEAN AttrReadOnly;
    BOOLEAN AttrHidden;
    BOOLEAN AttrSystem;
    BOOLEAN AttrDirectory;

    ...                          //省略部分域

    FAT_TIME LastWriteTime;
    FAT_DATE LastWriteDate;
    USHORT FirstCluster;
    ULONG FileSize;
    ULONG DirEntryOffset;

    ...                          //省略部分域

}FCB, * PFCB;
```

感兴趣的读者可以根据这两个结构体的定义和 FatOpenFileInDirectory 函数的源代码来分析一下 FCB 结构体中的哪些域是和 DIRENT 结构体对应的，以及它们是如何被初始化的。这里需要特别说明一下 DirEntryOffset 域，该域用来保存目录项在根目录中的偏移，例如，对于根目录中第一个目录项来说，这个域的值为 0，也就是说这个目录项占用了 19 号扇区的最开始的 32 个字节，而对于第二个目录项来说，这个域的值就为 32 了。在读写根目录中的目录项时，就是使用这个域在根目录占用的扇区中进行定位的。

接下来对文件进行读操作时，使用的就只是文件控制块中的信息，与文件的目录项就没有关系了。这一点可以从 FAT12 文件系统提供的读函数中获得印证：在读文件函数 FatReadFile(在文件 io/driver/fat12.c 中定义)中，只是通过参数传入了文件控制块的指针，根据文件控制块中提供的信息来读取文件。而在写文件函数 FatWriteFile(在文件 io/driver/fat12.c 中定义)中，也只是通过参数传入了文件控制块的指针，当对文件的大小或者其他属性进行了修改后，也只是修改了文件控制块中的信息，而并没有真正修改磁盘上的目录项。为了保证磁盘上的信息也及时得到更新，在 FatWriteFile 函数中如果修改了文件的大小，需要将文件控制块中的信息保存到目录项中，并将目录项写回磁盘的根目录，从而最终完成对文件的修改。这个过程在函数 FatWriteDirEntry(在文件 io/driver/fat12.c 中定义)中完成。

8.2.2　文件分配表(FAT)

文件分配表(File Allocation Table)用于将数据区中的磁盘空间分配给文件，属于典型的**显式链接**方式。文件分配表被划分为紧密排列的若干个表项，每个表项都与数据区中的一个簇相对应，而且表项的序号也是与簇号一一对应的，例如序号为 0 的表项与簇 0 对应，序号为 1 的表项与簇 1 对应……在每个表项中,只存放了文件的下一个簇号(也就是下一个表项的序号),从而将文件占用的簇连接成一个簇链,链头由目录项中的起始簇号确定。到这里为止,读者就可以对 FAT 文件系统管理文件的方式有一个全面的认识了:根目录中的目录项记录了文件的属性和起始簇号,文件分配表记录了文件的簇链,数据区中的簇保存了文件数据。

接下来详细讨论一下 1.44M 软盘上 FAT12 文件系统的文件分配表。最初的设计者提供了两个完全一样的文件分配表(FAT1 和 FAT2),可能是打算在 FAT1 被破坏后还可以使用 FAT2,但是 FAT2 却很少起过作用。所以这里主要讨论占用了 1 到 9 扇区的 FAT1。

1. 序号为 0 和 1 的表项

FAT12 文件系统的每个 FAT 表项都占用 12 位,所以序号为 0 和 1 的两个表项总共占用了 FAT 最开始的 3 个字节。并且在 1.44M 软盘上这三个字节的值必须是固定的,分别是 0xF0、0xFF、0xFF,用于表示这是一个应用在 1.44M 软盘上的 FAT12 文件系统。本来序号为 0 和 1 的 FAT 表项应该对应于簇 0 和簇 1,但是由于这两个表项被设置成了固定值,簇 0 和簇 1 就没有存在的意义了,这样数据区就起始于簇 2(还记得簇是一个逻辑概念吗?),如图 8-5 所示。

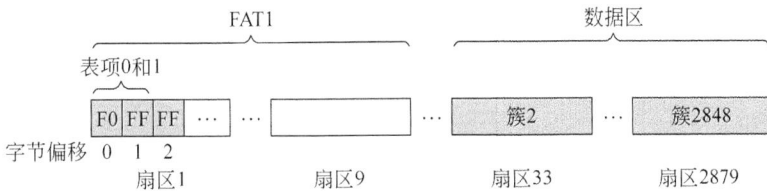

图 8-5　序号为 0 和 1 的 FAT 表项

2. 指针表项

与序号为 0 和 1 的表项必须使用固定值不同,其余的表项可以存储文件占用的下一个簇号(也就是下一个表项的序号)。这些表项就好像指针一样,于是称之为**指针表项**。在 FAT1 占用的 9 个扇区中一共可以有 3070 个指针表项,而在数据区中一共只有 2847 个簇,可以看到指针表项是足够用的。读者可以尝试计算一下,假如 FAT1 只占用 8 个扇区,则指针表项是否还够用。

在表 8-2 中详细列出了指针表项值所表达的意思。

表 8-2　FAT 表项值所表达的意思

12 位值	说　　明
0x000	表项对应的簇未被文件占用
0x002-0xFEF	文件占用的下一个簇号(也就是下一个表项的序号)
0xFF0-0xFF6	保留未用
0xFF7	表项对应的簇不可用(坏簇)
0xFF8-0xFFF	表项对应的簇是文件占用的最后一个簇

有意思的是,由于数据区中的簇从 2 开始编号,不存在 0 簇,所以值为 0x000 的表项不会被

理解为文件占用的下一个簇是 0 簇,从而可以用来表示表项对应的簇未被文件占用,从这里读者也可以体会到 FAT 文件系统设计者的巧妙设计。

3. FAT 举例

下面使用一个简单的例子来帮助说明 FAT 的结构和作用。假设在软盘根目录中包含一个文件 filename. txt,其所有数据存储在簇 2、4 和 5 中。该文件在根目录中会有一个对应的目录项,目录项最开始的 11 个字节保存了文件名和扩展名,还会有两个字节保存起始簇号 0x0002。

假如要把 filename. txt 文件连续的从软盘读入存储器,操作系统会按照以下步骤执行:

- 根据文件名,在软盘根目录中找到文件对应的目录项,并将目录项读入存储器,在存储器中的目录项由 DIRENT 结构体定义的变量来管理。然后再使用存储器中的目录项初始化文件控制块中对应的域。这个过程由 EOS 操作系统的 FatOpenFileInDirectory 函数(在文件 io/driver/fat12. c 中定义)完成。
- 接下来读取文件的操作由 FatReadFile 函数(在文件 io/driver/fat12. c 中定义)完成。首先,FatReadFile 函数会从 FCB 的 FirstCluster 域获得文件占用的第一个簇号 2,并将簇 2(扇区 33)中的数据读入存储器。
- 对于下一个簇,访问序号为 2 的 FAT 表项,从图 8-8 中可知,这个表项的值为 0x004,这说明文件占用的下一个簇是簇 4。将簇 4 中的数据读入存储器。
- 继续读取下一个簇,访问序号为 4 的 FAT 表项,其值为 0x005,这说明文件占用的下一个簇是簇 5。将簇 5 中的数据读入存储器。
- 对于最后一个簇,访问序号为 5 的 FAT 表项,其值为 0xFF8,这说明簇 5 是文件占用的最后一个簇。

读者可以在理解了 FAT 的结构和作用后,设想一下,假如 filename. txt 文件占用的簇依次是 2、4、5 和 7,则将该文件连续的从软盘读入存储器的过程应该是怎样的。需要注意的是,在图 8-6 中显示的 FAT 表项的值与磁盘上实际存储的格式有一些差别,这主要是由于字节顺序造成的,后面会进行详细地讨论。

4. 处理 12 位 FAT 表项

下面继续使用刚才的 filename. txt 文件的例子,来介绍 FAT12 的 FAT 表项在磁盘上存储的格式。在阅读下面的内容前,建议读者首先阅读一下附录 B,对字节顺序有一个初步的认识。

图 8-7 显示了 filename. txt 文件使用的 FAT 表项的值,以及这些值在磁盘上存储的格式。

下面详细说明从 FAT 表中读取 FAT 表项值的过程:

(1) 由于 FCB 的 FirstCluster 域指定文件占用的第一个簇号是 2,为了顺着簇链找到文件占用的所有簇,需要得到序号为 2 的 FAT 表项的值。于是使用 2 乘以 1.5(FAT 表项的字节长度)得到 3。读取 FAT 表中字节 3 和 4 中的字(一个字包含两个字节),这两个字节的值分别为 0x04 和 0x80,反序后字的值为 0x8004。因为序号 2 是个偶数,所以使用字中低 12 位的值,也就是后 3 位数字,即 0x004 是序号 2 的 FAT 表项的值。

(2) 同样的道理,在读取序号为 4 的 FAT 表项的值时,使用 4 乘以 1.5 得到 6,取字节 6 和 7 中字的值为 0x8005,因为序号 4 是个偶数,所以序号 4 的 FAT 表项的值为 0x005。

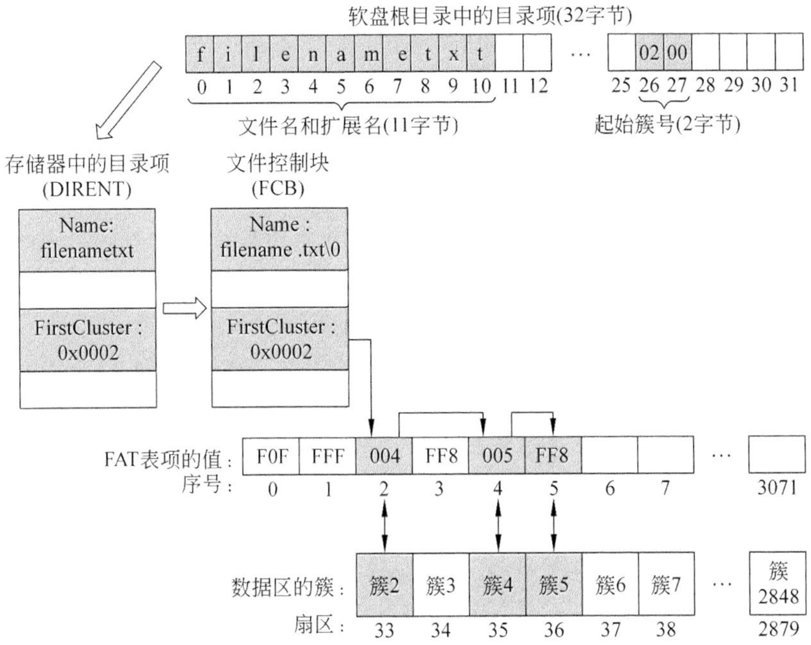

图 8-6　FAT 举例

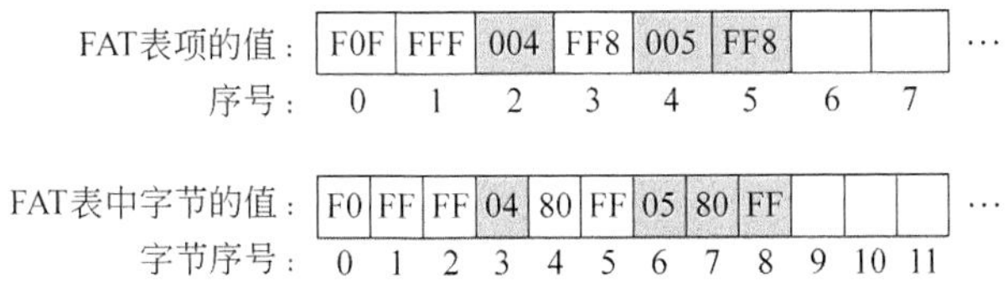

图 8-7　FAT 表项在磁盘上存储的格式

（3）接下来继续读取序号为 5 的 FAT 表项的值,使用 5 乘以 1.5 得到 7,取字节 7 和 8 中字的值为 0xFF80,因为 5 是个奇数,所以使用字中高 12 为的值,也就是前 3 位数字,即 0xFF8 是序号 5 的 FAT 表项的值,说明这是文件使用的最后一个 FAT 表项。

读者在了解上述读取 FAT 表项值的过程后,可以自己练习一下读取序号为 3 的 FAT 表项的值。

EOS 操作系统提供了两个函数分别用来完成读取 FAT 表项的值与写入 FAT 表项的值,这两个函数都在文件 io/driver/fat12.c 中定义,它们分别是:

```
USHORT
FatGetFatEntryValue(
    IN PVCB Vcb,
    IN USHORT Index
    )
```

和

```
STATUS
FatSetFatEntryValue(
```

```
IN PVCB Vcb,
IN USHORT Index,
IN USHORT Value12
)
```

  如果读者感觉处理 12 位 FAT 表项的方式比较难于理解，可以暂时跳过这部分内容，直接使用上面提到的两个函数来完成这部分工作，这并不影响读者学习后面的内容。感兴趣的读者可以详细阅读一下这两个函数的源代码。建议首先依据前面描述的处理步骤，学习一下 FatGetFatEntryValue 函数的源代码，然后再学习 FatSetFatEntryValue 函数的源代码。细心的读者可能会发现，写入 FAT 表项值的过程要比读取 FAT 表项值的过程复杂一些，读者在研究这部分内容后，可以自己总结一下造成这种区别的原因。

  至此，已经对系统区中的两个重要的区块——**文件分配表和根目录**进行了详细的讨论。这两个区块记录了文件的属性以及文件在数据区中占用的簇。注意，在这两个区块中只使用了簇的概念，而并没有涉及物理扇区，再次印证了文件系统是一个逻辑层。对系统区中的另一个区块——**引导扇区**，还没有讨论，留待介绍完毕操作文件的方法后再进行。

8.3　操 作 文 件

  应用程序所使用的数据通常会以文件的方式存储在磁盘上。而且，这些文件可以存储在不同的磁盘设备（软盘、硬盘或光盘）上，从而由不同的文件系统来管理。如果要求由应用程序自己来完成对各种不同文件系统上文件的操作，其复杂程度可想而知。幸好这项工作可以交由操作系统来完成。操作系统为应用程序提供了一组可以操作文件的 API 函数，包括打开文件（CreateFile）、读文件（ReadFile）和写文件（WriteFile）等函数。这些函数与特定的文件系统无关。这样，应用程序就不需要关心文件是由哪种文件系统管理的了，可以直接调用这些 API 函数，操作系统负责将这些文件操作分配给对应文件系统的函数来处理。图 8-8 显示了这种设计方法在 EOS 操作系统中的实现（EOS 还不支持虚线内的文件系统）。

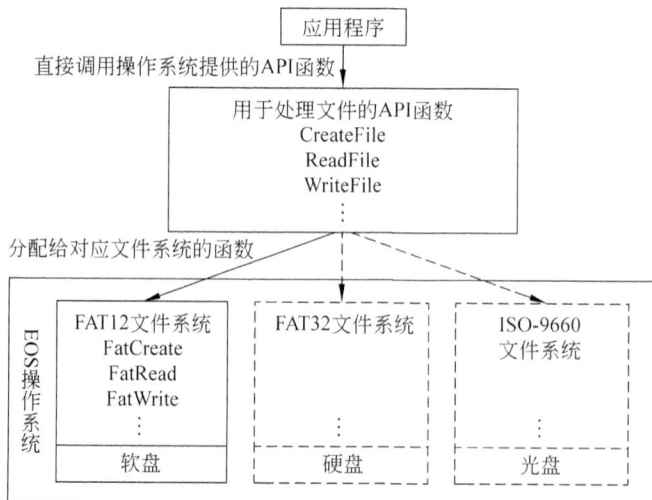

图 8-8　EOS 提供的文件 API 函数和 FAT12 文件系统

在后面的内容中，读者可以学习到 EOS 实现的 FAT12 文件系统的细节，学习到 EOS 提供的用于操作文件的 API 函数，以及在应用程序中调用这些函数来操作文件的典型代码。除了下面重点介绍的打开文件、关闭文件和读写文件操作外，还可以有新建文件、删除文件等操作，只是 EOS 为了尽量简单而没有实现这些操作，感兴趣的读者完全可以在充分理解 EOS 实现的 FAT12 文件系统的基础上，自己实现新建文件、删除文件等操作。

8.3.1 打开文件与关闭文件

应用程序在操作一个文件之前，首先要打开文件以确保它是存在的。一旦应用程序完成对文件的操作，应当关闭这个文件。

1. 打开文件

EOS 提供了一个 API 函数 CreateFile，应用程序可以调用该函数来打开要操作的文件。该函数在 api/eosapi.c 文件中定义如下：

```
EOSAPI HANDLE CreateFile(
    IN PCSTR FileName,
    IN ULONG DesiredAccess,
    IN ULONG ShareMode,
    IN ULONG CreationDisposition,
    IN ULONG FlagsAndAttributes
    )
```

第一个参数 FileName 是文件的全路径，例如，要打开软盘根目录中的文件 a. txt，则这个参数就应该为"A:\\a. txt"（注意字符串常量中的反斜线要使用转义字符）。第二个参数 DesiredAccess 指定要打开文件的访问方式，如果这个参数的值为 GENERIC_READ（在文件 inc/eosdef. h 中定义），则打开的文件为只读的；如果这个参数的值为 GENERIC_WRITE，则打开的文件为只写的；如果这个参数的值为 GENERIC_READ|GENERIC_WRITE，则打开的文件既是可读的，又是可写的。第三个参数 ShareMode 和第五个参数 FlagsAndAttributes 通常被设置为 0。在表 8-3 中列出了第四个参数 CreationDisposition 可使用的值，这些值在文件 inc/eosdef. h 中定义。

表 8-3　CreationDisposition 参数可使用的值

值	含　义
CREATE_NEW1	新建一个文件。如果文件已经存在，该函数返回失败。如果文件不存在，则新建一个文件
CREATE_ALWAYS2	总是创建一个新文件。如果文件已经存在，并且是可写的，该函数会重写这个文件（文件大小会变为 0）。如果文件不存在，则新建一个文件
OPEN_EXISTING3	打开一个已经存在的文件。如果文件不存在，该函数失败，并返回 INVALID_HANDLE_VALUE
OPEN_ALWAYS4	总是打开一个文件，如果文件已经存在，该函数会返回成功；如果文件不存在，则新建一个文件
TRUNCATE_EXISTING5	打开一个已经存在的文件，并截去文件的内容，使文件大小变为 0。如果文件不存在，该函数失败，并返回 INVALID_HANDLE_VALUE

如果 CreateFile 函数打开文件失败,会返回 INVALID_HANDLE_VALUE。如果该函数成功打开了文件,会返回文件的句柄,该文件句柄供应用程序在调用其他操作文件的 API 函数时使用。

下面用一个简单的例子来说明调用 CreateFile 函数打开文件的方法。假如应用程序要以只读的方式打开软盘根目录中的 a.txt 文件,代码可以是下面的样子:

```
HANDLE hFile=CreateFile("A:\\a.txt", GENERIC_READ, 0, OPEN_EXISTING, 0);
if(INVALID_HANDLE_VALUE==hFileRead) {
    printf("Error code: %d\n", GetLastError());
    return 1;
}
```

如果软盘根目录中存在 a.txt 文件,CreateFile 函数就会返回该文件的句柄,供后续的其他操作文件的 API 函数使用。如果不存在该文件,CreateFile 函数就会返回 INVALID_HANDLE_VALUE,在屏幕上输出错误码后,就不再进行后续操作了。

CreateFile 函数在执行的过程中会调用 FAT12 文件系统提供的相关函数,调用流程可以参见图 8-9。正是 FAT12 文件系统提供的相关函数完成了实际打开文件的操作,这些函数都定义在 io/driver/fat12.c 文件中。实际上,CreateFile 函数会首先进入 IO 模块内的 IoCreateFile 函数(在文件 io/io.c 中定义)创建一个文件对象(见 7.2 节),然后再由 IO 模块进入 FatCreate 函数来打开文件。在图 8-9 中使用虚线表示省略了 IO 模块中的函数。

在 FatCreate 函数中读者会观察到,在表 8-3 中的值只有 OPEN_EXISTING 被实现了,而其他值都没有提供相应的功能,读者可以在充分理解 EOS 实现的

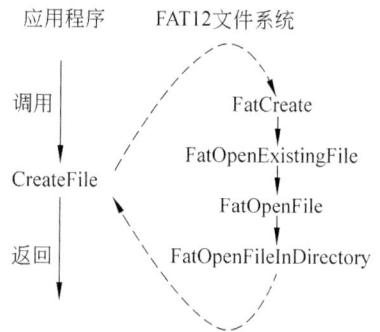

图 8-9 打开文件相关函数的调用流程

FAT12 文件系统后尝试自己完成这些功能。在最后调用的 FatOpenFileInDirectory 函数中,会逐个读取根目录区中的目录项,并将目录项中的文件名称与要打开文件的名称进行比较。当文件名称相同时,说明找到了文件对应的目录项,会创建一个文件控制块(FCB),并使用文件对应的目录项来初始化这个文件控制块(见 8.2.1 节)。在 FatOpenExistingFile 函数的最后会使用文件对象的 FsContext 域指向新建的文件控制块,从而完成打开文件操作。可以说,打开文件的本质就是创建文件对象和文件控制块的过程,从而将文件的相关信息(除了数据)在内存中准备好,接下来就可以根据这些信息对文件进行读写等操作了。感兴趣的读者可以跟踪调试一下图 8-9 所示的函数调用流程,可以参考实验《进程的创建》中调试 CreateProcess 函数的方法。

在图 8-9 所示的函数调用流程中,从 FatOpenFile 函数开始,在函数的参数中就会传入一个卷控制块的指针。卷控制块(VCB)用于描述文件系统的相关信息,传入 FatOpenFile 函数的卷控制块当然就是用来描述软盘上 FAT12 文件系统的信息的。在文件 io/driver/fat12.h 文件中定义了卷控制块结构体:

```
typedef struct _VCB {
    PDEVICE_OBJECT DiskDevice;
    BIOS_PARAMETER_BLOCK Bpb;
    PVOID Fat;
    ULONG FirstRootDirSector;
    ULONG RootDirSize;
    LIST_ENTRY FileListHead;
    ULONG FirstDataSector;
    USHORT NumberOfClusters;
}VCB, * PVCB;
```

卷控制块中记录的信息,无论是对于打开文件操作,还是后面介绍的读写文件操作都非常重要。例如,Bpb 域是一个 BIOS_PARAMETER_BLOCK 结构体(在文件 io/driver/fat12.h 文件中定义)变量,记录了一些关于 FAT12 文件系统的重要信息,有每簇包含的扇区数,每 FAT 表包含的扇区数等,这部分内容会在 8.4 节中进行详细介绍。Fat 域指向一块内存缓冲区,软盘上的 FAT 表被完整的读入了这块内存。这样,在频繁访问 FAT 表时可以直接访问 Fat 域指向的这块内存,就不需要访问软盘了,可以加快访问的速度。FirstRootDirSector 域保存了根目录占用的第一个扇区,FatOpenFileInDirectory 函数从根目录中读取目录项时就会用到这个域。FirstDataSector 域保存了数据区占用的第一个扇区,在访问数据区中的数据时会用到这个域。在 EOS 操作系统启动时,初始化程序就会将软盘上 FAT12 文件系统的信息初始化到卷控制块中,读者可以在 io/driver/fat12.c 文件的 FatAddDevice 函数中查看此过程。

2. 关闭文件

应用程序结束对文件的操作后,应该调用 API 函数 CloseHandle 关闭文件。CloseHandle 函数在 api/eosapi.c 文件中定义如下:

```
EOSAPI BOOL CloseHandle(
    IN HANDLE Handle
    )
```

参数 Handle 是由 CreateFile 函数返回的被打开文件的句柄。如果该函数成功关闭文件,返回 TRUE,否则返回 FALSE。

CloseHandle 函数在关闭文件时同样会调用 FAT12 文件系统提供的相关函数,调用流程可以参见图 8-10。在 FatCloseFile 函数中完成关闭文件的操作,主要工作是从内存中删除文件控制块。实际上,CloseHandle 函数会首先进入对象模块内的 ObCloseHandle 函数(在文件 ob/obhandle.c 中定义)尝试从内存中删除文件对象(如果文件对象的引用计数变为 0)。在图 8-10 中使用虚线表示省略了对象模块中的函数。可以说,关闭文件的本质就是删除文件对象和文件控制块的过程。

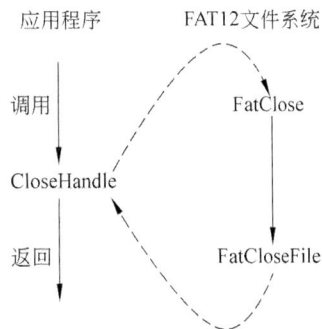

图 8-10 关闭文件相关函数的调用流程

8.3.2　读文件

在成功打开文件后,可以调用读文件 API 函数 ReadFile 将文件的数据(保存在软盘的数据区)读入内存,从而允许处理器对文件的数据进行特定的操作(例如打印输出到屏幕上)。ReadFile 函数在 api/eosapi.c 文件中定义如下:

```
EOSAPI BOOL ReadFile(
    IN HANDLE Handle,
    OUT PVOID Buffer,
    IN ULONG NumberOfBytesToRead,
    OUT PULONG NumberOfBytesRead
    )
```

参数 Handle 是由 CreateFile 函数返回的被打开文件的句柄。参数 Buffer 指向一块内存缓冲区,从软盘数据区读取到的文件数据就会放入此块内存缓冲区中。参数 NumberOfBytesToRead 指定本次调用希望读取到的字节数,显然该参数的值应该小于等于 Buffer 缓冲区的大小。参数 NumberOfBytesRead 是一个输出参数,用于返回本次调用实际读取到的字节数,显然该参数返回的值会小于等于 NumberOfBytesToRead。如果该函数成功从文件中读取到数据,就返回 TRUE,否则返回 FALSE。

下面使用一段典型的源代码(省略了错误处理)来演示在应用程序中如何调用 API 函数 ReadFile,将一个文件的全部内容读出,并打印输出到标准输出(屏幕):

```
HANDLE hFile;
BYTE Buffer[512];
ULONG ReadBytes, WriteBytes;

hFile=CreateFile("A:\\a.txt", GENERIC_READ, 0, OPEN_EXISTING, 0);

while(TRUE) {
    ReadFile(hFile, Buffer, 512, &ReadBytes);
    WriteFile((HANDLE)STD_OUTPUT_HANDLE, Buffer, ReadBytes, &WriteBytes);

    if(ReadBytes<512)
        break;
}

CloseFile(hFile);
```

在这段演示代码的开始,定义了文件句柄 hFile,内存缓冲区(512 字节数组)Buffer,以及 ReadBytes 用于返回实际读取到的字节数。首先调用 CreateFile 函数以只读的方式打开软盘根目录中的文件 a.txt。然后,在一个死循环中进行读文件操作,每轮循环都尝试从文件中读取 512 个字节的数据到 Buffer 缓冲区中,并将缓冲区中的数据打印输出到标准输出(屏幕)。当文件读取完毕后应该结束死循环,但是如何判断文件读取完毕呢? 此时就要用到由 ReadBytes 变量返回的实际读取的字节数了,当实际读取的字节数小于希望读取的字节数时,说明文件读取完毕。例如,a.txt 文件有 600 字节的数据,则第一轮循环能够读取到 512 字节的数据,在第二轮循环时就只能读取到 88 个字节的数据了,此时说明文件读取完毕,执行 break 语句跳出循环。读者可能还会产生这样的疑问,为什么第一次调用 ReadFile 时会从文件的开始读取数据呢? 而且再次调用 ReadFile 时会从之前停止的位置继续读取数据呢? 是不是有一个指针指向了下一次要读取的起始位置呢? 没错,操作系统为每个打开的文件维护了一个文件指针,用于确定读写文件时的起始位置。在后面讲解 ReadFile 函数实现的细节时,读者可以看到 EOS 是如何为每个打开的文件维护文件指针的。

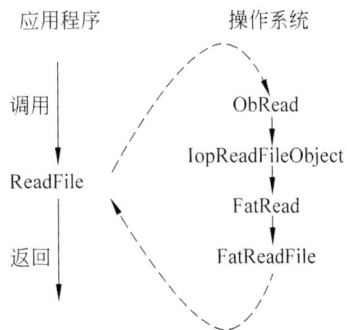

图 8-11　读文件相关函数的调用流程

先来看 ReadFile 函数调用的 EOS 操作系统中的相关函数,如图 8-11 所示。

其中的 ObRead 函数在文件 ob/obmethod.c 文件中定义,属于对象模块;IopReadFileObject 函数在文件 io/file.c 文件中定义,属于 IO 模块;FatRead 函数和 FatReadFile 函数在文件 io/driver/fat12.c 文件中定义,属于 FAT12 文件系统模块。

最终的读文件操作在 FatReadFile 函数中完成,该函数在 io/driver/fat12.c 文件中定义如下:

```
STATUS FatReadFile(
    IN PVCB Vcb,
    IN PFCB File,
    IN ULONG Offset,
    IN ULONG BytesToRead,
    OUT PVOID Buffer,
    OUT PULONG BytesRead
    )
```

参数 Vcb 和 File 分别指向卷控制块和文件控制块,为读文件操作提供所需要的全部信息。参数 Offset 是读文件的起始位置(以字节为单位),在 FatRead 函数中可以看到是将文件对象的 CurrentByteOffset 域传给了此参数。文件对象中的 CurrentByteOffset 域就是之前提到的文件指针,创建文件对象时初始化此域为 0,表示从文件的开始位置读取。在读文件的过程中会将已经读取的字节数增加到 CurrentByteOffset 域中,从而保证文件指针始终指向下一次要读取的起始位置。增加文件指针的代码在 IopReadFileObject 函数中。参数 BytesToRead、Buffer、BytesRead 分别与 ReadFile 中的参数 NumberOfBytesToRead、Buffer、NumberOfBytesRead 对应。

FatReadFile 函数的流程图可以参见图 8-12。在实验《FAT12 文件系统》中会引导读者一步步地调试该函数的源代码,帮助读者充分理解读取文件的详细过程,所以这里就不再对源代码进行详细讨论了。只是强调几个需要注意的问题:首先是要定位读取的起始位置所在的簇号,由于保存文件数据的簇是由 FAT 表中的簇链串起来的,只能顺序的获取簇号,如果读取的起始位置不在文件的第一个簇中,就需要顺着簇链向后找到起始位置所在的簇。第二个问题是，在定位要读取的第一个簇后，就可以读取数据了，不过由于要读取的数据可能保存在多个连续的簇中，而且一个簇可以包括多个扇区（虽然这里使用的 FAT12 文件系统一个簇只包括一个扇区），所以需要使用一个双重循环来遍历多个簇，并且在簇中遍历多个扇区。最后一个问题是，只能通过调用函数 IopReadWriteSector 从单个扇区中读取数据，这就需要将要读取的数据以扇区为单位进行分块，并将簇号转换为对应的扇区号。

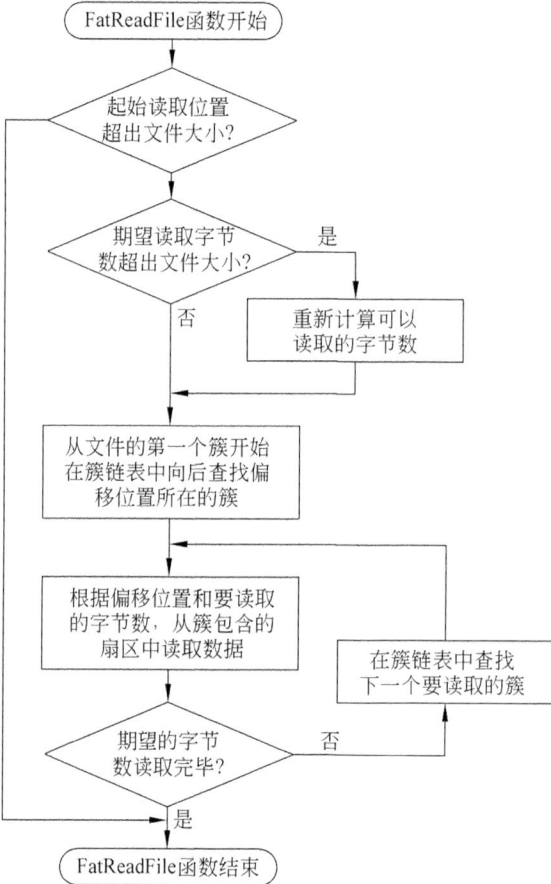

图 8-12 FatReadFile 函数的流程图

8.3.3 写文件

在打开文件后，可以调用 API 函数 WriteFile 将内存中的数据写入文件。WriteFile 函数在 api/eosapi.c 文件中定义如下：

```
EOSAPI BOOL WriteFile(
    IN HANDLE Handle,
    IN PVOID Buffer,
    IN ULONG NumberOfBytesToWrite,
    OUT PULONG NumberOfBytesWritten
    )
```

参数 Handle 是由 CreateFile 函数返回的被打开文件的句柄。参数 Buffer 指向一块内存缓冲区,该缓冲区中的全部或部分数据会被写入文件中。参数 NumberOfBytesToWrite 指定本次调用希望写入文件的字节数,显然该参数的值应该小于等于 Buffer 缓冲区的大小。参数 NumberOfBytesWritten 是一个输出参数,用于返回本次调用实际写入文件的字节数,显然该参数返回的值会小于等于 NumberOfBytesToWrite。如果该函数成功向文件中写入数据,就返回 TRUE,否则返回 FALSE。

下面使用一段典型的源代码(省略了错误处理)来演示在应用程序中如何调用 API 函数 WriteFile,将一个字符串写入文件:

```
HANDLE hFile;
char * String="EOS";
ULONG WriteBytes;

hFile=CreateFile("A:\\a.txt", GENERIC_WRITE, 0, OPEN_EXISTING, 0);

SetFilePointer(hFile, GetFileSize(hFile), FILE_BEGIN);
WriteFile(hFile,(PVOID)String, strlen(String), &WriteBytes);

CloseFile(hFile);
```

在这段演示代码的开始,定义了文件句柄 hFile,长度为 4 个字节(包括末尾的 0 字节)的字符串常量"EOS",以及 WriteBytes 用于返回实际写入文件的字节数。首先调用 CreateFile 函数以只写的方式打开软盘根目录中的文件 a.txt。然后,调用 API 函数 SetFilePointer 将文件指针移动到文件的末尾。最后,调用 WriteFile 函数将字符串写入文件的末尾,此时 WriteBytes 返回的值应该为 3,原因是 C 库函数 strlen 在计算字符串长度时不包括末尾的 0 字节。

API 函数 SetFilePointer 在 api/eosapi.c 文件中定义如下:

```
EOSAPI ULONG SetFilePointer(
    IN HANDLE FileHandle,
    IN LONG DistanceToMove,
    IN ULONG MoveMethod
    )
```

参数 FileHandle 是由 CreateFile 函数返回的被打开文件的句柄。参数 DistanceToMove 是将文件指针从当前位置移动的字节数。参数 MoveMethod 指定文件指针移动的起始位置,如果此参数值为 FILE_BEGIN,表示先将文件指针设置在文件起始位置,再移动 DistanceToMove 个字节,如果值为 FILE_CURRENT,表示从文件指针的当前位置移动 DistanceToMove 个字节,如果值为 FILE_END,表示先将文件指针设置在文件的结尾,再移动 DistanceToMove 个字节。返回值是文件指针的新位置。在之前演示代码中调用 SetFilePointer 函数的结果是将文件指针移动到文件的末尾,这样,WriteFile 函数就会将字符串写入文件的末尾。例如,原来 a.txt 文件的内容为"Hello World!",则会变为"Hello

World!EOS",如果 SetFilePointer 函数的第二个参数设置为 2,则会变为"HeEOS World!",如果不调用 SetFilePointer 函数,则会变为"EOSlo World!"。无论是在调用 WriteFile 函数,还是在调用 ReadFile 函数之前,都可以通过调用 SetFilePointer 函数来设置文件指针的位置,从而可以从指定的位置开始连续的读写文件。

WriteFile 函数调用的 EOS 操作系统中的相关函数,如图 8-13 所示。其中的 ObWrite 函数在文件 ob/obmethod.c 文件中定义,属于对象模块;IopWriteFileObject 函数在文件 io/file.c 文件中定义,属于 IO 模块;FatWrite 函数和 FatWriteFile 函数在文件 io/driver/fat12.c 文件中定义,属于 FAT12 文件系统模块。

最终的写文件操作在 FatWriteFile 函数中完成,该函数在 io/driver/fat12.c 中的定义如下所示:

```
STATUS FatWriteFile(
    IN PVCB Vcb,
    IN PFCB File,
    IN ULONG Offset,
    IN ULONG BytesToWrite,
    IN PVOID Buffer,
    OUT PULONG BytesWriten
    )
```

参数 Vcb 和 File 分别指向卷控制块和文件控制块,为写文件操作提供所需要的全部信息。参数 Offset 是写文件的起始位置(以字节为单位),即文件指针所在的位置,与读文件时的用法完全一致,增加文件指针的代码同样是在 IopWriteFileObject 函数中完成。参数 BytesToWrite、Buffer、BytesWriten 分别与 WriteFile 中的参数 NumberOfBytesToWrite、Buffer、NumberOfBytesWritten 对应,参见图 8-13。

EOS 还没有实现 FatWriteFile 函数,在实验《FAT12 文件系统》中会引导读者一步步的实现该函数的源代码。在实现 FatWriteFile 函数的源代码时,除了同样要解决 FatReadFile 函数遇到的那些关于遍历簇链和数据分块等问题外,还需要在文件占用的磁盘空间不足时,为文件分配新的磁盘空间。例如在一个空文件中写入数据,肯定需要为文件分配新的簇。在 io/driver/fat12.c 文件中的 FatAllocateOneCluster 函数可以为文件分配一个新簇,并且由于新分配的簇在 FAT 表中对应的表项会被设置为 0xFF8,所以新分配的簇必须作为文件簇链中的最后一个簇。

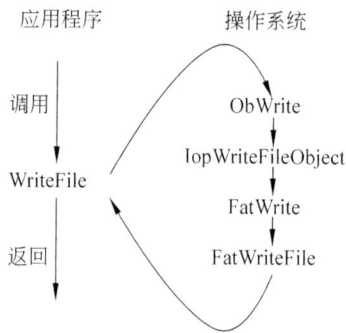

应用程序　　　　　操作系统

调用

WriteFile

返回

ObWrite

IopWriteFileObject

FatWrite

FatWriteFile

图 8-13　写文件相关函数
的调用流程

8.4　引　导　扇　区

很多介绍 FAT12 文件系统的书籍一开始都会介绍引导扇区的内容和作用,但是由于引导扇区中的内容比较琐碎,并且会涉及一些类似逻辑推理的计算问题,可能会使部分读者觉得难于理解,甚至放弃学习。所以,本书尝试将引导扇区的内容放在最后来介绍,这样,一方面读者在对 FAT12 文件系统有一定理解后,学习这部分内容会更加容易,另一方面读者可以更好地认识到引导扇区的重要性。

1. 加载到内存

EOS 操作系统启动后,在初始化的过程中会创建 FAT12 文件系统驱动(在 io/ioinit. c 文件的 IoInitializeSystem2 函数中完成),并调用 FAT12 文件系统驱动的 AddDevice 功能函数,即函数 FatAddDevice(在文件 io/device/fat12. c 中定义),完成 FAT12 文件系统的初始化,并将 FAT12 文件系统绑定到软盘驱动器上。

在 FatAddDevice 函数中会首先将引导扇区最开始的 62 个字节读入内存(余下的 450 个字节是引导程序,只在 EOS 启动时有用,在 EOS 初始化时无用),由 BOOT_SECTOR 结构体定义的变量 BootSector 就是这 62 个字节的内存。BOOT_SECTOR 结构体在文件 io/device/fat12. h 文件中定义如下:

```
typedef struct _BOOT_SECTOR {
    UCHAR Jump[3];
    UCHAR Oem[8];
    BIOS_PARAMETER_BLOCK Bpb;
    UCHAR DriveNumber;
    UCHAR Reserved;
    UCHAR Signature;
    UCHAR Id[4];
    UCHAR VolumeLabel[11];
    UCHAR SystemId[8];
} BOOT_SECTOR, * PBOOT_SECTOR;
```

BOOT_SECTOR 结构体中域在引导扇区中对应的内容可以参见表 8-4。在 boot/boot. asm 文件中可以看到 EOS 在创建引导扇区时给这 62 个字节设置的值。

表 8-4　BOOT_SECTOR 结构体中的域

结构体的域	偏移	字节数	说　　明
Jump	0	3	调转到引导程序执行的指令
Oem	3	8	OEM 字符串。EOS 创建的引导扇区将该字符串设置为"Tevation"
Bpb	11	25	BPB(BIOS Parameter Block)
DriveNumber	36	1	物理驱动器编号。软盘上的值为 0x00
Reserved	37	1	保留
Signature	38	1	扩展引导扇区标志。EOS 创建的引导扇区将该域设置为 0x29
Id	39	4	卷序列号
VolumeLabel	43	11	卷标。EOS 创建的引导扇区将该域设置为"EOS"
SystemId	54	8	文件系统类型。EOS 创建的引导扇区将该域设置为"FAT12"

其中的域 Bpb 是由结构体 BIOS_PARAMETER_BLOCK 定义的,该结构体在文件 io/

device/fat12.h 文件中定义如下：

```
typedef struct _BIOS_PARAMETER_BLOCK {
    USHORT BytesPerSector;
    UCHAR SectorsPerCluster;
    USHORT ReservedSectors;
    UCHAR Fats;
    USHORT RootEntries;
    USHORT Sectors;
    UCHAR Media;
    USHORT SectorsPerFat;
    USHORT SectorsPerTrack;
    USHORT Heads;
    ULONG HiddenSectors;
    ULONG LargeSectors;
} BIOS_PARAMETER_BLOCK, * PBIOS_PARAMETER_BLOCK;
```

BIOS_PARAMETER_BLOCK 结构体中的各个域在引导扇区中对应的内容可以参见表 8-5。

表 8-5　BIOS_PARAMETER_BLOCK 结构体中的域

结构体的域	偏移	字节数	说　　明
BytesPerSector	11	2	每扇区字节数。1.44MB 软盘每扇区有 512 字节
SectorsPerCluster	13	1	每簇扇区数。EOS 创建的引导扇区将该域设置为 1
ReservedSectors	14	2	从第一个扇区开始的保留扇区数。在 FAT12 文件系统中，该域必须为 1。表示第一个扇区是保留扇区，即引导扇区
Fats	16	1	FAT 表的数量。无论是哪种 FAT 文件系统，该域都应该为 2
RootEntries	17	2	根目录中包含的目录项的个数。每个目录项有 32 个字节。在 FAT12 文件系统中，该域应该为 224
Sectors	19	2	扇区总数。1.44MB 软盘有 2880 个扇区
Media	21	1	介质描述。EOS 创建的引导扇区将该域设置为 0xF0，表示软盘
SectorsPerFat	22	2	每 FAT 表占用的扇区数。在 FAT12 文件系统中，该域应该为 9
SectorsPerTrack	24	2	每磁道扇区数。1.44MB 软盘每磁道有 18 个扇区
Heads	26	2	磁头数。1.44MB 软盘需要有 2 个磁头
HiddenSectors	28	4	引导扇区之前的隐藏扇区数。1.44MB 软盘的隐藏扇区数为 0
LargeSectors	32	4	扇区总数，域 Sectors 为 0 时使用

在默认情况下，由于 BOOT_SECTOR 和 BIOS_PARAMETER_BLOCK 结构体中的各个域会进行内存对齐（参见第 2.9 节），则 BootSector 变量就会管理 68 个字节的内存，如果将 62 个字节的数据复制到这 68 个字节的内存中，显然是不正确的。为了解决这个问题，在 io/driver/fat12.h 文件中使用了编译指令"♯pragma pack(1)"，通知编译器将这两个结构

体中的域按照单个字节方式对齐,则 BootSector 变量就会正好管理 62 个字节的内存了。在定义完毕这两个结构体后,再使用编译指令"♯pragma pack()",通知编译器恢复使用默认的内存对齐方式即可。

在将引导扇区中保存的关于文件系统的信息正确加载到内存后,EOS 操作系统会根据这些信息进行一些简单的验证工作,保证软盘上使用的就是 FAT12 文件系统。在 FatAddDevice 函数中会使用 BootSector. SystemId 与字符串"FAT12 "进行比较,当这两个字符串完全相同时(不区分大小写),则说明软盘上使用的是 FAT12 文件系统。还会对软盘上扇区的大小(BootSector. Bpb. BytesPerSector),簇的数量(由 io/driver/fat12. h 文件中定义的宏函数 FatNumberOfClusters 计算)和 FAT 表的大小(BootSector. Bpb. SectorsPerFat)进行验证,保证软盘能够被正确的管理。

2. 初始化卷控制块

FatAddDevice 函数的另一项重要工作就是,使用引导扇区中保存的 FAT12 文件系统信息来初始化卷控制块,从而让卷控制块能够完整的描述 FAT12 文件系统。这样,在读写文件时,就可以直接从卷控制块中获取关于 FAT12 文件系统的各种信息了。

首先,FatAddDevice 函数会将软盘上的 FAT 表加载到内存中。在为 FAT 表分配内存时,使用 FatBytesPerFat 宏函数(在文件 io/driver/fat12. h 中定义)计算 FAT 表的大小,就是使用 BPB 中的每扇区字节数(BytesPerSector)乘以每 FAT 表占用的扇区数(SectorsPerFat)。FAT 表在软盘上占用的第一个扇区由 BPB 中的保留扇区数(ReservedSectors)决定,由于保留扇区就是引导扇区,且只占用 0 扇区,所以,FAT 表占用的第一个扇区就是 1 扇区(参见图 8-3)。FatAddDevice 函数使用一个循环将 FAT 表占用的所有扇区读入内存,循环的次数显然应该由 BPB 中的每 FAT 表占用的扇区数(SectorsPerFat)决定。

最后,FatAddDevice 函数会初始化卷控制块。将卷控制块中的 Bpb 赋值为 BootSector 中的 Bpb。将卷控制块中的 Fat 指向加载了 FAT 表的内存。卷控制块中的根目录占用的第一个扇区(FirstRootDirSector)可以使用 FatFirstRootDirSector 宏函数(在文件 io/driver/fat12. h 中定义)计算得到,就是使用 BPB 中保留扇区数(ReservedSectors)加上 FAT 表数(Fats)与每 FAT 表占用的扇区数(SectorsPerFat)的乘积。卷控制块中根目录的大小(RootDirSize)可以使用 FatRootDirSize 宏函数(在文件 io/driver/fat12. h 中定义)计算得到,就是使用 BPB 中根目录的项数(RootEntries)乘以目录项的大小(32 字节)。还有一些用来进行类似计算的宏函数,如 FatFirstDataSector、FatRootDirSectors 等,感兴趣的读者可以阅读文件 io/driver/fat12. h 中的源代码,并可以尝试使用这些计算方法来计算出图 8-3 所示的分布图。

第 2 部分

实　　验

第 9 章 实验 1 实验环境的使用

实验性质：验证
建议学时：2 学时

【实验目的】

- 熟悉操作系统集成实验环境 OS Lab 的基本使用方法。
- 练习编译、调试 EOS 操作系统内核以及 EOS 应用程序。

【预备知识】

阅读本书第 1 章，对 EOS 操作系统和 OS Lab 集成实验环境有一个初步的了解。重点学习 1.3 节，掌握 EOS 操作系统内核和 EOS 应用程序的源代码是如何生成可执行文件的，以及 OS Lab 是如何将这些可执行文件写入软盘镜像文件并开始执行的。

【实验内容】

1. 启动 OS Lab

（1）在已安装 OS Lab 的计算机上，可以使用下面两种不同的方法启动 OS Lab：

① 在桌面上双击 Tevation OS Lab 图标。

② 单击"开始"菜单，在"程序"中的 Tevation OS Lab 中选择 Tevation OS Lab。

（2）OS Lab 每次启动后都会首先弹出一个用于注册用户信息的对话框（可以选择对话框标题栏上的"帮助"按钮获得关于此对话框的帮助信息）。在此对话框中输入学号和姓名，单击"确定"按钮完成本次注册。

（3）观察 OS Lab 主窗口的布局。OS Lab 主要由下面的若干元素组成：菜单栏、工具栏以及停靠在左侧和底部的各种工具窗口，余下的区域用来放置编辑器窗口。

2. 学习 OS Lab 的基本使用方法

练习使用 OS Lab 编写一个 Windows 控制台应用程序，熟悉 OS Lab 的基本使用方法（主要包括新建项目、生成项目、调试项目等）。

1）新建 Windows 控制台应用程序项目

新建一个 Windows 控制台应用程序项目的步骤如下：

（1）在"文件"菜单中选择"新建"，然后单击"项目"。

（2）在"新建项目"对话框中，选择项目模板"控制台应用程序（c）"。

（3）在"名称"中输入新项目使用的文件夹名称 oslab。

（4）在"位置"中输入新项目保存在磁盘上的位置 C:\test。

（5）单击"确定"按钮。

新建完毕，OS Lab 会自动打开这个新建的项目。在"项目管理器"窗口中（如图 9-1 所示），树的根节点是项目节点，项目的名称是 console，各个子节点是项目包含的文件夹或者文件。此项目的源代码主要包含一个头文件 console.h 和一个 C 语言源文件 console.c。

使用 Windows 资源管理器打开磁盘上的 C:\test\oslab 文件夹查看项目中包含的文件（提示,在"项目管理器"窗口的项目节点上右击,然后在弹出的快捷菜单中选择"打开所在的文件夹"即可)。

2) 生成项目

使用"生成项目"功能可以将程序的源代码文件编译为可执行的二进制文件,方法十分简单:在"生成"菜单中选择"生成项目"。

在项目生成过程中,"输出"窗口会实时显示生成的进度和结果。如果源代码中不包含语法错误,会在最后提示生成成功,如图 9-2 所示。

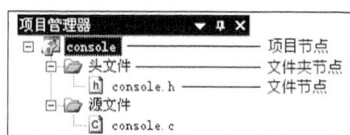

图 9-1　打开 Windows 控制台应用程序
项目后的"项目管理器"窗口

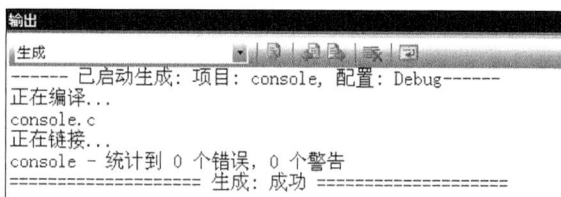

图 9-2　成功生成 Windows 控制台应用程序
项目后的"输出"窗口

如果源代码中存在语法错误,"输出"窗口会输出相应的错误信息(包括错误所在文件的路径、错误在文件中的位置以及错误原因),并在最后提示生成失败。此时在"输出"窗口中双击错误信息所在的行,OS Lab 会使用源代码编辑器打开错误所在的文件,并自动定位到错误对应的代码行。可以在源代码文件中故意输入一些错误的代码(例如删除一个代码行结尾的分号),然后再次生成项目,最后在"输出"窗口中双击错误信息定位存在错误的代码行,将代码修改正确后再生成项目。

生成过程是将每个源代码文件(.c、.cpp、.asm 等文件)编译为一个对象文件(.o 文件),然后再将多个对象文件链接为一个目标文件(.exe、.dll 等文件)。成功生成 Windows 控制台应用程序项目后,默认会在 C:\test\oslab\debug 目录下生成一个名称为 console.o 的对象文件和名称为 console.exe 的 Windows 控制台应用程序,可以使用 Windows 资源管理器查看这些文件。

3) 执行项目

在 OS Lab 中选择"调试"菜单中的"开始执行(不调试)",可以执行刚刚生成的 Windows 控制台应用程序。启动执行后会弹出一个 Windows 控制台窗口,显示控制台应用程序输出的内容。按任意键即可关闭此 Windows 控制台窗口。

4) 调试项目

OS Lab 提供的调试器是一个功能强大的工具,使用此调试器可以观察程序运行时行为并确定逻辑错误的位置,可以中断(或挂起)程序的执行以检查代码,计算和编辑程序中的变量,查看寄存器,以及查看从源代码创建的指令。为了顺利进行后续的各项实验,应该学会灵活使用这些调试功能。

在开始练习各种调试功能之前,首先需要对刚刚创建的例子程序进行必要的修改,步骤如下:

① 右击"项目管理器"窗口中的"源文件"文件夹节点,在弹出的快捷菜单中选择"添加"中的"添加新文件"。

② 在弹出的"添加新文件"对话框中选择"C 源文件"模板。

③ 在"名称"文本框中输入文件名称 func。

④ 单击"添加"按钮,添加并自动打开文件 func. c,此时的"项目管理器"窗口会如图 9-3 所示。

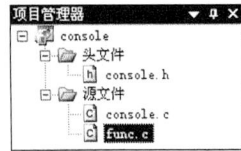

图 9-3　添加 func.c 文件后的"项目管理器"窗口

⑤ 在 func. c 文件中添加函数:

```
int Func(int n){
    n=n+1;
    return n;
}
```

⑥ 单击源代码编辑器上方的 console. c 标签,切换到 console. c 文件。将 main 函数修改为:

```
int main(int argc, char * argv[])
{
    int Func(int n);                    //声明 Func 函数
    int n=0;
    n=Func(10);
    printf("Hello World!\n");
    return 0;
}
```

代码修改完毕按 F7 键("生成项目"功能的快捷键)。注意查看"输出"窗口中的内容,如果代码中存在语法错误,就根据错误信息进行修改,直到成功生成项目。

(1) 使用断点中断执行

① 在 main 函数中定义变量 n 的代码行

```
int n=0;
```

上右击,在弹出的快捷菜单中选择"插入/删除断点",会在此行左侧的空白处显示一个红色圆点,表示已经成功在此行代码添加了一个断点,如图 9-4 所示。

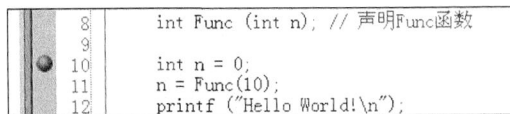

```
8        int Func (int n); // 声明Func函数
9
10       int n = 0;
11       n = Func(10);
12       printf ("Hello World!\n");
```

图 9-4　在 console.c 文件的 main 函数中添加断点后的代码行

② 在"调试"菜单中选择"启动调试",Windows 控制台应用程序开始执行,随后 OS Lab 窗口被自动激活,并且在刚刚添加断点的代码行左侧空白中显示一个黄色箭头,表示程序已经在此行代码处中断执行(也就是说下一个要执行的就是此行代码),如图 9-5 所示。

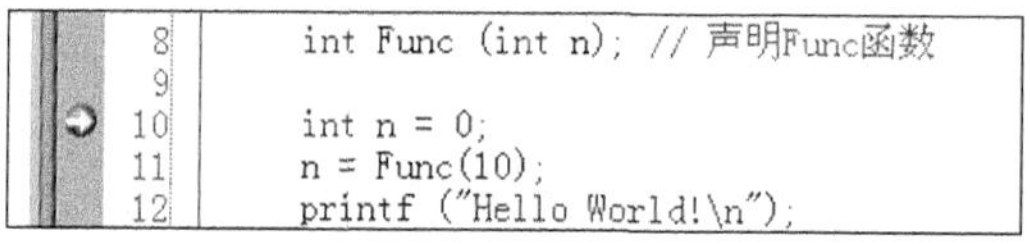

图 9-5　Windows 控制台应用程序启动调试后在断点处中断执行

③ 激活 Windows 控制台应用程序的窗口,可以看到窗口中没有输出任何内容,因为 printf 函数还没有被执行。

（2）单步调试。

按照下面的步骤练习使用"逐过程"功能：

① 在 OS Lab 的"调试"菜单中选择"逐过程","逐过程"功能会执行黄色箭头当前指向的代码行,并将黄色箭头指向下一个要执行的代码行。

② 按 F10 键（"逐过程"功能的快捷键）,黄色箭头就指向了调用 printf 函数的代码行。查看控制台应用程序窗口,仍然没有任何输出。

③ 再次按 F10 键执行 printf 函数,查看控制台应用程序窗口,可以看到已经打印出的内容。

④ 在"调试"菜单中选择"停止调试",结束此次调试。

按照下面的步骤练习使用"逐语句"功能和"跳出"功能：

① 按 F5 键（"启动调试"功能的快捷键）,仍然会在之前设置的断点处中断。

② 按 F10 键逐过程调试,此时黄色箭头指向了调用函数 Func 的代码行。

③ 在"调试"菜单中选择"逐语句",可以发现黄色箭头指向了函数 Func 中,说明"逐语句"功能可以进入函数,从而调试函数中的语句。

④ 选择"调试"菜单中的"跳出",会跳出 Func 函数,返回到上级函数中继续调试（此时 Func 函数已经执行完毕）。

⑤ 按 Shift＋F5 键（"停止调试"功能的快捷键）,结束此次调试。

练习使用"逐过程"、"逐语句"和"跳出"功能,注意体会"逐过程"和"逐语句"的不同。

（3）查看变量的值。

在调试的过程中,OS Lab 提供了三种查看变量值的方法,按照下面的步骤练习这些方法：

① 按 F5 键启动调试,仍然会在之前设置的断点处中断。

② 将鼠标移动到源代码编辑器中变量 n 的名称上,此时会弹出一个窗口显示出变量 n 当前的值（由于此时还没有给变量 n 赋值,所以是一个随机值）。

③ 在源代码编辑器中变量 n 的名称上右击,在弹出的快捷菜单中选择"快速监视",可以使用"快速监视"对话框查看变量 n 的值。然后,可以单击"关闭"按钮关闭"快速监视"对话框。

④ 在源代码编辑器中变量 n 的名称上右击,在弹出的快捷菜单中选择"添加监视",变量 n 就被添加到"监视"窗口中。使用"监视"窗口可以随时查看变量的值和类型。此时按 F10 键进行一次单步调试,可以看到"监视"窗口中变量 n 的值会变为 0,如图 9-6 所示。

如果需要使用十进制查看变量的值,可以单击工具栏上的"十六进制"按钮,从而在十六进制和十进制间切换。自己练习使用不同的进制和不同的方法查看变量的值,然后结束此

图 9-6　使用"监视"窗口查看变量的值和类型

次调试。

（4）调用堆栈。

使用"调用堆栈"窗口可以在调试的过程中查看当前堆栈上的函数,还可以帮助理解函数的调用层次和调用过程。按照下面的步骤练习使用"调用堆栈"窗口:

① 按 F5 键启动调试,仍然会在之前设置的断点处中断。

② 选择"调试"菜单"窗口"中的"调用堆栈",激活"调用堆栈"窗口。可以看到当前"调用堆栈"窗口中只有一个 main 函数（显示的内容还包括了参数值和函数地址）。

③ 按 F11 键（"逐语句"功能的快捷键）调试,直到进入 Func 函数,查看"调用堆栈"窗口可以发现在堆栈上有两个函数 Func 和 main。其中当前正在调试的 Func 函数在栈顶位置,main 函数在栈底位置。说明是在 main 函数中调用了 Func 函数。

④ 在"调用堆栈"窗口中双击 main 函数所在的行,会有一个绿色箭头指向 main 函数所在的行,表示此函数是当前调用堆栈中的活动函数。同时,会将 main 函数所在的源代码文件打开,并也使用一个绿色箭头指向 Func 函数返回后的位置。

⑤ 在"调用堆栈"窗口中双击 Func 函数所在的行,可以重新激活此堆栈帧,并显示对应的源代码。

⑥ 反复双击"调用堆栈"窗口中 Func 函数和 main 函数所在的行,查看"监视"窗口中变量 n 的值,可以看到在不同的堆栈帧被激活时,OS Lab 调试器会自动更新"监视"窗口中的数据,显示对应于当前活动堆栈帧的信息。

⑦ 结束此次调试。

3. EOS 内核项目的生成和调试

之前练习了对 Windows 控制台应用程序项目的各项操作,对 EOS 内核项目的各种操作（包括新建、生成和各种调试功能等）与对 Windows 控制台项目的操作是完全一致的。所以,接下来实验内容的重点不再是各种操作的具体步骤,而应将注意力放在对 EOS 内核项目的理解上。

1）新建 EOS 内核项目

新建一个 EOS 内核项目的步骤如下:

（1）在"文件"菜单中选择"新建",然后单击"项目"。

（2）在"新建项目"对话框中,选择项目模板 EOS Kernel。

（3）在"名称"中输入新项目使用的文件夹名称 eos。

（4）在"位置"中输入新项目保存在磁盘上的位置 C:\。

（5）单击"确定"按钮。

此项目就是一个 EOS 操作系统内核项目,包含了 EOS 操作系统内核的所有源代码文件。

在"项目管理器"窗口中查看 EOS 内核项目包含的文件夹和源代码文件,可以看到不同的文件夹包含了 EOS 操作系统不同模块的源代码文件,例如 mm 文件夹中包含了内存管理模块的源代码文件,boot 文件夹中包含了软盘引导扇区程序和加载程序的源代码文件。也可以使用 Windows 资源管理器打开项目所在的文件夹 C:\eos,查看所有源代码文件。

2) 生成项目

(1) 按 F7 键生成项目,同时查看"输出"窗口中的内容,确认生成成功。

(2) 打开 C:\eos\debug 文件夹,查看生成的对象文件和目标文件。找到 boot. bin、loader. bin 和 kernel. dll 三个二进制文件,这三个文件就是 EOS 操作系统在运行时需要的可执行文件。OS Lab 每次启动运行 EOS 操作系统之前,都会将这三个文件写入一个软盘镜像文件中,然后让虚拟机运行这个软盘镜像中的 EOS(相当于将写有这三个二进制文件的软盘放入一个物理机的软盘驱动器中,然后按下开机按钮)。找到 libkernel. a 文件,此文件是 EOS 内核文件 kernel. dll 对应的导入库文件。

3) 调试项目

(1) 在"项目管理器"窗口的 ke 文件夹中找到 start. c 文件节点,双击此文件节点使用源代码编辑器打开 start. c 文件。

(2) 在 start. c 文件中 KiSystemStartup 函数的 KiInitializePic();语句所在行(第 61 行)添加一个断点,如图 9-7 所示。EOS 启动时执行的第一个内核函数就是 KiSystemStartup 函数。

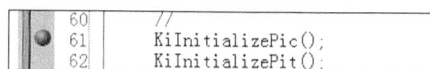

图 9-7 在 EOS 内核项目的 ke/start.c
文件中添加一个断点

(3) 按 F5 键启动调试,虚拟机开始运行软盘镜像中的 EOS。在虚拟机窗口中可以看到 EOS 启动的过程。随后 EOS 会在刚刚添加的断点处中断执行。激活虚拟机窗口可以看到 EOS 也不再继续运行了。各种调试功能(包括单步调试、查看变量的值和各个调试工具窗口)的使用方法与调试 Windows 控制台程序完全相同,可以自己练习。

(4) 按 F5 键继续执行。查看虚拟机窗口,显示 EOS 操作系统已经启动,并且 EOS 的控制台程序已经开始运行了。

(5) 在"调试"菜单中选择"停止调试",结束此次调试。

4) 查看软盘镜像文件中的内容

在"项目管理器"窗口中双击软盘镜像文件 Floppy. img,就会使用 FloppyImageEditor 工具打开此文件(在 FloppyImageEditor 工具中按 F1 键可以查看此工具的帮助文件)。在 FloppyImageEditor 工具的文件列表中可以找到 loader. bin 文件和 kernel. dll 文件,这两个文件都是在启动调试时被写入软盘镜像文件的(可以查看这两个文件的修改日期)。boot. bin 文件在启动调试时被写入了软盘镜像的引导扇区中,不受软盘文件系统的管理,所以在文件列表中找不到此文件。关闭 FloppyImageEditor 工具。

5) 查看 EOS SDK(Software Development Kit)文件夹

(1) 单击 OS Lab 工具栏上的"项目配置"下拉列表,选择下拉列表中的 Release 项目配置,Release 项目配置被设置为新的活动项目配置(原来的活动项目配置是 Debug),如图 9-8 所示。

图 9-8 使用工具栏上的"项目配置"下拉列表切换活动项目配置

（2）按 F7 键使用 Release 配置生成项目。

（3）生成完毕后，使用 Windows 资源管理器打开 C:\eos 文件夹，可以发现在文件夹中多出了一个 SDK 文件夹，此文件夹就是在生成 EOS Kernel 项目的同时自动生成的。

（4）SDK 文件夹中提供了开发 EOS 应用程序需要的所有文件。打开 SDK 文件夹中的 bin 文件夹，可以看到有两个名称分别为 debug 和 release 的文件夹。debug 文件夹是在使用 debug 配置生成项目时生成的，其中存放了调试版本的 EOS 二进制文件。release 文件夹是在使用 release 配置生成项目时生成的，其中存放了发布版本的 EOS 二进制文件（不包含调试信息）。分别打开这两个文件夹查看其中包含的文件。

（5）打开 SDK 文件夹中的 inc 文件夹，可以看到此文件夹中存放了 EOS 用于导出 API 函数和重要数据类型定义的头文件，在编写 EOS 应用程序时必须包含这些头文件。

每次在开发 EOS 应用程序之前都应该使用 EOS Kernel 项目的 debug 配置和 release 配置生成 EOS Kernel 项目，这样才能得到完全版本的 SDK 文件夹供 EOS 应用程序使用。

结合本书第 1 章中关于 EOS 内核从源代码到可在虚拟机中运行过程的介绍，仔细体会 EOS 内核项目生成、调试的过程，以及 EOS SDK 文件夹生成的过程和组织方式。

4. EOS 应用程序项目的生成和调试

1）新建 EOS 应用程序项目

新建一个 EOS 应用程序项目的步骤如下：

（1）在"文件"菜单中选择"新建"，然后单击"项目"。

（2）在"新建项目"对话框中，选择项目模板"EOS 应用程序"。

（3）在"名称"中输入新项目使用的文件夹名称 eosapp。

（4）在"位置"中输入新项目保存在磁盘上的位置 C:\。

（5）单击"确定"按钮。

此项目就是一个 EOS 应用程序项目。

使用 Windows 资源管理器将之前生成的 C:\eos\sdk 文件夹拷贝覆盖到 C:\eosapp\sdk 位置。这样 EOS 应用程序就可以使用最新版本的 EOS SDK 文件夹了。

2）生成项目

（1）按 F7 键生成项目，同时查看"输出"窗口中的内容，确认生成成功。

（2）打开 C:\eosapp\debug 文件夹，查看生成的对象文件和目标文件。其中的 EOSApp.exe 就是 EOS 应用程序的可执行文件。OS Lab 每次启动执行 EOS 应用程序时，都会将 EOS 应用程序的可执行文件写入软盘镜像，并且会将 SDK 文件夹中对应配置（Debug 或 Release）的二进制文件写入软盘镜像，然后让虚拟机运行软盘镜像中的 EOS，待 EOS 启动后再自动执行 EOS 应用程序。

3）调试项目

调试 EOS 应用程序项目与之前的两个项目有较大的不同，之前的两个项目在调试时都是先添加断点再启动调试，而 EOS 应用程序项目必须先启动调试再添加断点，步骤如下：

（1）按 F5 键启动调试。OS Lab 会弹出一个调试异常对话框，选择"是"调试异常，EOS 应用程序会中断执行，黄色箭头指向下一个要执行的代码行。

（2）在 eosapp.c 的

```
printf("Hello world!\n");
```

代码行添加一个断点,然后按 F5 键继续调试,在此断点处中断。

(3) 按 F10 键单步调试,查看虚拟机窗口,打印输出 Hello world!。

(4) 按 F5 键继续调试,查看虚拟机窗口,EOS 应用程序执行完毕。

(5) 在"调试"菜单中选择"停止调试",调试被终止。

(6) 选择"调试"菜单中的"删除所有断点"。只有删除所有断点后才能按 F5 键再次启动调试;否则,启动调试会失败。

4) 查看软盘镜像文件中的内容

使用 FloppyImageEditor 工具打开该项目中的 Floppy.img 文件,查看软盘镜像中的文件。loader.bin 和 kernel.dll 是从 C:\eosapp\sdk\bin\debug 文件夹写入的,C:\eosapp\sdk\bin\debug\boot.bin 被写入了软盘镜像文件的引导扇区中。eosapp.exe 就是本项目生成的 EOS 应用程序。EOS 操作系统启动后会根据 autorun.txt 文本文件中的内容启动执行 eosapp.exe 程序,双击 autorun.txt 文件查看其内容。

结合本书第 1 章中关于 EOS 应用程序从源代码到可在虚拟机中运行过程的介绍,仔细体会 EOS 应用程序项目生成、调试的过程,以及 EOS 应用程序是如何使用 EOS SDK 文件夹的。

5) 修改 EOS 应用程序项目名称

EOS 应用程序项目所生成的可执行文件的名称默认是由项目名称决定的。由于当前 EOS 应用程序项目的名称是 EOSApp,所以该项目所生成的可执行文件的名称默认为 EOSApp.exe。按照下面的步骤修改 EOS 应用程序项目的名称,进而修改可执行文件的名称:

(1) 在"项目管理器"窗口中,右击项目节点(根节点)。

(2) 在弹出的快捷菜单中选择"重命名",然后可以输入一个新的项目名称,例如 MyApp,最后按回车键使修改生效。

(3) 按 F7 键生成项目。

(4) 选择"调试"菜单中的"删除所有断点"。

(5) 按 F5 键启动调试。OS Lab 会弹出一个调试异常对话框,选择"否"忽略异常,EOS 应用程序会自动执行。

(6) 激活虚拟机窗口,可以看到自动执行的可执行文件的名称为 MyApp.exe,如图 9-9 所示。也可以打开 C:\eosapp\debug 文件夹,确认生成了可执行文件 MyApp.exe。

```
CONSOLE-1 (Press Ctrl+F1~F8 to switch console window...)
Welcome to EOS shell
>Autorun A:\MyApp.exe
```

图 9-9　EOS 应用程序项目的名称修改后的执行结果

5) 退出 OS Lab

(1) 在"文件"菜单中选择"退出"。

(2) 在 OS Lab 关闭前会弹出一个保存数据对话框(可以选择对话框标题栏上的"帮助"按钮获得帮助信息),核对学号和姓名无误后单击"保存"按钮,OS Lab 关闭。

(3) 在 OS Lab 关闭后默认会自动使用 Windows 资源管理器打开数据文件所在的文件夹,并且选中刚刚保存的数据文件(OUD 文件)。将数据文件备份(例如拷贝到自己的 U 盘中或者发送到服务器上），可以作为本次实验的考评依据。

　　6）保存 EOS 内核项目

　　如果要在课余时间阅读 EOS 源代码，或者调试 EOS 源代码，可以按照下面的步骤操作：

　　（1）使用 OS Lab 重新打开之前创建的 EOS 内核项目（启动 OS Lab 后，在"起始页"的"最近的项目"列表中会有之前创建的 EOS 内核项目的快捷方式 kernel）。

　　（2）使用 Debug 配置生成此项目。再次启动调试此项目，然后结束调试，从而制作包含 Debug 版本 EOS 操作系统的软盘镜像文件。

　　（3）将此项目的文件夹复制到自己的计算机中。注意，项目文件夹在磁盘中的位置不能改变，例如实验中此项目在 C:\eos 位置，就必须也复制到自己计算机中的 C:\eos 位置。

　　（4）在自己的计算机中安装 OS Lab 演示版，使用演示版程序阅读 EOS 源代码，或者调试 EOS 源代码。可以在本书前言部分找到 OS Lab 演示版安装程序的下载地址。

【思考与练习】

　　（1）练习使用单步调试功能（逐过程、逐语句），体会在哪些情况下应该使用"逐过程"调试，在哪些情况下应该使用"逐语句"调试。练习使用各种调试工具（包括"监视"窗口、"调用堆栈"窗口等）。

　　（2）思考生成 EOS SDK 文件夹的目的和作用。查看 EOS SDK 文件夹中的内容，明白文件夹的组织结构和各个文件的来源和作用。查看 EOS 应用程序包含了 SDK 文件夹中的哪些头文件，是如何包含的？

【相关阅读】

　　（1）学习本书第 2 章，为后续阅读或者修改 EOS 的源代码做好准备。

　　（2）访问 http://www.tevation.com 了解关于 OS Lab 的最新信息。登录网站中的论坛，可以参与论坛中的讨论或者进行答疑。

第 10 章　实验 2　操作系统的启动

实验性质：验证
建议学时：2 学时

【实验目的】

- 跟踪调试 EOS 在 PC 上从加电复位到成功启动的全过程，了解操作系统的启动过程。
- 查看 EOS 启动后的状态和行为，理解操作系统启动后的工作方式。

【预备知识】

阅读本书第 3 章，了解 EOS 操作系统的启动过程。阅读 2.4 节，复习汇编语言的相关知识，并掌握 NASM 汇编代码的特点。阅读附录 A，了解 Bochs 和 Virtual PC 这两款虚拟机软件的特点，重点熟悉 Bochs 的调试命令。

【实验内容】

1. 准备实验

（1）启动 OS Lab。

（2）新建一个 EOS Kernel 项目。

（3）在"项目管理器"窗口中打开 boot 文件夹中的 boot. asm 和 loader. asm 两个汇编文件。boot. asm 是软盘引导扇区程序的源文件，loader. asm 是 loader 程序的源文件。简单阅读一下这两个文件中的 NASM 汇编代码和注释。

（4）按 F7 键生成项目。

（5）生成完成后，使用 Windows 资源管理器打开项目文件夹中的 Debug 文件夹。找到由 boot. asm 生成的软盘引导扇区程序 boot. bin 文件，该文件的大小一定为 512 字节（与软盘引导扇区的大小一致）。找到由 loader. asm 生成的 loader 程序 loader. bin 文件，记录此文件的大小 1566 字节，在下面的实验中会用到。找到由其他源文件生成的操作系统内核文件 kernel. dll。

2. 调试 EOS 操作系统的启动过程

1）使用 Bochs 作为远程目标机

按照下面的步骤将调试时使用的远程目标机修改为 Bochs：

（1）在"项目管理器"窗口中，右击项目节点，在弹出的快捷菜单中选择"属性"。

（2）在弹出的"属性页"对话框右侧的属性列表中找到"远程目标机"属性，将此属性值修改为 Bochs Debug（此时按 F1 键可以获得关于此属性的帮助）。

（3）单击"确定"按钮关闭"属性页"对话框。接下来就可以使用 Bochs 模拟器调试 BIOS 程序和软盘引导扇区程序了。

2）调试 BIOS 程序

按 F5 键启动调试，此时会弹出两个 Bochs 窗口。标题为 Bochs for windows-Display 的窗口相当于计算机的显示器，显示操作系统的输出。标题为 Bochs for windows-Console 的窗口是 Bochs 的控制台，用来输入调试命令，输出各种调试信息。

启动调试后，Bochs 在 CPU 要执行的第一条指令（即 BIOS 的第一条指令）处中断。此时，Display 窗口没有显示任何内容，Console 窗口显示要执行的 BIOS 第一条指令的相关信息，并等待用户输入调试命令，如图 10-1 所示。

```
<0> [0xfffffff0] f000:fff0 <unk. ctxt>: jmp far f000:e05b          ; ea5be000f0
<bochs:1> _
```

图 10-1　Console 窗口显示在 BIOS 第一条指令处中断

从 Console 窗口显示的内容中，可以获得关于 BIOS 第一条指令的如下信息：

- 行首的 [0xfffffff0] 表示此条指令所在的物理地址。
- f000:fff0 表示此条指令所在的逻辑地址（段地址:偏移地址）。
- jmp far f000:e05b 是此条指令的反汇编代码。
- 行尾的 ea5be000f0 是此条指令的十六进制字节码，可以看出此条指令有 5 字节。

接下来可以按照下面的步骤，查看 CPU 在没有执行任何指令之前主要寄存器中的数据，以及内存中的数据：

（1）在 Console 窗口中输入调试命令 sreg 后按回车，显示当前 CPU 中各个段寄存器的值，如图 10-2 所示。其中 CS 寄存器信息行中的 s＝0xf000 表示 CS 寄存器的值为 0xf000。

```
<bochs:1> sreg
cs:s=0xf000, dh=0xff0093ff, dl=0x0000ffff, valid=7
ds:s=0x0000, dh=0x00009300, dl=0x0000ffff, valid=7
ss:s=0x0000, dh=0x00009300, dl=0x0000ffff, valid=7
es:s=0x0000, dh=0x00009300, dl=0x0000ffff, valid=7
fs:s=0x0000, dh=0x00009300, dl=0x0000ffff, valid=7
gs:s=0x0000, dh=0x00009300, dl=0x0000ffff, valid=7
ldtr:s=0x0000, dh=0x00008200, dl=0x0000ffff, valid=1
tr:s=0x0000, dh=0x00008b00, dl=0x0000ffff, valid=1
gdtr:base=0x00000000, limit=0xffff
idtr:base=0x00000000, limit=0xffff
<bochs:2> _
```

图 10-2　使用 sreg 命令查看段寄存器的值

（2）输入调试命令 r 后按回车，显示当前 CPU 中各个通用寄存器的值，如图 10-3 所示。其中 rip：0x00000000:0000fff0 表示 IP 寄存器的值为 0xfff0。

```
<bochs:2> r
rax: 0x00000000:00000000 rcx: 0x00000000:00000000
rdx: 0x00000000:00000f20 rbx: 0x00000000:00000000
rsp: 0x00000000:00000000 rbp: 0x00000000:00000000
rsi: 0x00000000:00000000 rdi: 0x00000000:00000000
r8 : 0x00000000:00000000 r9 : 0x00000000:00000000
r10: 0x00000000:00000000 r11: 0x00000000:00000000
r12: 0x00000000:00000000 r13: 0x00000000:00000000
r14: 0x00000000:00000000 r15: 0x00000000:00000000
rip: 0x00000000:0000fff0
eflags 0x00000002
id vip vif ac vm rf nt IOPL=0 of df if tf sf zf af pf cf
<bochs:3>
```

图 10-3　使用 r 命令查看通用寄存器的值

（3）输入调试命令 xp /1024b 0x0000，查看开始的 1024 字节的物理内存。在 Console 中输出的这 1KB 物理内存的值都为 0，说明 BIOS 中断向量表还没有被加载到此处。

（4）输入调试命令 xp /512b 0x7c00,查看软盘引导扇区应该被加载到的内存位置。输出的内存值都为 0,说明软盘引导扇区还没有被加载到此处。

可以验证 BIOS 第一条指令所在逻辑地址中的段地址和 CS 寄存器值是一致的,偏移地址和 IP 寄存器的值是一致的。由于内存还没有被使用,所以其中的值都为 0。

3）调试软盘引导扇区程序

BIOS 在执行完自检和初始化工作后,会将软盘引导扇区加载到物理地址 0x7c00-0x7dff 位置,并从 0x7c00 处的指令开始执行引导程序,所以接下来练习从 0x7c00 处调试软盘引导扇区程序:

（1）输入调试命令 vb 0x0000:0x7c00,这样就在逻辑地址 0x0000:0x7c00(相当于物理地址 0x7c00)处添加了一个断点。

（2）输入调试命令 c 继续执行,在 0x7c00 处的断点中断。中断后会在 Console 窗口中输出下一个要执行的指令,即软盘引导扇区程序的第一条指令,如下

```
(0) [0x00007c00] 0000:7c00(unk. ctxt): jmp .+0x006d(0x00007c6f); eb6d
```

（3）为了方便后面的使用,先在纸上分别记录此条指令的字节码(eb6d)和此条指令要跳转执行的下一条指令的地址(括号中的 0x00007c6f)。

（4）输入调试命令 sreg 验证 CS 寄存器(0x0000)的值。

（5）输入调试命令 r 验证 IP 寄存器(0x7c00)的值。

（6）由于 BIOS 程序此时已经执行完毕,输入调试命令 xp /1024b 0x0000 验证此时 BIOS 中断向量表已经被载入。

（7）输入调试命令 xp /512b 0x7c00 显示软盘引导扇区程序的所有字节码。观察此块内存最开始的两个字节分别为 0xeb 和 0x6d,这和引导程序第一条指令的字节码(eb6d)是相同的。此块内存最后的两个字节分别为 0x55 和 0xaa,表示引导扇区是激活的,可以用来引导操作系统,这两个字节是 boot. asm 中最后一行语句

```
dw      0xaa55
```

定义的(注意,Intel 80386 CPU 使用 little-endian 字节顺序,参见附录 B)。

（8）输入调试命令 xp /512b 0x0600 验证图 3-2 中第一个用户可用区域("用户可用(1)")是空白的。

（9）输入调试命令 xp /512b 0x7e00 验证图 3-2 中第二个用户可用区域("用户可用(2)")是空白的。

（10）自己设计两个查看内存的调试命令,分别验证这两个用户可用区域的高地址端也是空白的。

（11）输入调试命令 xp /512b 0xa0000 验证图 3-2 中上位内存已经被系统占用。

（13）自己设计一个查看内存的调试命令,验证上位内存的高地址端已被系统占用。

NASM 汇编器在将 boot. asm 生成为 boot. bin 的同时,会生成一个 boot. lst 列表文件,帮助开发者调试 boot. asm 文件中的汇编代码。按照下面的步骤查看 boot. lst 文件:

（1）在"项目管理器"窗口中,右击 boot 文件夹中的 boot. asm 文件。

（2）在弹出的快捷菜单中选择"打开生成的列表文件"，在源代码编辑器中就会打开文件 boot.lst。

（3）将 boot.lst 文件和 boot.asm 文件对比可以发现，此文件包含 boot.asm 文件中所有的汇编代码，同时在代码的左侧又添加了更多的信息。

（4）在 boot.lst 中查找到软盘引导扇区程序第一条指令所在的行（第 73 行）

```
73 00000000 EB6D                        jmp short Start
```

此行包含的信息有：

- 73 是行号。
- 00000000 是此条指令相对于程序开始位置的偏移（第一条指令应该为 0）。
- EB6D 是此条指令的字节码，和之前记录下来的指令字节码是一致的。

软盘引导扇区程序的主要任务就是将软盘中的 loader.bin 文件加载到物理内存的 0x1000 处，然后跳转到 loader 程序的第一条指令（物理地址 0x1000 处的指令）继续执行 loader 程序。按照下面的步骤调试此过程：

（1）在 boot.lst 文件中查找加载完毕 loader.bin 文件后要跳转到 loader 程序中执行的指令（第 218 行）

```
278 00000181 EA00100000                 jmp      0:LOADER_ORG
```

根据此指令相对于程序开始（0x7C00）的偏移（0x0181）可以得到此指令的逻辑地址为 0x0000:7D81。

（2）输入调试命令 vb 0x0000:0x7d81 添加一个断点。

（3）输入调试命令 c 继续执行，到断点处中断。在 Console 窗口中显示

```
(0) [0x00007d81] 0000:7d81(unk. ctxt): jmp far 0000:1000       ; ea00100000
```

此条指令会跳转到物理内存 0x1000 处（即 Loader 程序的第一条指令）继续执行。

（4）按照打开 boot.lst 文件的方法打开 loader.lst 文件，并在此文件中查找到 loader 程序的第一条指令（第 33 行）

```
33 00000000 E91801                       jmp      Start
```

（5）输入调试命令 xp /8b 0x1000 查看内存 0x1000 处的数据，验证此块内存的前 3 个字节和 loader.lst 文件中的第一条指令的字节码是相同的。

（6）根据之前记录的 loader.bin 文件的大小，自己设计一个查看内存的调试命令，查看内存中 loader 程序结束位置的字节码，并与 loader.lst 文件中最后指令的字节码比较，验证 loader 程序被完全加载到正确的位置。

4）调试加载程序

Loader 程序的主要任务是将操作系统内核（kernel.dll 文件）加载到内存中，然后让 CPU 进入保护模式并且启用分页机制，最后进入操作系统内核开始执行（跳转到 kernel.dll 的入口点执行）。按照下面的步骤调试上述过程：

（1）在 loader.lst 文件中查找准备进入 EOS 操作系统内核执行的指令（第 755 行）

```
755 0000014F FF15[17010080]              call dword [va_ImageEntry]
```

（2）计算此条指令的物理地址要复杂一些：偏移地址实际上是相对于节（节 SECTION 是 NASM 汇编中的概念）开始的。由于在 boot.asm 程序中只有一个节，所以之前计算的结果都是正确的，但是在 loader.asm 程序中有两个节，并且此条指令是在第二个节中。下面引用的代码是 loader.lst 中第一个节的最后一条指令（第 593 行）

```
593 000003C1 C20600                        ret 6
```

因为第一个节中最后一条指令的偏移为 0x03c1，并占用了 3 个字节（字节码为 C20600），所以可以计算出进入内核执行的指令所在的物理地址为 0x1513（0x1000＋0x03c1＋0x3＋0x14f）。

（3）使用添加物理地址断点的调试命令 pb 0x1513 添加一个断点。

（4）输入调试命令 c 继续执行，到断点处中断。在 Console 窗口中显示要执行的下一条指令（注意，此时的逻辑地址都为虚拟地址）：

```
(0) [0x00001513] 0008:0000000080001513(unk. ctxt): call dword ptr ds:0x80001117
;ff1517110080
```

由于这里使用了函数指针的概念，所以，根据反汇编指令可以确定内核入口点函数的地址就保存在虚拟地址 0x8000117 处的 4 个字节中。

（5）使用查看虚拟内存的调试命令 x /1wx 0x80001117 查看内存中保存的 32 位函数入口地址，在 Console 窗口中会输出类似下面的内容：

```
0x0000000080001117<bogus+          0>:      0x800*****
```

记录此块内存中保存的函数地址，后面的实验会验证内核入口点函数的地址与此地址是一致的。

5）调试内核

调试内核的步骤如下：

（1）在 OS Lab 的“项目管理器”窗口中打开 ke 文件夹中的 start.c 文件，此文件中只定义了一个函数，就是操作系统内核的入口点函数 KiSystemStartup。

（2）在 KiSystemStartup 函数中的代码行（第 61 行）

```
KiInitializePic();
```

添加一个断点。

（3）现在可以在 Console 窗口中输入调试命令 c 继续调试，在刚刚添加的断点处中断。

（4）在 start.c 源代码文件中的 KiSystemStartup 函数名上右击，在弹出的快捷菜单中选择“添加监视”，KiSystemStartup 函数就被添加到“监视”窗口中。在“监视”窗口中可以看到此函数地址为与在虚拟内存 x80001117 处保存的函数入口地址相同,说明的确是由 Loader 程序进入了操作系统内核。

(5) 按 F5 键继续执行 EOS 操作系统内核,在 Display 窗口中显示 EOS 操作系统已经启动,并且控制台程序已经开始运行了。

6) EOS 启动后的状态和行为

查看 EOS 的版本号:

(1) 在控制台中输入命令 ver 后按回车。

(2) 输出 EOS 版本后的控制台如图 10-4 所示。

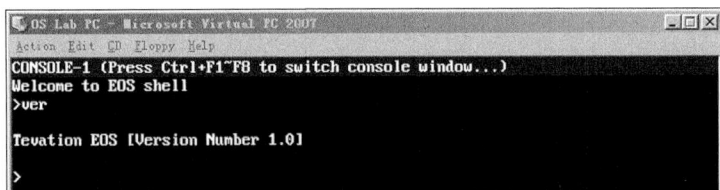

图 10-4 使用 ver 命令查看 EOS 的版本号

查看 EOS 启动后的进程和线程的信息:

(1) 在控制台中输入命令 pt 后按回车。

(2) 输出的进程和线程信息如图 10-5 所示。

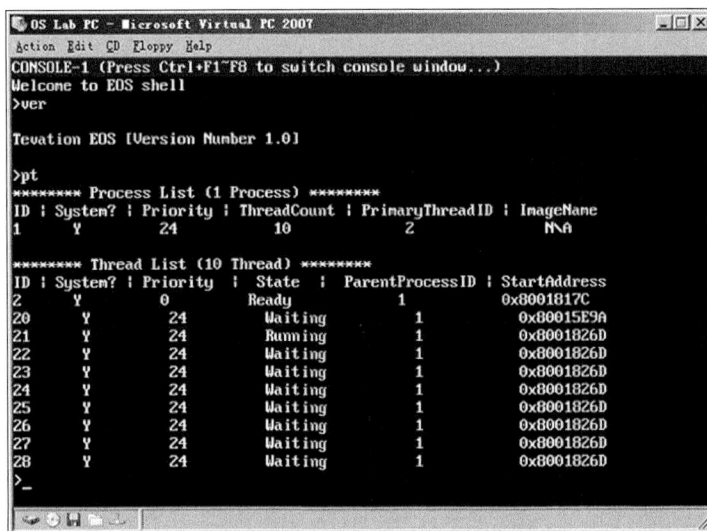

图 10-5 使用 pt 命令查看进程和线程的信息

有必要对图 10-5 中显示的进程和线程信息进行详细说明。在进程列表中只有一个 ID 为 1 的系统进程,其优先级为 24,包含有 10 个线程,其中的 ID 为 2 的线程是该进程的主线程,系统进程没有映像名称。在线程列表中有 10 个线程,它们都是系统线程。其中优先级为 0 的是空闲线程,当没有优先级大于 0 的线程占用处理器时,空闲线程就会在处理器上运行并处于运行状态(Running),否则就处于就绪状态(Ready)。ID 为 20 的线程是控制台派遣线程,用于将键盘事件派遣到活动的控制台线程,所以在没有键盘事件发生的时间里,该线程都处于阻塞状态(Waiting)。余下的 8 个线程都是控制台线程,分别对应于 8 个控制台,由于它们执行的是同一个控制台线程函数(ke/sysproc. c 文件中的 KiShellThread 函数),所以它们开始执行的地址都是相同的。控制台线程只有在处理控制台命令的时候才会处于运行状态,其他时间它们都在等待控制台命令的输入,会处于阻塞状态。由于本次是在控制台 1 中执行的 pt 命令,所以控制台 1 对应的线程处于运行状态,而其他 7 个控制台线程都处于阻塞状态。读者可以尝试按 Ctrl＋F8 键切换到控制台 8,然后执行 pt 命令并查看执行的效果。

查看有应用程序运行时进程和线程的信息:

(1) 在 OS Lab 中选择"调试"菜单中的"停止调试",结束之前的调试。

(2) 在 OS Lab"项目管理器"窗口中双击 Floppy.img 文件,使用 FloppyImageEditor 工具打开此软盘镜像文件。

(3) 打开配套资源"学生包",在其中找到本实验对应的文件夹。可以在本书前言部分找到"学生包"的下载地址。

(4) 将本实验文件夹中的 Hello.exe 文件拖动到 FloppyImageEditor 工具窗口的文件列表中释放,Hello.exe 文件即被添加到软盘镜像文件中。Hello.exe 一个 EOS 应用程序,其源代码可以参见本实验文件夹中的 Hello.c 源文件。

(5) 在 FloppyImageEditor 中选择"文件"菜单中的"保存"后关闭 FloppyImageEditor。

(6) 按 F5 键启动调试。

(7) 待 EOS 启动完毕,在 EOS 控制台中输入命令 hello 按回车。此时 Hello.exe 应用程序就开始执行。

(8) 迅速按 Ctrl＋F2 键切换到控制台 2,并输入命令 pt 按回车。输出的进程和线程信息如图 10-6 所示。

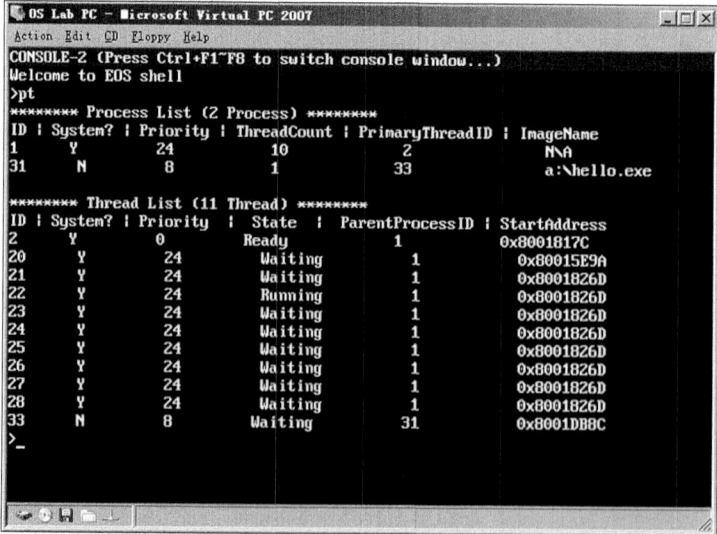

图 10-6　使用 pt 命令查看有应用程序运行时进程和线程的信息

仔细比较图 10-6 和图 10-5,尝试说明哪个是应用程序的进程,它和系统进程有什么区别,哪个是应用程序的主线程,它和系统线程有什么区别。

【思考与练习】

(1) 为什么 EOS 操作系统从软盘启动时要使用 boot. bin 和 loader. bin 两个程序? 使用一个可以吗? 它们各自的主要功能是什么? 如果将 loader. bin 的功能移动到 boot. bin 文件中,则 boot. bin 文件的大小是否仍然能保持小于 512 字节?

(2) 软盘引导扇区加载完毕后内存中有两个用户可用的区域,为什么软盘引导扇区程序选择将 loader. bin 加载到第一个可用区域的 0x1000 处呢? 这样做有什么好处? 这样做会对 loader. bin 文件的大小有哪些限制。

(3) 练习使用 Bochs 单步调试 BIOS 程序、软盘引导扇区程序和 loader 程序,加深对操作系统启动过程的理解。

【相关阅读】

(1) 打开 Windows“开始”菜单,选择“程序”中的 Bochs 2.4.1 for OS Lab。其中的 Readme 文件介绍了 Bochs 模拟器,Help 文件是 Bochs 的详细文档。也可以访问 Bochs 的网站 http://bochs. sourceforge. net 了解最新的信息。

(2) 打开 OS Lab 的“帮助”菜单,选择“其他帮助文档”中的“NASM 手册”,阅读该手册了解 NASM 汇编器的特点。也可以访问 NASM 的网站 http://www. nasm. us 了解最新的信息。

(3) 打开 OS Lab 的“帮助”菜单,选择“其他帮助文档”中的“Intel 80386 编程手册”,阅读该手册中的 17.2.2.11 节可以查看各个汇编指令的详细信息。关于 CPU 初始时状态,可以参看 10.1 节和 10.2 节。阅读第 14 章可以了解更多关于实模式的信息。

第 11 章 实验 3 进程的创建

实验性质：验证
建议学时：2 学时

【实验目的】

- 练习使用 EOS API 函数 CreateProcess 创建一个进程，掌握创建进程的方法，理解进程和程序的区别。
- 调试跟踪 CreateProcess 函数的执行过程，了解进程的创建过程，理解进程是资源分配的单位。

【预备知识】

阅读本书 5.1 节，重点理解程序和进程的关系，熟悉进程控制块结构体以及进程创建的过程。仔细学习 CreateProcess 函数和其他与创建进程相关的函数说明，注意理解这些函数的参数和返回值的意义。

【实验内容】

1. 准备实验

按照下面的步骤准备本次实验：

（1）启动 OS Lab。

（2）新建一个 EOS Kernel 项目。

（3）分别使用 Debug 配置和 Release 配置生成此项目，从而在该项目文件夹中生成完全版本的 EOS SDK 文件夹。

（4）新建一个 EOS 应用程序项目。

（5）使用在第（3）步生成的 SDK 文件夹覆盖 EOS 应用程序项目文件夹中的 SDK 文件夹。

2. 练习使用控制台命令创建 EOS 应用程序的进程

练习使用控制台命令创建 EOS 应用程序进程的具体步骤如下：

（1）在 EOS 应用程序项目的"项目管理器"窗口中双击 Floppy. img 文件，使用 FloppyImageEditor 工具打开此软盘镜像文件。

（2）将本实验文件夹中的 Hello. exe 文件拖动到 FloppyImageEditor 工具窗口的文件列表中释放，Hello. exe 文件即被添加到软盘镜像文件中。Hello. exe 一个 EOS 应用程序，其源代码可以参见本实验文件夹中的 Hello. c 源文件。

（3）在 FloppyImageEditor 中选择"文件"菜单中的"保存"后关闭 FloppyImageEditor。

（4）按 F7 键生成 EOS 应用项目。

（5）按 F5 键启动调试。OS Lab 会弹出一个调试异常对话框，并中断应用程序的执行。

（6）在调试异常对话框中选择"否"，忽略异常继续执行应用程序。

（7）激活虚拟机窗口，待该应用程序执行完毕后，在 EOS 的控制台中输入命令 A:\Hello.exe 后回车。

（8）Hello.exe 应用程序开始执行，观察其输出如图 11-1 所示。

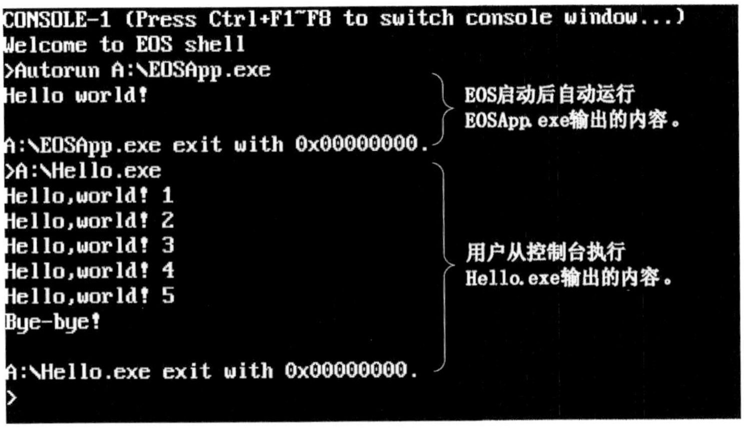

图 11-1　使用控制台命令创建 EOS 应用程序的进程

（9）待 Hello.exe 执行完毕后可以重复第（7）步，或者结束此次调试。

3. 练习通过编程的方式让应用程序创建另一个应用程序的进程

使用 OS Lab 打开本实验文件夹中的 NewProc.c 文件（将此文件拖动到 OS Lab 窗口中释放即可），仔细阅读此文件中的源代码和注释，main 函数的流程图可以参见图 11-3。

按照下面的步骤查看应用程序创建另一个应用程序的进程的执行结果：

（1）使用 NewProc.c 文件中的源代码替换之前创建的 EOS 应用程序项目中的 EOSApp.c 文件内的源代码。

（2）按 F7 键生成修改后的 EOS 应用程序项目。

（3）按 F5 键启动调试。OS Lab 会首先弹出一个调试异常对话框。

（4）在调试异常对话框中选择"否"，继续执行。

（5）激活虚拟机窗口查看应用程序输出的内容，如图 11-2 所示。结合图 11-1，可以看到父进程（EOSApp.exe）首先开始执行并输出内容，父进程创建了子进程（Hello.exe）后，

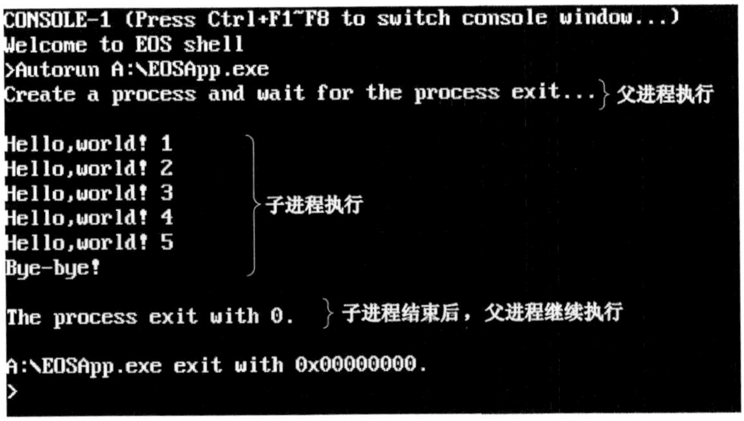

图 11-2　应用程序创建另一个应用程序的进程的执行结果

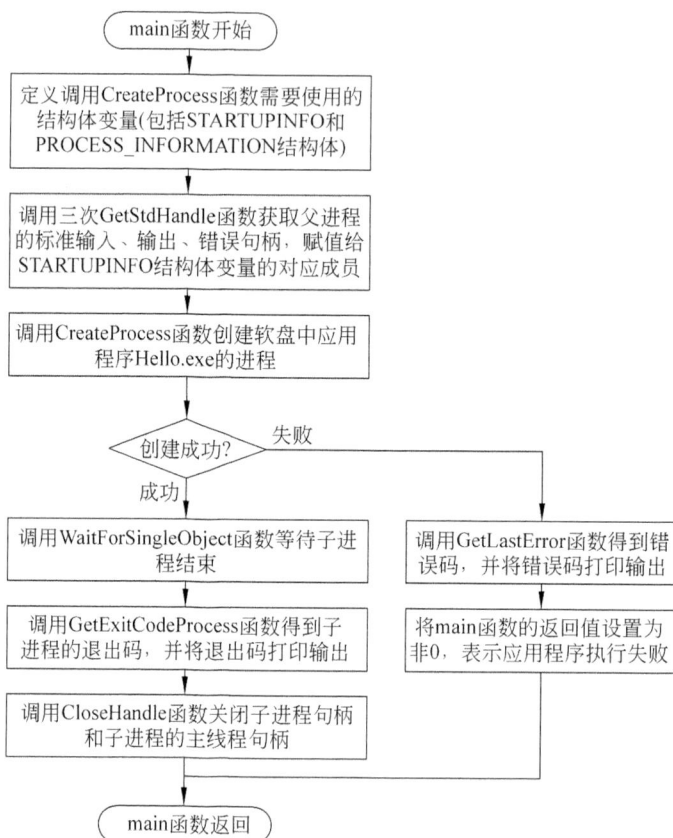

图 11-3　main 函数流程图

子进程开始执行并输出内容,待子进程结束后父进程再继续执行。

（6）结束此次调试。

4. 调试 CreateProcess 函数

按照下面的步骤调试 CreateProcess 函数创建进程的过程:

（1）按 F5 键启动调试 EOS 应用程序,OS Lab 会首先弹出一个调试异常对话框。

（2）选择"是"调试异常,调试会中断。

（3）在 main 函数中调用 CreateProcess 函数的代码行(第 57 行)添加一个断点。

（4）按 F5 键继续调试,在断点处中断。

（5）按 F11 键调试进入 CreateProcess 函数。此时已经开始进入 EOS 内核进行调试,可以参见图 11-4。

从图 11-4 中可以看到,当 EOS 应用程序 eosapp. exe 存储在软盘上的时候,它是静态的,只包含应用程序的指令和数据。而创建进程后,进程不但包含应用程序的指令和数据,也会包含操作系统内核(kernel. dll)的指令和数据(参见图 5-1)。同时,图 11-4 也说明了一个进程可以包含多个程序,该进程包含了 eosapp. exe 和 kernel. dll 两个程序。

可以按照下面的步骤分别验证应用程序和操作系统内核在进程的 4GB 虚拟地址空间中所处的位置:

（1）由于此时在内核的 CreateProcess 函数内中断执行,所以在"调试"菜单的"窗口"中

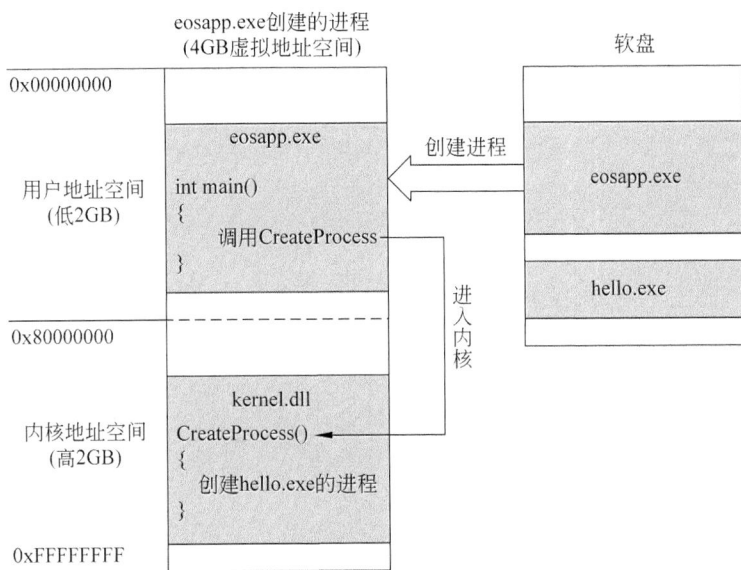

图 11-4　EOS 应用程序 eosapp.exe 创建的进程

选择"反汇编",会在"反汇编"窗口中显示 CreateProcess 函数的指令对应的反汇编代码。"反汇编"窗口的左侧显示的是指令所在的虚拟地址。可以看到所有指令的虚拟地址都大于 0x80000000,说明内核(kernel.dll)处于高 2GB 的虚拟地址空间中。

（2）在"调用堆栈"窗口中双击 main 函数项,设置 main 函数的调用堆栈帧为活动的。在"反汇编"窗口中查看 main 函数的指令所在的虚拟地址都是小于 0x80000000,说明应用程序(eosapp.exe)处于低 2GB 的虚拟地址空间中。

（3）在"调用堆栈"窗口中双击 CreateProcess 函数项,重新设置 CreateProcess 函数的调用堆栈帧为活动的。关闭"反汇编"窗口。

接下来观察 eosapi.c 文件中 CreateProcess 函数的源代码,可以看到此函数只是调用了 EOS 内核函数 PsCreateProcess 并将创建进程所用到的参数传递给了此函数。所以,按 F11 键可以调试进入 create.c 文件中的 PsCreateProcess 函数,在此函数中才开始执行创建进程的各项操作。

5. 调试 PsCreateProcess 函数

创建进程最主要的操作就是创建进程控制块(PCB),并初始化其中的各种信息(也就是为进程分配各种资源)。所以在 PsCreateProcess 函数中首先调用了 PspCreateProcessEnvironment 函数创建进程控制块。

调试 PspCreateProcessEnvironment 函数的步骤如下:

（1）在 PsCreateProcess 函数中找到调用 PspCreateProcessEnvironment 函数的代码行(create.c 文件的第 163 行),并在此行添加一个断点。

（2）按 F5 键继续调试,到此断点处中断。

（3）按 F11 键调试进入 PspCreateProcessEnvironment 函数。

由于 PspCreateProcessEnvironment 函数的主要功能是创建进程控制块并初始化其中的部分信息,所以在此函数的开始,定义了一个进程控制块的指针变量 NewProcess。在此

函数中查找创建进程控制块的代码行(create.c 文件的第 418 行)

```
Status=ObCreateObject(PspProcessType,
                      NULL,
                      sizeof(PROCESS)+ImageNameSize+CmdLineSize,
                      0,
                      (PVOID*)&NewProcess);
```

这里的 ObCreateObject 函数会在由 EOS 内核管理的内存中创建了一个新的进程控制块（也就是分配了一块内存），并由 NewProcess 返回进程控制块的指针（也就是所分配内存的起始地址）。

按照下面的步骤调试进程控制块的创建过程：

（1）在调用 ObCreateObject 函数的代码行(create.c 文件的第 418 行)添加一个断点。

（2）按 F5 键继续调试，到此断点处中断。

（3）按 F10 键执行此函数后中断。

（4）此时为了查看进程控制块中的信息，将表达式 ∗NewProcess 添加到"监视"窗口中。

（5）将鼠标移动到"监视"窗口中此表达式的"值"属性上，会弹出一个临时窗口，在临时窗口中会按照进程控制块的结构显示各个成员变量的值（可以参考 PROCESS 结构体的定义）。由于只是新建了进程控制块，还没有初始化其中成员变量，所以值都为 0。

接下来调试初始化进程控制块中各个成员变量的过程：

（1）首先创建进程的地址空间，即 4GB 虚拟地址空间。在代码行(create.c 文件的第 437 行)

```
NewProcess->Pas=MmCreateProcessAddressSpace();
```

添加一个断点。

（2）按 F5 键继续调试，到此断点处中断。

（3）按 F10 键执行此行代码后中断。

（4）在"监视"窗口中查看进程控制块的成员变量 Pas 的值已经不再是 0。说明已经初始化了进程的 4GB 虚拟地址空间。

（5）使用 F10 键一步步调试 PspCreateProcessEnvironment 函数中后面的代码，在调试的过程中根据执行的源代码，查看"监视"窗口中 ∗NewProcess 表达式的值，观察进程控制块中哪些成员变量是被哪些代码初始化的，哪些成员变量还没有被初始化。

（6）当从 PspCreateProcessEnvironment 函数返回到 PsCreateProcess 函数后，停止按 F10 键。此时"监视"窗口中已经不能再显示表达式 ∗NewProcess 的值了，在 PsCreateProcess 函数中是使用 ProcessObject 指针指向进程控制块的，所以将表达式 ∗ProcessObject 添加到"监视"窗口中就可以继续观察新建进程控制块中的信息。

（7）接下来继续使用 F10 键一步步调试 PsCreateProcess 函数中的代码，同样要注意观察执行后的代码修改了进程控制块中的哪些成员变量。当调试到 PsCreateProcess 函数的最后一行代码时，查看进程控制块中的信息，此时所有的成员变量都已经被初始化了（注意观察成员 ImageName 的值）。

（8）按 F5 键继续执行，EOS 内核会为刚刚初始化完毕的进程控制块新建一个进程。激活虚拟机窗口查看新建进程执行的结果。

（9）在 OS Lab 中选择"调试"菜单中的"停止调试"结束此次调试。

（10）选择"调试"菜单中的"删除所有断点"。

尝试根据之前对 PsCreateProcess 函数和 PspCreateProcessEnvironment 函数执行过程的跟踪调试，绘制一幅进程创建过程的流程图。

6. 练习通过编程的方式创建应用程序的多个进程

使用 OS Lab 打开本实验文件夹中的参考源代码文件 NewTwoProc.c，仔细阅读此文件中的源代码。使用 NewTwoProc.c 文件中的源代码替换 EOS 应用程序项目中 EOSApp.c 文件内的源代码，生成后启动调试，查看多个进程并发执行的结果。

多个进程并发时，EOS 操作系统中运行的用户进程可以参见图 11-5。验证一个程序（hello.exe）可以同时创建多个进程。

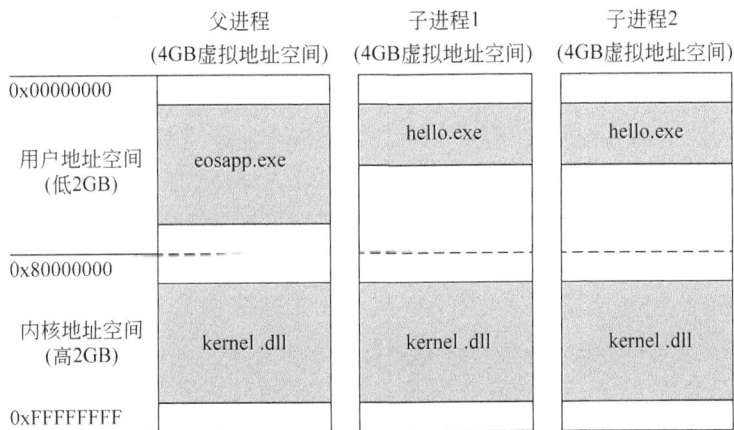

图 11-5　同时创建应用程序的多个进程

【思考与练习】

（1）在源代码文件 NewTwoProc.c 提供的源代码基础上进行修改，要求使用 hello.exe 同时创建 10 个进程。提示：可以使用 PROCESS_INFORMATION 类型定义一个有 10 个元素的数组，每一个元素对应一个进程。使用一个循环创建 10 个子进程，然后再使用一个循环等待 10 个子进程结束，得到退出码后关闭句柄。

（2）学习本书 5.2 节，了解关于线程的相关知识，然后尝试调试 PspCreateThread 函数，观察线程控制块（TCB）初始化的过程。

（3）在 PsCreateProcess 函数中调用了 PspCreateProcessEnvironment 函数后又先后调用了 PspLoadProcessImage 和 PspCreateThread 函数，学习这些函数的主要功能。能够交换这些函数被调用的顺序吗？思考其中的原因。

第 12 章 实验 4 线程的状态和转换

实验性质：验证＋设计

建议学时：2 学时

【实验目的】

- 调试线程在各种状态间的转换过程，熟悉线程的状态和转换。
- 通过为线程增加挂起状态，加深对线程状态的理解。

【预备知识】

阅读本书 5.2.3 节，了解线程都有哪些状态以及 EOS 是如何定义这些状态的。了解线程是如何在这些状态之间进行转换的，特别是要阅读一下 EOS 中用于线程转换的相关函数的源代码。阅读本书 5.2.4 节，了解 EOS 为线程添加的挂起状态，以及 Suspend 和 Resume 原语操作。线程状态的转换和线程的同步、线程的调度是不可分割的，所以建议读者简单学习一下 5.3 节和 5.4 节中的内容。

此外，由于本实验需要观察"控制台派遣线程"在不同状态间的转换过程，所以读者也需要对该线程有一个简单的了解。控制台派遣线程作为一个系统线程（优先级为 24），在 EOS 启动后就会被创建，但是该线程绝大部分时间都处于阻塞状态，只有当发生键盘事件（例如键被按下）时才会被唤醒，当该线程将键盘事件派遣到当前活动的控制台后，该线程就会重新回到阻塞状态等待下一个键盘事件到来。该线程的线程函数是文件 io/console.c 中的 IopConsoleDispatchThread 函数（第 567 行）。

【实验内容】

1. 准备实验

按照下面的步骤准备实验：

（1）启动 OS Lab。

（2）新建一个 EOS Kernel 项目。

2. 调试线程状态的转换过程

在本练习中，会在与线程状态转换相关的函数中添加若干个断点，并引导读者单步调试这些函数，使读者对 EOS 中的下列线程状态转换过程有一个全面的认识：

- 线程由阻塞状态进入就绪状态。
- 线程由运行状态进入就绪状态。
- 线程由就绪状态进入运行状态。
- 线程由运行状态进入阻塞状态。

为了完成这个练习，EOS 准备了一个控制台命令 loop，这个命令的命令函数是 ke/sysproc.c 文件中的 ConsoleCmdLoop 函数（第 797 行），在此函数中使用 LoopThreadFunction

函数(第 755 行)创建了一个优先级为 8 的线程(后面简称为"loop 线程"),该线程会在控制台中不停地(死循环)输出该线程的 ID 和执行计数,执行计数会不停地增长以表示该线程在不停地运行。可以按照下面的步骤查看 loop 命令执行的效果:

(1) 按 F7 键生成在上面创建的 EOS Kernel 项目。

(2) 按 F5 键启动调试。

(3) 待 EOS 启动完毕,在 EOS 控制台中输入命令 loop 后按回车。

(4) 结束此次调试。

loop 命令执行的效果可以参见图 12-1。

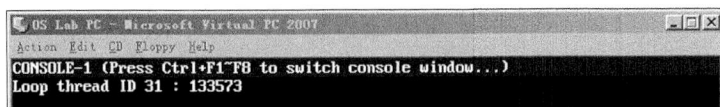

图 12-1　loop 命令执行的效果

接下来按照下面的步骤调试线程状态转换的过程:

(1) 在 ke/sysproc.c 文件的 LoopThreadFunction 函数中,开始死循环的代码行(第787 行)添加一个断点。

(2) 按 F5 键启动调试。

(3) 待 EOS 启动完毕,在 EOS 控制台中输入命令 loop 后按回车。

EOS 会在断点处中断执行,表明 loop 线程已经开始死循环了。此时,EOS 中所有的系统线程要么处于就绪状态(其优先级一定小于 8,例如系统空闲线程),要么就处于阻塞状态(例如控制台派遣线程或控制台线程),所以,只有优先级为 8 的 loop 线程能够在处理器上执行。

接下来按照下面的步骤对断点进行一些调整。

(1) 删除所有断点。

(2) 打开 ps/sched.c 文件,在与线程状态转换相关的函数中添加断点,这样,一旦有线程的状态发生改变,EOS 会中断执行,就可以观察线程状态转换的详细过程。需要添加的断点有:

• 在 PspReadyThread 函数体中添加一个断点(第 130 行)。

• 在 PspUnreadyThread 函数体中添加一个断点(第 158 行)。

• 在 PspWait 函数体中添加一个断点(第 223 行)。

• 在 PspUnwaitThread 函数体中添加一个断点(第 282 行)。

• 在 PspSelectNextThread 函数体中添加一个断点(第 395 行)。

(3) 按 F5 键继续执行,然后激活虚拟机窗口。

此时在虚拟机窗口中会看到 loop 线程在不停地执行,而之前添加的断点都没有被命中,说明此时还没有任何线程的状态发生改变。

在开始观察线程状态转换过程之前还有必要做一个说明。在后面的练习中,会在 loop 线程执行的过程中按一次空格键,这会导致 EOS 依次执行下面的操作:

(1) 控制台派遣线程被唤醒,由阻塞状态进入就绪状态。

(2) loop 线程由运行状态进入就绪状态。

（3）控制台派遣线程由就绪状态进入运行状态。

（4）待控制台派遣线程处理完毕由于空格键被按下而产生的键盘事件后，派遣线程会由运行状态重新进入阻塞状态，开始等待下一个键盘事件到来。

（5）loop 线程由就绪状态进入运行状态，继续执行死循环。

1）线程由阻塞状态进入就绪状态

按照下面的步骤调试线程状态转换的过程：

（1）在虚拟机窗口中按下一次空格键。

（2）此时 EOS 会在 PspUnwaitThread 函数中的断点处中断。在"调试"菜单中选择"快速监视"，在快速监视对话框的表达式编辑框中输入表达式 * Thread，然后单击"重新计算"按钮，即可查看线程控制块（TCB）中的信息。其中 State 域的值为 3（Waiting），双向链表项 StateListEntry 的 Next 和 Prev 指针的值都不为 0，说明这个线程还处于阻塞状态，并在某个同步对象的等待队列中；StartAddr 域的值为 IopConsoleDispatchThread，说明这个线程就是控制台派遣线程。

（3）关闭快速监视对话框，激活"调用堆栈"窗口。根据当前的调用堆栈，可以看到是由键盘中断服务程序（KdbIsr）进入的。当按空格键后，就会发生键盘中断，从而触发键盘中断服务程序。在该服务程序的最后会唤醒控制台派遣线程，将键盘事件派遣到活动的控制台。

（4）在"调用堆栈"窗口中双击 PspWakeThread 函数对应的堆栈项。可以看到在此函数中连续调用了 PspUnwaitThread 函数和 PspReadyThread 函数，从而使处于阻塞状态的控制台派遣线程进入就绪状态。

（5）在"调用堆栈"窗口中双击 PspUnwaitThread 函数对应的堆栈项，先来看看此函数是如何改变线程状态的。按 F10 键单步调试直到此函数的最后，然后再从快速监视对话框中观察 * Thread 表达式的值。此时 State 域的值为 0（Zero），双向链表项 StateListEntry 的 Next 和 Prev 指针的值都为 0，说明这个线程已经处于游离状态，并已不在任何线程状态的队列中。仔细阅读 PspUnwaitThread 函数中的源代码，理解这些源代码是如何改变线程状态的。

（6）按 F5 键继续执行，在 PspReadyThread 函数中的断点处中断。按 F10 键单步调试直到此函数的最后，然后再从快速监视对话框中观察 * Thread 表达式的值。此时 State 域的值为 1（Ready），双向链表项 StateListEntry 的 Next 和 Prev 指针的值都不为 0，说明这个线程已经处于就绪状态，并已经被放入优先级为 24 的就绪队列中。仔细阅读 PspReadyThread 函数中的源代码，理解这些源代码是如何改变线程状态的。

通过以上的调试，可以将线程由阻塞状态进入就绪状态的步骤总结如下：

① 将线程从等待队列中移除。

② 将线程的状态由 Waiting 修改为 Zero。

③ 将线程插入其优先级对应的就绪队列的队尾。

④ 将线程的状态由 Zero 修改为 Ready。

至此，控制台派遣线程已经进入就绪状态了，因为其优先级（24）比当前处于运行状态的 loop 线程的优先级（8）要高，根据 EOS 已实现的基于优先级的抢先式调度算法，loop 线程会进入就绪状态，控制台派遣线程会抢占处理器从而进入运行状态。接下来调试这两个转换过程。

2）线程由运行状态进入就绪状态

按照下面的步骤调试线程状态转换的过程：

（1）按 F5 键继续执行，在 PspSelectNextThread 函数中的断点处中断。在快速监视对话框中查看 * PspCurrentThread 表达式的值，观察当前占用处理器的线程的情况。其中 State 域的值为 2(Running)，双向链表项 StateListEntry 的 Next 和 Prev 指针的值都为 0，说明这个线程仍然处于运行状态，由于只能有一个处于运行状态的线程，所以这个线程不在任何线程状态的队列中；StartAddr 域的值为 LoopThreadFunction，说明这个线程就是 loop 线程。注意，在本次断点被命中之前，loop 线程就已经被中断执行了，并且其上下文已经保存在线程控制块中。

（2）按 F10 键单步调试，直到对当前线程的操作完成（也就是花括号中的操作完成）。再从快速监视对话框中查看 * PspCurrentThread 表达式的值。其中 State 域的值为 1(Ready)，双向链表项 StateListEntry 的 Next 和 Prev 指针的值都不为 0，说明 loop 线程已经进入就绪状态，并已经被放入优先级为 8 的就绪队列中。仔细阅读 PspSelectNextThread 函数这个花括号中的源代码，理解这些源代码是如何改变线程状态的，并与 PspReadyThread 函数中的源代码进行比较，说明这两段源代码的异同，体会为什么在这里不能直接调用 PspReadyThread 函数。

通过以上的调试，可以将线程由运行状态进入就绪状态的步骤总结如下：

① 线程中断运行，将线程中断运行时的上下文保存到线程控制块中。

② 如果处于运行状态的线程被更高优先级的线程抢先，就需要将该线程插入其优先级对应的就绪队列的队首（注意，如果处于运行状态的线程主动让出处理器，例如时间片用完，就需要将线程插入其优先级对应的就绪队列的队尾。）

③ 将线程的状态由 Running 修改为 Ready。

至此，loop 线程已经进入就绪状态了，接下来调试控制台派遣线程会得到处理器进入运行状态的过程。

3）线程由就绪状态进入运行状态

按照下面的步骤调试线程状态转换的过程：

（1）按 F5 键继续执行，在 PspUnreadyThread 函数中的断点处中断。在快速监视对话框中查看 * Thread 表达式的值。其中 State 域的值为 1(Ready)，双向链表项 StateListEntry 的 Next 和 Prev 指针的值都不为 0，说明这个线程处于就绪状态，并在优先级为 24 的就绪队列中；StartAddr 域的值为 IopConsoleDispatchThread，说明这个线程就是控制台派遣线程。仔细阅读 PspUnreadyThread 函数中的源代码，理解这些源代码是如何改变线程状态的。

（2）关闭快速监视对话框，在"调用堆栈"窗口中激活 PspSelectNextThread 函数对应的堆栈项，可以看到在 PspSelectNextThread 函数中已经将 PspCurrentThread 全局指针指向了控制台派遣线程，并在调用 PspUnreadyThread 函数后，将当前线程的状态改成了 Running。

（3）在"调用堆栈"窗口中激活 PspUnreadyThread 函数对应的堆栈项，然后按 F10 键单步调试，直到返回 PspSelectNextThread 函数并将线程状态修改为 Running。再从快速监视对话框中查看 * PspCurrentThread 表达式的值，观察当前占用处理器的线程情况。其中 State 域的值为 2(Running)，双向链表项 StateListEntry 的 Next 和 Prev 指针的值都为

0,说明控制台派遣线程已经处于运行状态了。接下来,会将该线程的上下文从线程控制块(TCB)复制到处理器的各个寄存器中,处理器就可以从该线程上次停止运行的位置继续运行了。

通过以上的调试,可以将线程由就绪状态进入运行状态的步骤总结如下:

① 将线程从其优先级对应的就绪队列中移除。

② 将线程的状态由 Ready 修改为 Zero。

③ 将线程的状态由 Zero 修改为 Running。

④ 将线程的上下文从线程控制块(TCB)复制到处理器的各个寄存器中,让线程从上次停止运行的位置继续运行。

至此,控制台派遣线程已经开始运行了。因为此时没有比控制台派遣线程优先级更高的线程来抢占处理器,所以控制台派遣线程可以一直运行,直到将此次由于空格键被按下而产生的键盘事件处理完毕,然后控制台派遣线程会由运行状态重新进入阻塞状态,开始等待下一个键盘事件到来。

4)线程由运行状态进入阻塞状态

按照下面的步骤调试线程状态转换的过程:

(1)按 F5 键继续执行,在 PspWait 函数中的断点处中断。在快速监视对话框中查看 *PspCurrentThread 表达式的值,观察当前占用处理器的线程情况。其中 State 域的值为 2(Running),双向链表项 StateListEntry 的 Next 和 Prev 指针的值都为 0,说明这个线程仍然处于运行状态;StartAddr 域的值为 IopConsoleDispatchThread,说明这个线程就是控制台派遣线程。

(2)按 F10 键单步调试,直到左侧的黄色箭头指向代码第 248 行。再从快速监视对话框中查看 *PspCurrentThread 表达式的值。其中 State 域的值为 3(Waiting),双向链表项 StateListEntry 的 Next 和 Prev 指针的值都不为 0,说明控制台派遣线程已经处于阻塞状态了,并在某个同步对象的等待队列中。第 248 行代码可以触发线程调度功能,会中断执行当前已经处于阻塞状态的控制台派遣线程,并将处理器上下文保存到该线程的线程控制块中。

通过以上的调试,可以将线程由运行状态进入阻塞状态的步骤总结如下:

① 将线程插入等待队列的队尾。

② 将线程的状态由 Running 修改为 Waiting。

③ 将线程中断执行,并将处理器上下文保存到该线程的线程控制块中。

至此,控制台派遣线程已经进入阻塞状态了。因为此时 loop 线程是就绪队列中优先级最高的线程,线程调度功能会选择让 loop 线程继续执行。按照下面的步骤调试线程状态转换的过程:

(1)按 F5 键继续执行,与前述的从就绪进入运行的情况相同,只不过这次变为 loop 线程由就绪状态进入运行状态。

(2)再按 F5 键继续执行,EOS 不会再被断点中断。激活虚拟机窗口,可以看到 loop 线程又开始不停地执行死循环。

(3)可以再次按空格键,将以上的调试步骤重复一遍。这次调试的速度可以快一些,仔细体会线程状态转换的过程。

3. 为线程增加挂起状态

EOS 已经实现了一个 suspend 命令,其命令函数为 ConsoleCmdSuspendThread(在 ke/sysproc.c 文件的第 843 行)。在这个命令中调用了 Suspend 原语(在 ps/psspnd.c 文件第 27 行的 PsSuspendThread 函数中实现)。Suspend 原语可以将一个处于就绪状态的线程挂起。以 loop 线程为例,当使用 suspend 命令将其挂起时,loop 线程的执行计数就会停止增长。按照下面的步骤观察 loop 线程被挂起的情况:

(1) 删除之前添加的所有断点。

(2) 按 F5 键启动调试。

(3) 待 EOS 启动完毕,在 EOS 控制台中输入命令 loop 后按回车。此时可以看到 loop 线程的执行计数在不停增长,说明 loop 线程正在执行。记录 loop 线程的 ID。

(4) 按 Ctrl+F2 键切换到控制台 2,输入命令 suspend 31(如果 loop 线程的 ID 是 31)后按回车。命令执行成功的结果如图 12-2 所示。

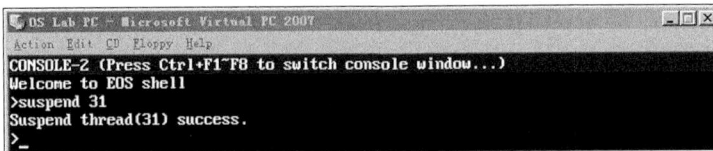

图 12-2 suspend 命令执行的效果

(5) 按 Ctrl+1 键切换回控制台 1,可以看到由于 loop 线程已经成功被挂起,其执行计数已经停止增长了。此时占用处理器的是 EOS 中的空闲线程。

1) 要求

EOS 已经实现了一个 resume 命令,其命令函数为 ConsoleCmdResumeThread(在 ke/sysproc.c 文件的第 898 行)。在这个命令中调用了 Resume 原语(在 ps/psspnd.c 文件第 87 行的 PsResumThread 函数中实现)。Resume 原语可以将一个被 Suspend 原语挂起的线程(处于静止就绪状态)恢复为就绪状态。但是 PsResumThread 函数中的这部分代码(第 119 行)还没有实现,要求读者在这个练习中完成这部分代码。

2) 测试方法

待读者完成 Resume 原语后,可以先使用 suspend 命令挂起 loop 线程,然后在控制台 2 中输入命令 Resume 31(如果 loop 线程的 ID 是 31)按回车。命令执行成功的结果如图 12-3 所示。如果切换回控制台 1 后,发现 loop 线程的执行计数恢复增长就说明 Resume 原语可以正常工作了。当然,也可以在控制台 2 中反复交替使用 suspend 和 resume 命令进行测试。

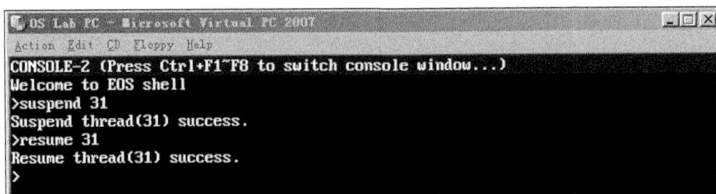

图 12-3 resume 命令执行的效果

3）提示

在开始动手完成 Resume 原语之前,可以先认真阅读文件 ps/psspnd.c 中的源代码,也可以在 PsSuspendThread 函数体中添加一个断点,然后通过执行 suspend 命令挂起 loop 线程的方法调试一下 PsSuspendThread 函数,加深对 Resum 原语的理解。

在 PsResumThread 函数第 119 行需要添加的代码的流程可以是:

（1）调用 ListRemoveEntry 函数将线程从挂起线程队列中移除。

（2）调用 PspReadyThread 函数将线程恢复为就绪状态。

（3）调用 PspThreadSchedule 宏函数执行线程调度,让刚刚恢复的线程有机会执行。

【思考与练习】

（1）思考一下,在本实验中,当 loop 线程处于运行状态时,EOS 中还有哪些线程,它们分别处于什么状态。可以使用控制台命令 pt 查看线程的状态。

（2）当 loop 线程在控制台 1 中执行,并且在控制台 2 中执行 suspend 命令时,为什么控制台 1 中的 loop 线程处于就绪状态而不是运行状态?

（3）在本实验 3.2 节中只调试了图 5-3 中显示的最主要的 4 种转换过程,对于线程由新建进入就绪状态,或者由任意状态进入结束状态的转换过程还没有调试,请读者找到这两个转换过程执行的源代码,自己练习调试。

（4）总结一下在图 5-3 中显示的转换过程,哪些需要使用线程控制块中的上下文(将线程控制块中的上下文恢复到处理器中,或者将处理器的状态复制到线程控制块的上下文中),哪些不需要使用,并说明原因。

（5）在本实验 3.2 节中总结的所有转换过程都是分步骤进行的,为了确保完整性,显然这些转换过程是不应该被打断的,也就是说这些转换过程都是原语操作(参见本书 2.6 节)。请读者找出这些转换过程的原语操作(关中断和开中断)是在哪些代码中完成的(提示,重新调试这些转换过程,可以在调用堆栈窗口列出的各个函数中逐级查找关中断和开中断的代码)。

（6）修改 EOS 源代码,对已经实现的线程的挂起状态进行改进。首先,不再使用 Zero 状态表示静止就绪状态,在枚举类型 THREAD_STATE 中定义一个新的项目来表示静止就绪状态,并对 PsSuspendThread 函数进行适当修改。其次,处于阻塞状态和运行状态的线程也应该可以被挂起并被恢复,读者可以参考 5.2.4 节中的内容以及图 5-5 完成此项改进。注意要设计一些方案对所修改的代码进行全面的测试,保证所做的改进是正确的。如果完成了以上改进,请思考一下控制台命令 pt 需要进行哪些相应的修改?

第 13 章 实验 5 进程的同步

实验性质：验证＋设计

建议学时：2 学时

【实验目的】

- 使用 EOS 的信号量，编程解决生产者-消费者问题，理解进程同步的意义。
- 调试跟踪 EOS 信号量的工作过程，理解进程同步的原理。
- 修改 EOS 的信号量算法，使之支持等待超时唤醒功能（有限等待），加深理解进程同步的原理。

【预备知识】

阅读本书 5.3 节，学习 EOS 内核提供的 3 种同步对象（该实验没有涉及 Event 同步对象）。重点理解各种同步对象的状态与使用方式。同时学习经典的生产者-消费者问题。

阅读 5.2 节，学习在 EOS 应用程序中调用 EOS API 函数 CreateThread 创建线程的方法。

【实验内容】

1. 准备实验

按照下面的步骤准备本次实验：

（1）启动 OS Lab。

（2）新建一个 EOS Kernel 项目。

（3）生成 EOS Kernel 项目，从而在该项目文件夹中生成 SDK 文件夹。

（4）新建一个 EOS 应用程序项目。

（5）使用在第 3 步生成的 SDK 文件夹覆盖 EOS 应用程序项目文件夹中的 SDK 文件夹。

2. 使用 EOS 的信号量解决生产者-消费者问题

在本实验文件夹中，提供了使用 EOS 的信号量解决生产者-消费者问题的参考源代码文件 pc. c。使用 OS Lab 打开此文件（将文件拖动到 OS Lab 窗口中释放即可打开），仔细阅读此文件中的源代码和注释，各个函数的流程图可以参见图 13-1。思考在两个线程函数（Producer 和 Consumer）中，哪些是临界资源？哪些代码是临界区？哪些代码是进入临界区？哪些代码是退出临界区？进入临界区和退出临界区的代码是否成对出现？

按照下面的步骤查看生产者-消费者同步执行的过程：

（1）使用 pc. c 文件中的源代码，替换之前创建的 EOS 应用程序项目中 EOSApp. c 文件内的源代码。

（2）按 F7 键生成修改后的 EOS 应用程序项目。

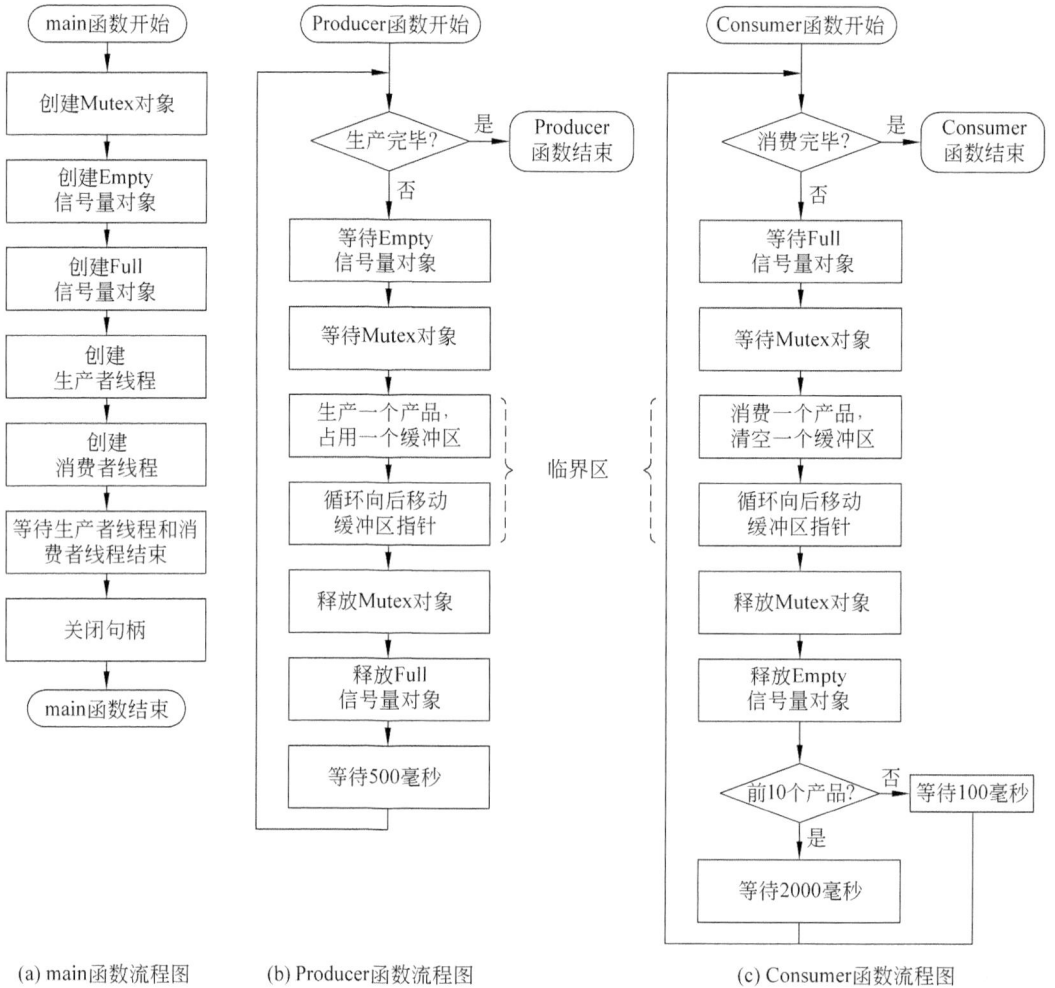

(a) main函数流程图　　(b) Producer函数流程图　　(c) Consumer函数流程图

图 13-1　生产者-消费者同步执行的过程

（3）按 F5 键启动调试。OS Lab 会首先弹出一个调试异常对话框。

（4）在调试异常对话框中选择"否"，继续执行。

（5）立即激活虚拟机窗口查看生产者-消费者同步执行的过程，如图 13-2 所示。

（6）待应用程序执行完毕后，结束此次调试。

仔细观察执行的结果，并结合源代码思考下面的问题：

- 生产者线程和消费者线程是如何使用 Mutex、Empty 信号量和 Full 信号量实现同步的？在两个线程函数中对这三个同步对象的操作能够改变顺序吗？
- 生产者在生产了 13 号产品后本来要继续生产 14 号产品，可此时生产者为什么必须等待消费者消费了 4 号产品后，才能生产 14 号产品呢？生产者和消费者是怎样使用同步对象实现该同步过程的呢（提示：在后面会详细地调试该同步过程）？

3. 调试 EOS 信号量的工作过程

1）创建信号量

信号量结构体（Semaphore）中的各个成员变量是由 API 函数 CreateSemaphore 的对应

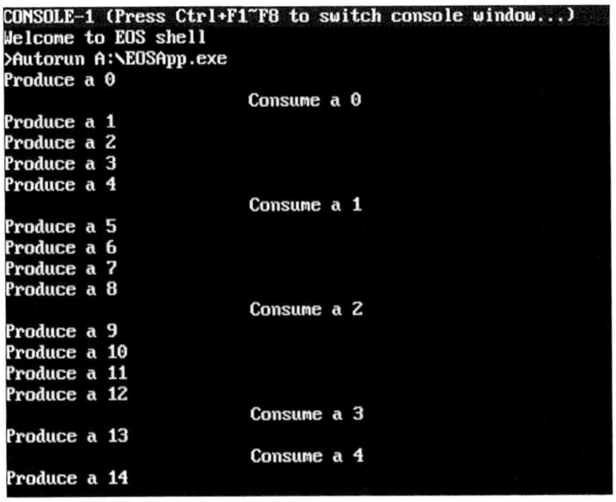

图 13-2 生产者-消费者同步执行的过程

参数初始化的,查看 main 函数中创建 Empty 和 Full 信号量使用的参数有哪些不同,又有哪些相同,思考其中的原因。

按照下面的步骤调试信号量创建的过程:

(1) 按 F5 键启动调试 EOS 应用项目。OS Lab 会首先弹出一个调试异常对话框。

(2) 在调试异常对话框中选择"是",调试会中断。

(3) 在 main 函数中创建 Empty 信号量的代码行(第 77 行)

```
EmptySemaphoreHandle=CreateSemaphore(BUFFER_SIZE, BUFFER_SIZE, NULL);
```

添加一个断点。

(4) 按 F5 键继续调试,到此断点处中断。

(5) 按 F11 键调试进入 CreateSemaphore 函数。可以看到此 API 函数只是调用了 EOS 内核中的 PsCreateSemaphoreObject 函数创建信号量对象。

(6) 按 F11 键调试进入 semaphore.c 文件中的 PsCreateSemaphoreObject 函数。在此函数中,会在 EOS 内核管理的内存中创建一个信号量对象(分配一块内存),而初始化信号量对象中各个成员的操作是在 PsInitializeSemaphore 函数中完成的。

(7) 在 semaphore.c 文件的顶部查找到 PsInitializeSemaphore 函数的定义(第 19 行),在此函数的第一行(第 39 行)代码处添加一个断点。

(8) 按 F5 键继续调试,到断点处中断。观察 PsInitializeSemaphore 函数中用来初始化信号量结构体成员的值,应该和传入 CreateSemaphore 函数的参数值是一致的。

(9) 按 F10 键单步调试 PsInitializeSemaphore 函数执行的过程,查看信号量结构体被初始化的过程。打开"调用堆栈"窗口,查看函数的调用层次。

2) 等待、释放信号量

(1) 等待信号量(不阻塞)。

生产者和消费者刚开始执行时,用来放产品的缓冲区都是空的,所以生产者在第一次调用 WaitForSingleObject 函数等待 Empty 信号量时,应该不需要阻塞就可以立即返回。按照下面的步骤调试：

① 删除所有的断点（防止有些断点影响后面的调试）。

② 在 eosapp.c 文件的 Producer 函数中，等待 Empty 信号量的代码行（第 144 行）

```
WaitForSingleObject(EmptySemaphoreHandle, INFINITE);
```

添加一个断点。

③ 按 F5 键继续调试，到断点处中断。

④ WaitForSingleObject 函数最终会调用内核中的 PsWaitForSemaphore 函数完成等待操作。所以，在 semaphore.c 文件中 PsWaitForSemaphore 函数的第一行（第 68 行）添加一个断点。

⑤ 按 F5 键继续调试，到断点处中断。

⑥ 按 F10 键单步调试，直到完成 PsWaitForSemaphore 函数中的所有操作。可以看到此次执行并没有进行等待，只是将 Empty 信号量的计数减少 1（由 10 变为 9）就返回了。

（2）释放信号量（不唤醒）。

① 删除所有的断点（防止有些断点影响后面的调试）。

② 在 eosapp.c 文件的 Producer 函数中，释放 Full 信号量的代码行（第 152 行）

```
ReleaseSemaphore(FullSemaphoreHandle, 1, NULL);
```

添加一个断点。

③ 按 F5 键继续调试，到断点处中断。

④ 按 F11 键调试进入 ReleaseSemaphore 函数。

⑤ 继续按 F11 键调试进入 PsReleaseSemaphoreObject 函数。

⑥ 先使用 F10 键单步调试，当黄色箭头指向第 269 行时使用 F11 键单步调试，进入 PsReleaseSemaphore 函数。

⑦ 按 F10 键单步调试，直到完成 PsReleaseSemaphore 函数中的所有操作。可以看到此次执行没有唤醒其他线程（因为此时没有线程在 Full 信号量上被阻塞），只是将 Full 信号量的计数增加 1（由 0 变为 1）。

生产者线程通过等待 Empty 信号量使空缓冲区数量减少 1，通过释放 Full 信号量使满缓冲区数量增加 1，这样就表示生产者线程生产一个产品并占用一个缓冲区。

（3）等待信号量（阻塞）。

由于开始时生产者线程生产产品的速度较快，而消费者线程消费产品的速度较慢，所以当缓冲池中所有的缓冲区都被产品占用时，生产者在生产新的产品时就会被阻塞，下面调试这种情况。

① 结束之前的调试。

② 删除所有的断点。

③ 按 F5 键重新启动调试。OS Lab 会首先弹出一个调试异常对话框。

④ 在调试异常对话框中选择"是"，调试会中断。

⑤ 在 semaphore.c 文件中的 PsWaitForSemaphore 函数的

```
PspWait(&Semaphore->WaitListHead, INFINITE);
```

代码行(第 78 行)添加一个断点。

⑥ 按 F5 键继续调试,并立即激活虚拟机窗口查看输出。开始时生产者、消费者都不会被信号量阻塞,同步执行一段时间后才在断点处中断。

⑦ 中断后,查看"调用堆栈"窗口,有 Producer 函数对应的堆栈帧,说明此次调用是从生产者线程函数进入的。

⑧ 在"调用堆栈"窗口中双击 Producer 函数所在的堆栈帧,绿色箭头指向等待 Empty 信号量的代码行,查看 Producer 函数中变量 i 的值为 14,表示生产者线程正在尝试生产 14 号产品。

⑨ 在"调用堆栈"窗口中双击 PsWaitForSemaphore 函数的堆栈帧,查看 Empty 信号量计数(Semaphore->Count)的值为 -1,所以会调用 PspWait 函数将生产者线程放入 Empty 信号量的等待队列中进行等待(让出 CPU)。

⑩ 激活虚拟机窗口查看输出的结果。生产从 0~13 的 14 个产品,但是只消费从 0~3 的 4 个产品,所以缓冲池中的 10 个缓冲区就都被占用了,这与之前调试的结果是一致的。

(4) 释放信号量(唤醒)。

只有当消费者线程从缓冲池中消费了一个产品,从而产生一个空缓冲区后,生产者线程才会被唤醒并继续生产 14 号产品。可以按照下面的步骤调试:

① 删除所有断点。

② 在 eosapp.c 文件的 Consumer 函数中,释放 Empty 信号量的代码行(第 180 行)

```
ReleaseSemaphore(EmptySemaphoreHandle, 1, NULL);
```

添加一个断点。

③ 按 F5 键继续调试,到断点处中断。

④ 查看 Consumer 函数中变量 i 的值为 4,说明已经消费了 4 号产品。

⑤ 按照(2)中的方法使用 F10 键和 F11 键调试进入 PsReleaseSemaphore 函数。

⑥ 查看 PsReleaseSemaphore 函数中 Empty 信号量计数(Semaphore->Count)的值为 -1,和生产者线程被阻塞时的值是一致的。

⑦ 按 F10 键单步调试 PsReleaseSemaphore 函数,直到在代码行(第 132 行)

```
PspWakeThread(&Semaphore->WaitListHead, STATUS_SUCCESS);
```

处中断。此时 Empty 信号量计数的值已经由 -1 增加为 0,需要调用 PspWakeThread 函数唤醒阻塞在 Empty 信号量等待队列中的生产者线程(放入就绪队列中),然后调用 PspSchedule 函数执行调度,这样生产者线程就得以继续执行。

按照下面的步骤验证生产者线程被唤醒后,是从之前被阻塞时的状态继续执行的:

① 在 semaphore.c 文件中 PsWaitForSemaphore 函数的最后一行(第 83 行)代码处添加一个断点。

② 按 F5 键继续调试,在断点处中断。

③ 查看 PsWaitForSemaphore 函数中 Empty 信号量计数（Semaphore－＞Count）的值为 0，和生产者线程被唤醒时的值是一致的。

④ 在"调用堆栈"窗口中可以看到是由 Producer 函数进入的。激活 Producer 函数的堆栈帧，查看 Producer 函数中变量 i 的值为 14，表明之前被阻塞的、正在尝试生产 14 号产品的生产者线程已经从 PspWait 函数返回并继续执行。

⑤ 结束此次调试。

4. 修改 EOS 的信号量算法

1）要求

在目前 EOS Kernel 项目的 ps/semaphore.c 文件中，PsWaitForSemaphore 函数的 Milliseconds 参数只能是 INFINITE，PsReleaseSemaphore 函数的 ReleaseCount 参数只能是 1。现在要求同时修改 PsWaitForSemaphore 函数和 PsReleaseSemaphore 函数中的代码，使这两个参数能够真正起到作用，使信号量对象支持等待超时唤醒功能和批量释放功能。

2）提示

修改 PsWaitForSemaphore 函数时要注意：

（1）对于支持等待超时唤醒功能的信号量，其计数值只能是大于等于 0。当计数值大于 0 时，表示信号量为 signaled 状态；当计数值等于 0 时，表示信号量为 nonsignaled 状态。所以，PsWaitForSemaphore 函数中原有的代码段

```
Semaphore->Count--;
if(Semaphore->Count<0) {
    PspWait(&Semaphore->WaitListHead, INFINITE);
}
```

应被修改为：先用计数值和 0 比较，当计数值大于 0 时，将计数值减 1 后直接返回成功；当计数值等于 0 时，调用 PspWait 函数阻塞线程的执行（将参数 Milliseconds 作为 PspWait 函数的第二个参数，并使用 PspWait 函数的返回值作为返回值）。

（2）函数在开始定义一个 STATUS 类型的变量，用来保存不同情况下的返回值，并在最后返回此变量的值。绝不能在操作的中途返回！

（3）在 EOS Kernel 项目 ps/sched.c 文件的第 190 行查看 PspWait 函数的说明和源代码。

修改 PsReleaseSemaphore 函数时要注意：

（1）编写一个使用 ReleaseCount 作为计数器的循环体，来替换 PsReleaseSemaphore 函数中原有的代码段

```
Semaphore->Count++;
if(Semaphore->Count<=0) {
    PspWakeThread(&Semaphore->WaitListHead, STATUS_SUCCESS);
}
```

在循环体中完成下面的工作：

① 如果被阻塞的线程数量大于等于 ReleaseCount,则循环结束后,有 ReleaseCount 个线程会被唤醒,而且信号量计数的值仍然为 0。

② 如果被阻塞的线程数量(可以为 0)小于 ReleaseCount,则循环结束后,所有被阻塞的线程都会被唤醒,并且信号量的计数值＝ReleaseCount－之前被阻塞线程的数量＋之前信号量的计数值。

(2) 在 EOS Kernel 项目 ps/sched.c 文件的第 294 行查看 PspWakeThread 函数的说明和源代码。

(3) 在循环的过程中可以使用宏定义函数 ListIsEmpty 判断信号量的等待队列是否为空,例如

```
ListIsEmpty(&Semaphore->WaitListHead)
```

可以在 EOS Kernel 项目 inc/rtl.h 文件的第 113 行查看此宏定义的源代码。

3) 测试方法

修改完毕后,可以按照下面的方法进行测试:

① 使用修改完毕的 EOS Kernel 项目生成完全版本的 SDK 文件夹,并覆盖之前的生产者－消费者应用程序项目的 SDK 文件夹。

② 按 F5 键调试执行原有的生产者－消费者应用程序项目,结果必须仍与图 13-2 一致。如果有错误,可以调试内核代码查找错误,然后在内核项目中修改,并重复步骤 1。

③ 将 Producer 函数中等待 Empty 信号量的代码行

```
WaitForSingleObject(EmptySemaphoreHandle, INFINITE);
```

替换为

```
while(WAIT_TIMEOUT==WaitForSingleObject(EmptySemaphoreHandle, 300)){
    printf("Producer wait for empty semaphore timeout\n");
}
```

④ 将 Consumer 函数中等待 Full 信号量的代码行

```
WaitForSingleObject(FullSemaphoreHandle, INFINITE);
```

替换为

```
while(WAIT_TIMEOUT==WaitForSingleObject(FullSemaphoreHandle, 300)){
    printf("Consumer wait for full semaphore timeout\n");
}
```

⑤ 启动调试新的生产者-消费者项目,查看在虚拟机中输出的结果,验证信号量超时等待功能是否能够正常执行。如果有错误,可以调试内核代码查找错误,然后在内核项目中修改,并重复步骤 1。

⑥ 如果超时等待功能已经能够正常执行,可以考虑将消费者线程修改为一次消费两个

产品,来测试 ReleaseCount 参数是否能够正常使用。使用实验文件夹中 NewConsumer. c 文件中的 Consumer 函数替换原有的 Consumer 函数。

【思考与练习】

(1) 思考在 ps/semaphore. c 文件内的 PsWaitForSemaphore 和 PsReleaseSemaphore 函数中,为什么要使用原子操作? 可以参考本书 2.6 节。

(2) 绘制 ps/semaphore. c 文件内 PsWaitForSemaphore 和 PsReleaseSemaphore 函数的流程图。

(3) 根据本实验中设置断点和调试的方法,练习调试消费者线程在消费第一个产品时,等待 Full 信号量和释放 Empty 信号量的过程。注意信号量计数是如何变化的。

(4) 根据本实验中设置断点和调试的方法,自己设计一个类似的调试方案验证消费者线程在消费 24 号产品时会被阻塞,直到生产者线程生产了 24 号产品后,消费者线程才被唤醒并继续执行的过程。

提示,可以按照下面的步骤进行调试:

① 删除所有的断点。

② 按 F5 键启动调试。OS Lab 会首先弹出一个调试异常对话框。

③ 在调试异常对话框中选择"是",调试会中断。

④ 在 Consumer 函数中等待 Full 信号量的代码行(第 173 行)

```
WaitForSingleObject(FullSemaphoreHandle, INFINITE);
```

添加一个断点。

⑤ 在"断点"窗口(按 Alt+F9 键打开)中此断点的名称上右击。

⑥ 在弹出的快捷菜单中选择"条件"。

⑦ 在"断点条件"对话框(按 F1 键获得帮助)的表达式编辑框中,输入表达式 i==24。

⑧ 单击"断点条件"对话框中的"确定"按钮。

⑨ 按 F5 键继续调试。只有当消费者线程尝试消费 24 号产品时才会在该条件断点处中断。

(5) 尝试创建多个生产者线程和多个消费者线程进行同步,注意临界资源也会发生变化。

第 14 章　实验 6　时间片轮转调度

实验性质：验证＋设计

建议学时：2 学时

【实验目的】

- 调试 EOS 的线程调度程序,熟悉基于优先级的抢先式调度。
- 为 EOS 添加时间片轮转调度,了解其他常用的调度算法。

【预备知识】

阅读本书第 5 章中的第 5.4 节。重点理解 EOS 当前使用的基于优先级的抢先式调度,调度程序执行的时机和流程,以及实现时间片轮转调度的细节。

【实验内容】

1. 准备实验

按照下面的步骤准备实验:

（1）启动 OS Lab。

（2）新建一个 EOS Kernel 项目。

2. 阅读控制台命令 rr 相关的源代码

阅读 ke/sysproc.c 文件中第 690 行的 ConsoleCmdRoundRobin 函数,及该函数用到的第 649 行的 ThreadFunction 函数和第 642 行的 THREAD_PARAMETER 结构体,学习 rr 命令是如何测试时间片轮转调度的。在阅读的过程中需要特别注意下面几点:

- 在 ConsoleCmdRoundRobin 函数中使用 ThreadFunction 函数作为线程函数,新建了 20 个优先级为 8 的线程,作为测试时间片轮转调度用的线程。
- 在新建的线程中,只有正在执行的线程才会在控制台的对应行(第 0 个线程对应第 0 行,第 1 个线程对应第 1 行)增加其计数,这样就可以很方便地观察各个线程执行的情况。
- 控制台对于新建的线程来说是一种临界资源,所以,新建的线程在向控制台输出时,必须使用"关中断"和"开中断"进行互斥(参见 ThreadFunction 函数的源代码)。
- 由于控制台线程的优先级是 24,高于新建线程的优先级 8,所以只有在控制台线程进入"阻塞"状态后,新建的线程才能执行。
- 新建的线程会一直运行,原因是在 ThreadFunction 函数中使用了死循环,所以只能在 ConsoleCmdRoundRobin 函数的最后调用 TerminateThread 函数强制结束这些新建的线程。

按照下面的步骤执行控制台命令 rr,查看其在没有时间片轮转调度时的执行效果:

（1）按 F7 键生成在本实验创建的 EOS Kernel 项目。

（2）按 F5 键启动调试。

（3）待 EOS 启动完毕,在 EOS 控制台中输入命令 rr 后按回车。

命令开始执行,观察其执行效果(见图 14-1),会发现并没有体现 rr 命令相关源代码的设计意图。通过之前对这些源代码的学习,20 个新建的线程应该在控制台对应的行中轮流地显示它们的计数在增加,而现在只有第 0 个新建的线程在第 0 行显示其计数在增加,说明只有第 0 个新建的线程在运行,其他线程都没有运行。造成上述现象的原因是:所有 20 个新建线程的优先级都是 8,而此时 EOS 只实现了基于优先级的抢先式调度,还没有实现时间片轮转调度,所以自始至终都只有第 0 线程在运行,而其他具有相同优先级的线程都没有机会运行,只能处于"就绪"状态。

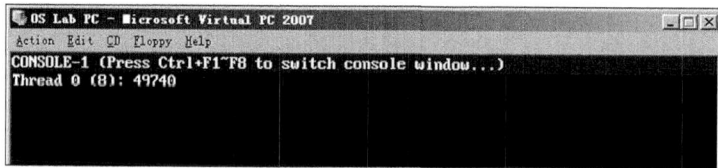

图 14-1　没有时间片轮转调度时 rr 命令的执行效果

3. 调试线程调度程序

在为 EOS 添加时间片轮转调度之前,先调试一下 EOS 的线程调度程序 PspSelectNextThread 函数,学习就绪队列、就绪位图以及线程的优先级是如何在线程调度程序中协同工作的,从而加深对 EOS 已经实现的基于优先级的抢先式调度的理解。

1) 调试当前线程不被抢先的情况

正像图 14-1 中显示的,新建的第 0 个线程会一直运行,而不被其他同优先级的新建线程或者低优先级的线程抢先。按照下面的步骤调试这种情况在 PspSelectNextThread 函数中处理的过程。

（1）结束之前的调试。

（2）在 ke/sysproc.c 文件的 ThreadFunction 函数中,调用 fprintf 函数的代码行(第 680 行)添加一个断点。

（3）按 F5 键启动调试。

（4）待 EOS 启动完毕,在 EOS 控制台中输入命令 rr 后按回车。rr 命令开始执行,会在断点处中断。

（5）查看 ThreadFunction 函数中变量 pThreadParameter－＞Y 的值应该为 0,说明正在调试的是第 0 个新建的线程。

（6）激活虚拟机窗口,可以看到第 0 个新建的线程还没有在控制台中输出任何内容,原因是 fprintf 函数还没有执行。

（7）激活 OS Lab 窗口后按 F5 键使第 0 个新建的线程继续执行,又会在断点处中断。再次激活虚拟机窗口,可以看到第 0 个新建的线程已经在控制台中输出了第一轮循环的内容。可以多按几次 F5 键查看每轮循环输出的内容。

通过之前的调试,可以观察第 0 个新建的线程执行的情况。按照下面的步骤调试,查看当有中断发生从而触发线程调度时,第 0 个新建的线程不会被抢先的情况。

（1）在 ps/sched.c 文件的 PspSelectNextThread 函数中,调用 BitScanReverse 函数扫

描就绪位图的代码行(第384行)添加一个断点。

(2) 按F5键继续执行,当有定时计数器中断发生时(每10ms一次),就会在新添加的断点处中断。

(3) 在"调试"菜单的"窗口"中选择"监视",激活"监视"窗口(此时按F1键可以获得关于"监视"窗口的帮助)。

(4) 在"监视"窗口中添加表达式/t PspReadyBitmap,以二进制格式查看就绪位图的值。此时就绪位图的值应该为100000001,表示优先级为8和0的两个就绪队列中存在就绪线程(注意,如果就绪位图的值不是100000001,就继续按F5键,直到就绪位图变为此值)。

(5) 在"调试"菜单中选择"快速监视",在"快速监视"对话框的"表达式"中输入表达式 * PspCurrentThread后,单击"重新计算"按钮,可以查看当前正在执行的线程(即被中断的线程)的线程控制块中各个域的值。其中,优先级(Priority域)的值为8;状态(State域)的值为2(运行态);时间片(RemainderTicks域)的值为6;线程函数(StartAddr域)为ThreadFunction。综合这些信息即可确定当前正在执行的线程就是新建的第0个线程。关闭"快速监视"对话框。

(6) 在"监视"窗口中添加表达式ListGetCount(&PspReadyListHeads[8]),查看优先级为8的就绪队列中就绪线程的数量,值为19。说明除了正在执行的第0个新建的线程外,其余19个新建的线程都在优先级为8的就绪队列中。ListGetCount函数在文件rtl/list.c中定义。

(7) 按F10键单步调试,BitScanReverse函数会从就绪位图中扫描最高优先级,并保存在变量HighestPriority中。查看变量HighestPriority的值为8。

(8) 继续按F10键单步调试,直到在PspSelectNextThread函数返前停止(第465行),注意观察线程调度执行的每一个步骤。

第0个新建的线程在执行线程调度时没有被抢先的原因可以归纳为两点:

① 第0个新建的线程仍然处于"运行"状态。

② 没有比其优先级更高的就绪线程。

2) 调试当前线程被抢先的情况

如果有比第0个新建的线程优先级更高的线程进入就绪状态,则第0个新建的线程就会被抢先。按照下面的步骤调试这种情况在PspSelectNextThread函数中处理的过程(注意,接下来的调试要从前面调试的状态继续调试,所以不要结束之前的调试)。

(1) 选择"调试"菜单中的"删除所有断点",删除之前添加的所有断点。

(2) 在ps/sched.c文件的PspSelectNextThread函数的第395行添加一个断点。

(3) 按F5键继续执行,激活虚拟机窗口,可以看到第0个新建的线程正在执行。

(4) 在虚拟机窗口中按一次空格键,EOS会在之前添加的断点处中断。

(5) 在"监视"窗口中查看就绪位图的值为100000000000000100000001,说明此时在优先级为24的就绪队列中存在就绪线程。在"监视"窗口中添加表达式ListGetCount(&PspReadyListHeads[24]),其值为1,说明优先级为24的就绪队列中只有一个就绪线程。扫描就绪位图后获得的最高优先级的值HighestPriority也就应该是24。

(6) 按F10键单步调试一次,执行的语句会将当前正在执行的第0个新建的线程,放入优先级为 8 的就绪队列的队首。"监视"窗口中显示的优先级为 8 的就绪队列中的线程数量就会增加 1,变为 20。

（7）继续按 F10 键单步调试,直到在第 444 行中断执行,注意观察线程调度执行的每一个步骤。此时,正在执行的第 0 个新建的线程已经进入了"就绪"状态,让出了 CPU。线程调度程序接下来的工作就是选择优先级最高的非空就绪队列的队首线程作为当前运行线程,也就是让优先级为 24 的线程在 CPU 上执行。

（8）按 F10 键单步调试一次,当前线程 PspCurrentThread 指向了优先级为 24 的线程。可以在"快速监视"窗口中查看表达式 * PspCurrentThread 的值,注意线程控制块中 StartAddr 域的值为 IopConsoleDispatchThread 函数(在文件 io/console.c 中定义),说明这个优先级为 24 的线程是控制台派遣线程。

（9）继续按 F10 键单步调试,直到在 PspSelectNextThread 函数返回前(第 465 行)中断执行,注意观察线程调度执行的每一个步骤。此时,优先级为 24 的线程已经进入了"运行"状态,在中断返回后,就可以开始执行了。在"监视"窗口中,就绪位图的值变为 100000001,优先级为 24 的就绪队列中线程的数量变为 0,就绪位图和就绪队列都是在刚刚被调用过的 PspUnreadyThread 函数(在文件 ps/sched.c 中定义)内更新的。

（10）删除所有断点后结束调试。

4. 为 EOS 添加时间片轮转调度

1）要求

修改 ps/sched.c 文件中的 PspRoundRobin 函数(第 337 行),在其中实现时间片轮转调度算法。

2）测试方法

（1）代码修改完毕后,按 F7 键生成 EOS 内核项目。

（2）按 F5 键启动调试。

（3）在 EOS 控制台中输入命令 rr 后按回车。应能看到 20 个线程轮流执行的效果,如图 14-2 所示。

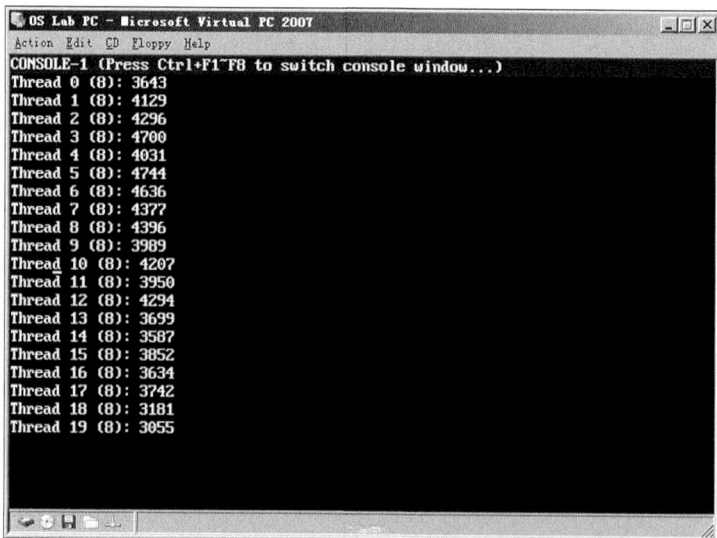

图 14-2　进行时间片轮转调度时 rr 命令的执行效果

3）提示

- PspRoundRobin 函数具体的流程可以参见图 5-11。

- 在 PspRoundRobin 函数中,全局变量 PspCurrentThread 指向的线程控制块就是被定时计数器中断的线程的线程控制块,通过对 PspCurrentThread 指向的线程控制块的各个域进行修改,就可以改变被中断线程的各种属性。全局变量 PspCurrentThread 的定义参见 ps/sched.c 的第 45 行。线程控制块结构体的定义参见 ps/psp.h 的第 58 行。

- 被中断线程的状态有可能不是"运行"状态,而是"阻塞"状态。所以,在进行时间片轮转调度前,要先判断一下被中断线程是否仍处于"运行"状态。只有当被中断线程仍处于"运行"状态时,才需要进行时间片轮转调度。在 PspRoundRobin 函数中的第一行代码可以如下(线程状态的定义可以参见 ps/psp.h 的第 93 行):

```
if(NULL !=PspCurrentThread && Running==PspCurrentThread->State) {
        //在此实现时间片轮转调度算法
}
```

- 被中断线程所拥有的时间片保存在 PspCurrentThread 的 RemainderTicks 域中。在减少时间片,或者判断时间片是否变为 0,以及重新分配时间片时,都可以直接对该域进行操作。

- 重新为被中断线程分配时间片时,应该使用宏定义 TICKS_OF_TIME_SLICE(在文件 ps/psp.h 的第 104 行定义)为 PspCurrentThread 变量的 RemainderTicks 域赋值。注意,此宏定义表示给线程分配的时钟滴答(Tick)数量,多个时钟滴答组成了线程的时间片。时钟滴答的大小是由定时计数器中断的频率确定的,目前定时计数器每秒钟发生 100 次中断,则每个时钟滴答的大小是 10ms,而且 TICKS_OF_TIME _SLICE 定义的值为 6,所以时间片的大小就是 60ms。

- 在判断就绪队列中是否存在这样的就绪线程,即其优先级与被中断线程优先级相同时,只需要扫描就绪位图即可(这样速度更快)。例如被中断线程优先级为 8,则只需判断就绪位图的第 8 位是否为 1,为 1 则说明就绪队列中存在优先级为 8 的就绪线程,为 0 则说明不存在。此时,可以使用下面的代码作为条件语句中的布尔表达式:

```
BIT_TEST(PspReadyBitmap, PspCurrentThread->Priority)BIT_TEST
```

BIT_TEST 是一个宏定义函数,其定义参见 inc/eosdef.h 的第 220 行。如果存在和被中断线程优先级相同的就绪线程,此函数返回非 0(TURE),否则返回 0(FALSE)。变量 PspReadyBitmap 是 32 位就绪位图,其定义参见 ps/sched.c 的第 29 行。

- 可以使用下面的代码将被中断线程转入就绪状态,并将其插入对应优先级就绪队列的末尾:

```
PspReadyThread(PspCurrentThread);
```

函数 PspReadyThread 的定义参见 ps/sched.c 的第 107 行。

5. 修改线程时间片的大小

在成功为 EOS 添加了时间片轮转调度后，可以按照下面的步骤修改时间片的大小：

(1) 在 OS Lab 的"项目管理器"窗口中找到 ps/psp.h 文件，双击打开此文件。

(2) 将 ps/psp.h 第 104 行定义的 TICKS_OF_TIME_SLICE 的值修改为 1。

(3) 按 F7 键生成 EOS 内核项目。

(4) 按 F5 键启动调试。

(5) 在 EOS 控制台中输入命令 rr 后按回车。观察执行的效果。

还可以按照上面的步骤为 TICKS_OF_TIME_SLICE 取一些其他极端值，例如 20 或 100 等，分别观察 rr 命令执行的效果。通过分析造成执行效果不同的原因，理解时间片的大小对时间片轮转调度造成的影响。

【思考与练习】

(1) 结合线程调度执行的时机，说明在 ThreadFunction 函数中，为什么可以使用"关中断"和"开中断"的方法保护控制台这种临界资源。一般情况下，应该使用互斥信号量（MUTEX）保护临界资源，但是在 ThreadFunction 函数中却不能使用互斥信号量，而只能使用"关中断"和"开中断"的方法，结合线程调度的对象说明这样做的原因。

(2) 时间片轮转调度发现被中断线程的时间片用完后，而且在就绪队列中没有与被中断线程优先级相同的就绪线程时，为什么不需要将被中断线程转入"就绪"状态？如果此时将被中断线程转入了"就绪"状态又会怎么样？可以结合 PspRoundRobin 函数和 PspSelectNextThread 函数的流程进行思考，并使用抢先和不抢先两种情况进行说明。

(3) 在 EOS 只实现了基于优先级的抢先式调度时，同优先级的线程只能有一个被执行。当实现了时间片轮转调度算法后，同优先级的线程就能够轮流执行从而获得均等的执行机会。但是，如果有高优先级的线程一直占用 CPU，低优先级的线程就永远不会被执行。尝试修改 ke/sysproc.c 文件中的 ConsoleCmdRoundRobin 函数演示这种情况（例如在 20 个优先级为 8 的线程执行时，创建一个优先级为 9 的线程）。设计一种调度算法解决此问题，让低优先级的线程也能获得被执行的机会。

(4) EOS 内核时间片大小取 60ms（和 Windows 操作系统完全相同），在线程比较多时，就可以观察线程轮流执行的情况（因为此时一次轮转需要 60ms，20 个线程轮流执行一次需要 $60 \times 20 = 1200$ms，也就是需要 1 秒多的时间，所以 EOS 的控制台上可以清楚地观察线程轮流执行的情况）。但是在 Windows、Linux 等操作系统启动后，正常情况下都有上百个线程在并发执行，为什么觉察不到它们被轮流执行，并且每个程序都运行得很顺利呢？

第 15 章　实验 7　物理存储器与进程逻辑地址空间的管理

实验性质：验证＋设计

建议学时：2 学时

【实验目的】

- 通过查看物理存储器的使用情况,并练习分配和回收物理内存,从而掌握物理存储器的管理方法。
- 通过查看进程逻辑地址空间的使用情况,并练习分配和回收虚拟内存,从而掌握进程逻辑地址空间的管理方法。

【预备知识】

阅读本书第 6 章。重点阅读 6.3 节和 6.6 节,了解物理存储器的管理方式和进程逻辑地址空间的管理方式。

【实验内容】

1. 准备实验

按照下面的步骤准备实验：

(1) 启动 OS Lab。

(2) 新建一个 EOS Kernel 项目。

2. 阅读控制台命令 pm 相关的源代码,并查看其执行的结果

阅读 ke/sysproc.c 文件中第 1059 行的 ConsoleCmdPhysicalMemory 函数,学习 pm 命令是如何统计并输出物理存储器信息的。在阅读的过程中需要注意下面几点：

- 在统计输出物理存储器信息之前要关闭中断,之后要打开中断,这样可以防止在命令执行的过程中有其他线程分配或者释放物理页。
- 全局变量 MiTotalPageFrameCount 保存了物理页的总数。每个物理页的大小是 4KB,由宏 PAGE_SIZE 定义。
- 全局变量 MiZeroedPageCount 和 MiFreePageCount 分别保存了零页和空闲页的数量。
- 计算已用物理页数量的方法是：物理页总数减去零页数量,再减去空闲页数量。

按照下面的步骤执行控制台命令 pm,查看物理存储器的信息：

(1) 按 F7 键生成在本实验 1)中创建的 EOS Kernel 项目。

(2) 按 F5 键启动调试。

(3) 待 EOS 启动完毕,在 EOS 控制台中输入命令 pm 后按 Enter 键。

观察命令执行的结果,如图 15-1 所示,可以了解当前物理存储器的使用情况。

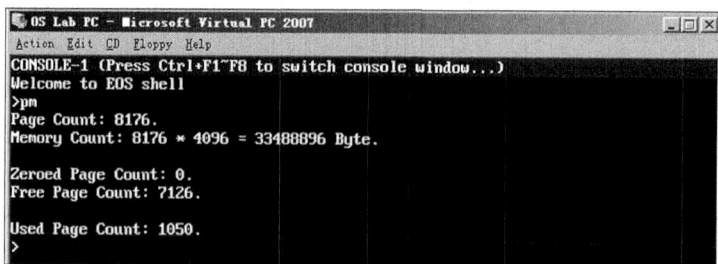

图 15-1 pm 命令的执行结果

3. 分配物理页和释放物理页

接下来,在 pm 命令函数中添加分配物理页和释放物理页的代码,单步调试管理物理页的方法。按照下面的步骤修改 pm 命令的源代码:

(1) 使用 OS Lab 打开本实验文件夹中的 pm.c 文件(将文件拖动到 OS Lab 窗口中释放即可打开)。此文件中有一个修改后的 ConsoleCmdPhysicalMemory 函数,主要是在原有代码的后面增加了分配物理页和释放物理页的代码。

(2) 使用 pm.c 文件中 ConsoleCmdPhysicalMemory 函数的函数体替换 ke/sysproc.c 文件中 ConsoleCmdPhysicalMemory 函数的函数体。

(3) 按 F7 键生成修改后的 EOS Kernel 项目。

(4) 按 F5 键启动调试。

(5) 待 EOS 启动完毕,在 EOS 控制台中输入命令 pm 后按 Enter 键。

观察命令执行的结果,如图 15-2 所示,尝试说明分配物理页或者释放物理页后物理存储器的变化情况。

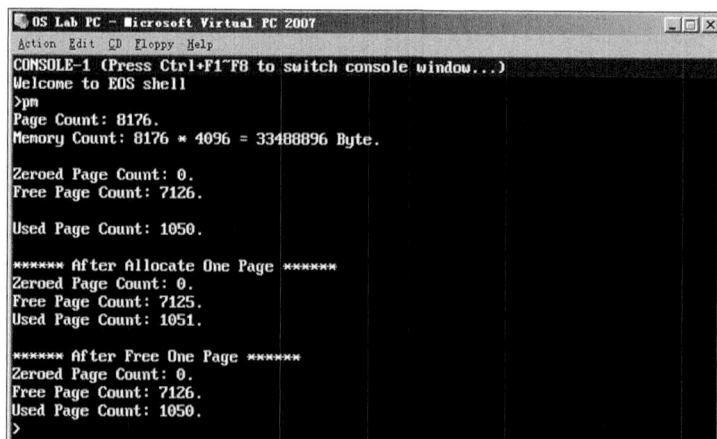

图 15-2 分配物理页或者释放物理页后物理存储器的变化情况

按照下面的步骤调试分配物理页和释放物理页的过程:

(1) 结束之前的调试。

(2) 在 ke/sysproc.c 文件的 ConsoleCmdPhysicalMemory 函数中,在调用 MiAllocateAnyPages 函数的代码行(第 1103 行)添加一个断点,在调用 MiFreePages 函数的代码行(第 1115 行)添加一个断点。

（3）按 F5 键启动调试。

（4）待 EOS 启动完毕，在 EOS 控制台中输入命令 pm 后按 Enter 键。

（5）pm 命令开始执行，会在调用 MiAllocateAnyPages 函数的代码行处中断，按 F11 键调试进入 MiAllocateAnyPages 函数。

（6）按 F10 键单步调试 MiAllocateAnyPages 函数的执行过程，尝试回答下面的问题：

① 本次分配的物理页的数量是多少？分配的物理页的页框号是多少？

② 物理页是从空闲页链表中分配的，还是从零页链表中分配的？

③ 哪一行语句减少了空闲页的数量？哪一行语句将刚刚分配的物理页由空闲状态修改为忙状态？

④ 绘制 MiAllocateAnyPages 函数的流程图。

继续调试释放物理页的过程：

（1）按 F5 键继续执行，会在调用 MiFreePages 函数的代码行处中断，按 F11 键调试进入 MiFreePages 函数。

（2）按 F10 键单步调试 MiFreePages 函数的执行过程，尝试回答下面的问题：

① 本次释放的物理页的数量是多少？释放的物理页的页框号是多少？释放的物理页是之前分配的物理页吗？

② 释放的物理页是被放入了空闲页链表中，还是零页链表中？

③ 绘制 MiFreePages 函数的流程图。

结束此次调试。继续修改 pm 命令的源代码，尝试在调用 MiAllocateAnyPages 函数时分配多个物理页，然后在调用 MiFreePages 函数时将分配的多个物理页释放，并练习调试这两个函数在分配多个物理页和释放多个物理页时执行的过程。

4. 阅读控制台命令 vm 相关的源代码，并查看其执行的结果

阅读 ke/sysproc.c 文件中第 959 行的 ConsoleCmdVM 函数，学习 vm 命令是如何统计并输出进程的虚拟地址描述符信息的。在阅读的过程中需要注意下面几点：

- 与 pm 命令输出的是整个系统的物理存储器的使用情况不同，vm 命令输出的是某个进程的虚拟地址描述符信息，所以 vm 命令使用了一个参数——进程 ID，用来指定一个进程。这个进程既可以是系统进程，也可以是用户进程。

- 在统计输出指定进程的虚拟地址描述符信息之前要关闭中断，之后要打开中断，这样可以防止在命令执行的过程中有其他线程分配或者释放虚拟页。

- EOS 操作系统的进程有 4GB 的虚拟地址空间，但并不是所有的虚拟地址空间都使用虚拟地址描述符管理，有一些地址空间是静态的，还有一些地址空间由其他动态方式管理（例如系统内存池）。

- 进程 4GB 虚拟地址空间中由虚拟地址描述符所管理空间的低地址和高地址是固定的，在这段地址空间中，如果有虚拟页被占用，就会使用虚拟地址描述符来标识，并放入链表中管理。

按照下面的步骤执行控制台命令 vm，查看系统进程的虚拟地址描述符信息：

（1）按 F5 键启动调试。

（2）待 EOS 启动完毕，在 EOS 控制台中输入命令 pt 后按 Enter 键。pt 命令可以输出当前系统中的进程列表，其中系统进程的 ID 为 1。

（3）在 EOS 控制台中输入命令 vm 1 后按回车。

观察命令执行的结果，如图 15-3 所示，可以了解系统进程的虚拟地址描述符信息。

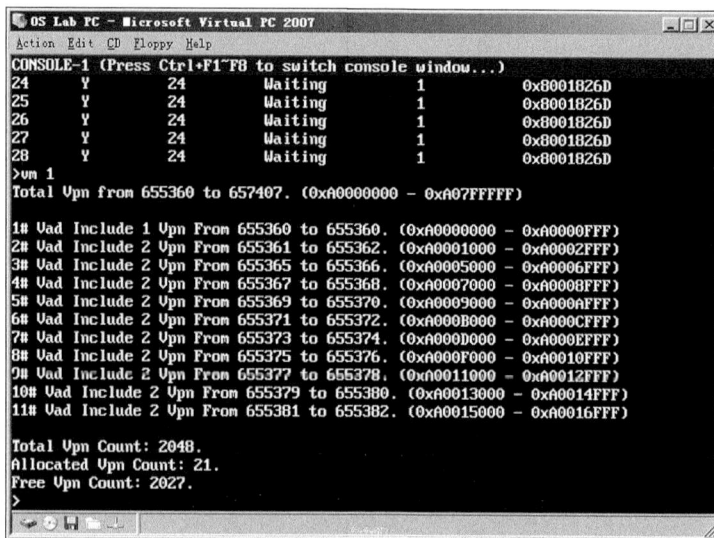

图 15-3 使用 vm 命令查看系统进程虚拟地址描述符的结果

系统进程中由虚拟地址描述符所管理的虚拟页只会分配给进程的句柄表（句柄表占用一个虚拟页）和线程的堆栈（堆栈占用两个虚拟页）。结合之前 pt 命令输出的进程和线程信息可知，当前系统中只有 1 个系统进程以及 10 个系统线程，所以在图 15-3 中，1 号描述符所包含的一个虚拟页即为系统进程的句柄表，而 2～11 号这 10 个描述符所分别包含的两个虚拟页即为 10 个系统线程的堆栈。

可以按照下面的步骤执行控制台命令 vm，查看当创建了一个应用程序进程后，系统进程和应用程序进程中虚拟地址描述符的信息：

（1）在"项目管理器"窗口中双击 Floppy. img 文件，使用 FloppyImageEditor 工具打开此软盘镜像。

（2）将本实验文件夹中的 LoopApp. exe 文件添加到软盘镜像的根目录中（将 LoopApp. exe 文件拖动到 FloppyImageEditor 窗口中释放即可）。EOS 应用程序 LoopApp. exe 的源代码可以参考本实验文件夹中的 LoopApp. c 文件。

（3）单击 FloppyImageEditor 工具栏上的保存按钮，关闭该工具。

（4）按 F5 键启动调试。

（5）待 EOS 启动完毕，在 EOS 控制台中输入命令 A:\LoopApp. exe 后按回车。此时就使用 EOS 应用程序文件 LoopApp. exe 创建了一个应用程序进程，由于此进程执行了一个死循环，所以此进程不会结束执行，除非关闭虚拟机。

（6）此时按 Ctrl+F2 键切换到 Console-2，然后输入命令 pt 后按回车。输出的信息如图 15-4 所示。其中，ID 为 31 的进程就是应用程序进程，ID 为 33 的线程就是应用程序进程的主线程。

（7）输入命令 vm 1 后按回车，可以查看系统进程中虚拟地址描述符的信息。输出的信

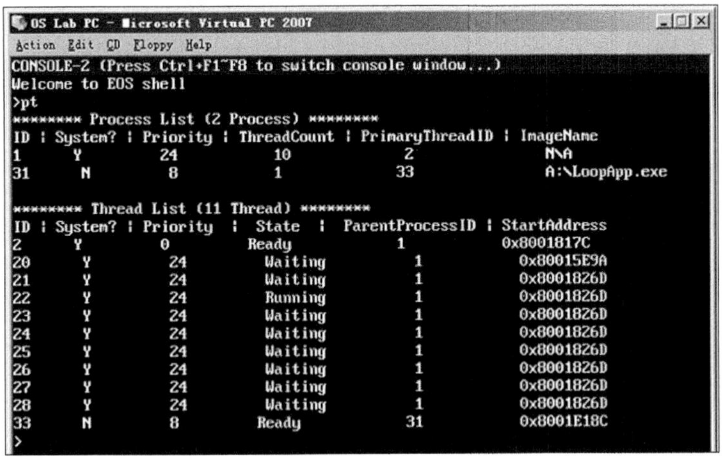

图 15-4　使用 pt 命令查看应用程序运行时进程和线程的信息

息如图 15-5 所示。与图 15-3 比较可知,3 号描述符所包含的一个虚拟页即为应用程序进程的句柄表,13 号描述符所包含的两个虚拟页即为应用程序进程主线程的堆栈。

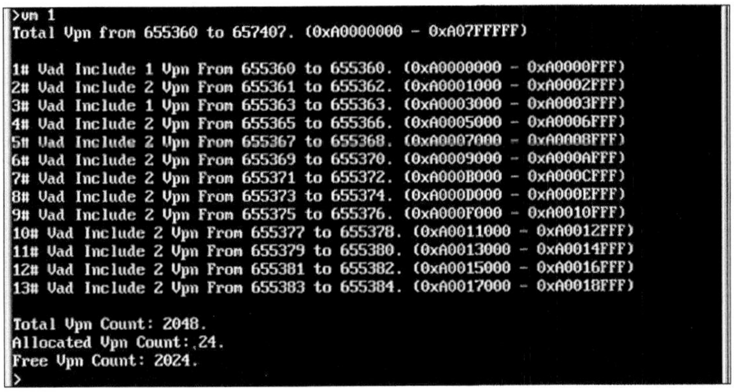

图 15-5　创建一个应用程序进程后,系统进程中虚拟地址描述符的信息

(8) 输入命令 vm 31 后按回车,可以查看应用程序进程中虚拟地址描述符的信息。输出的信息如图 15-6 所示。

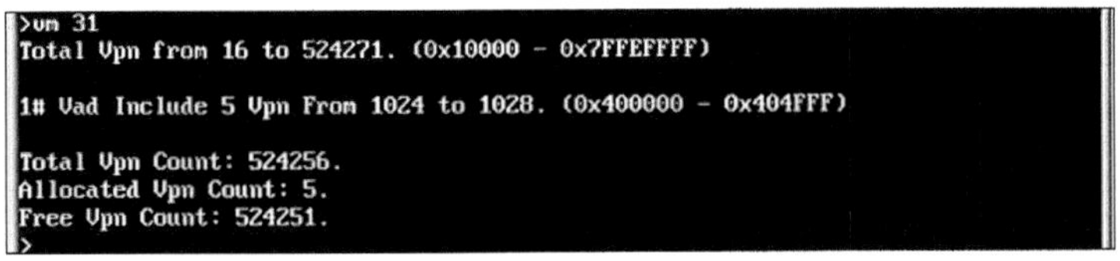

图 15-6　使用 vm 命令查看应用程序进程虚拟地址描述符的结果

在进程的 4GB 逻辑地址空间中,应用程序进程可以自行管理低 2GB 的用户空间。从图 15-6 中的信息可以得知,低 2GB 的用户空间又分为三部分:

① 0x00000000~0x0000FFFF 由 16 个虚拟页构成的 64KB 静态空间,用于捕捉对空指针的非法访问。

② 0x00010000～0x7FFEFFFF 由虚拟地址描述符管理的动态空间,用于存储应用程序进程的代码和数据。图 15-6 显示应用程序进程的代码和数据占用了此空间中的 5 个虚拟页,并且是用从应用程序的基址 0x00400000 起始的。

③ 0x7FFF0000～0x7FFFFFFF 由 16 个虚拟页构成的 64KB 静态空间,用于捕捉对空指针的非法访问。

为了加深对进程逻辑地址空间的理解,可以在控制台 1 至控制台 7 中都执行命令 A:\LoopApp.exe,从而让应用程序创建 7 个进程,然后在控制台 8 中执行 pt、vm 等命令,查看系统进程和应用程序进程的虚拟地址描述符。

5. 在系统进程中分配虚拟页和释放虚拟页

接下来,在 vm 命令函数中添加分配虚拟页和释放虚拟页的代码,单步调试管理虚拟页的方法。首先,按照下面的步骤修改 vm 命令的源代码:

(1) 使用 OS Lab 打开本实验文件夹中的 vm.c 文件(将文件拖动到 OS Lab 窗口中释放即可打开)。此文件中有一个修改后的 ConsoleCmdVM 函数,主要是在原有代码的后面增加了分配虚拟页和释放物理页的代码。

(2) 使用 vm.c 文件中 ConsoleCmdVM 函数的函数体替换 ke/sysproc.c 文件中 ConsoleCmdVM 函数的函数体。

(3) 按 F7 键生成修改后的 EOS Kernel 项目。

(4) 按 F5 键启动调试。

(5) 待 EOS 启动完毕,在 EOS 控制台中输入命令 vm 1 后按 Enter 键。

命令执行的结果会同时转存在“输出”窗口中,内容如图 15-7 所示。尝试说明分配虚拟页或者释放虚拟页后虚拟地址描述符以及物理存储器的变化情况。

按照下面的步骤调试分配虚拟页和释放虚拟页的过程:

(1) 在 ke/sysproc.c 文件的 ConsoleCmdVM 函数中,在调用 MmAllocateVirtualMemory 函数的代码行(第 1082 行)添加一个断点,在调用 MmFreeVirtualMemory 函数的代码行(第 1147 行)添加一个断点。

(2) 按 F5 键启动调试。

(3) 待 EOS 启动完毕,在 EOS 控制台中输入命令 vm 1 后按 Enter 键。

(4) vm 命令开始执行后,会在调用 MmAllocateVirtualMemory 函数的代码行处中断。此时要注意参数 BaseAddress 和 RegionSize 初始化的值。按 F11 键调试进入 MmAllocateVirtualMemory 函数。

(5) 按 F10 键单步调试 MmAllocateVirtualMemory 函数的执行过程,尝试回答下面的问题:

① 分配的虚拟页的起始地址是多少? 分配的虚拟页的数量是多少? 它们和参数 BaseAddress 和 RegionSize 初始化的值有什么样的关系?

② 分配虚拟页的同时有为虚拟页映射实际的物理页吗? 这是由哪个参数决定的?

③ 分配的虚拟页是在系统地址空间(高 2GB)还是在用户地址空间(低 2GB)? 这是由哪个参数决定的?

④ 参考 MiReserveAddressRegion 函数的定义和注释,说明该函数的功能。

继续调试释放虚拟页的过程:

```
Total Vpn from 655360 to 657407. (0xA0000000 - 0xA07FFFFF)

1# Vad Include 1 Vpn From 655360 to 655360. (0xA0000000 - 0xA0000FFF)
2# Vad Include 2 Vpn From 655361 to 655362. (0xA0001000 - 0xA0002FFF)
3# Vad Include 2 Vpn From 655365 to 655366. (0xA0005000 - 0xA0006FFF)
4# Vad Include 2 Vpn From 655367 to 655368. (0xA0007000 - 0xA0008FFF)
5# Vad Include 2 Vpn From 655369 to 655370. (0xA0009000 - 0xA000AFFF)
6# Vad Include 2 Vpn From 655371 to 655372. (0xA000B000 - 0xA000CFFF)
7# Vad Include 2 Vpn From 655373 to 655374. (0xA000D000 - 0xA000EFFF)
8# Vad Include 2 Vpn From 655375 to 655376. (0xA000F000 - 0xA0010FFF)
9# Vad Include 2 Vpn From 655377 to 655378. (0xA0011000 - 0xA0012FFF)
10# Vad Include 2 Vpn From 655379 to 655380. (0xA0013000 - 0xA0014FFF)
11# Vad Include 2 Vpn From 655381 to 655382. (0xA0015000 - 0xA0016FFF)

Total Vpn Count: 2048.
Allocated Vpn Count: 21.
Free Vpn Count: 2027.

Zeroed Physical Page Count: 0.
Free Physical Page Count: 7126.

New VM's base address: 0xA0003000. Size: 0x1000.

1# Vad Include 1 Vpn From 655360 to 655360. (0xA0000000 - 0xA0000FFF)
2# Vad Include 2 Vpn From 655361 to 655362. (0xA0001000 - 0xA0002FFF)
3# Vad Include 1 Vpn From 655363 to 655363. (0xA0003000 - 0xA0003FFF)
4# Vad Include 2 Vpn From 655365 to 655366. (0xA0005000 - 0xA0006FFF)
5# Vad Include 2 Vpn From 655367 to 655368. (0xA0007000 - 0xA0008FFF)
6# Vad Include 2 Vpn From 655369 to 655370. (0xA0009000 - 0xA000AFFF)
7# Vad Include 2 Vpn From 655371 to 655372. (0xA000B000 - 0xA000CFFF)
8# Vad Include 2 Vpn From 655373 to 655374. (0xA000D000 - 0xA000EFFF)
9# Vad Include 2 Vpn From 655375 to 655376. (0xA000F000 - 0xA0010FFF)
10# Vad Include 2 Vpn From 655377 to 655378. (0xA0011000 - 0xA0012FFF)
11# Vad Include 2 Vpn From 655379 to 655380. (0xA0013000 - 0xA0014FFF)
12# Vad Include 2 Vpn From 655381 to 655382. (0xA0015000 - 0xA0016FFF)

Allocated Vpn Count: 22.
Free Vpn Count: 2026.

Zeroed Physical Page Count: 0.
Free Physical Page Count: 7126.

Free VM's base address: 0xA0003000. Size: 0x1000.

1# Vad Include 1 Vpn From 655360 to 655360. (0xA0000000 - 0xA0000FFF)
2# Vad Include 2 Vpn From 655361 to 655362. (0xA0001000 - 0xA0002FFF)
3# Vad Include 2 Vpn From 655365 to 655366. (0xA0005000 - 0xA0006FFF)
4# Vad Include 2 Vpn From 655367 to 655368. (0xA0007000 - 0xA0008FFF)
5# Vad Include 2 Vpn From 655369 to 655370. (0xA0009000 - 0xA000AFFF)
6# Vad Include 2 Vpn From 655371 to 655372. (0xA000B000 - 0xA000CFFF)
7# Vad Include 2 Vpn From 655373 to 655374. (0xA000D000 - 0xA000EFFF)
8# Vad Include 2 Vpn From 655375 to 655376. (0xA000F000 - 0xA0010FFF)
9# Vad Include 2 Vpn From 655377 to 655378. (0xA0011000 - 0xA0012FFF)
10# Vad Include 2 Vpn From 655379 to 655380. (0xA0013000 - 0xA0014FFF)
11# Vad Include 2 Vpn From 655381 to 655382. (0xA0015000 - 0xA0016FFF)

Allocated Vpn Count: 21.
Free Vpn Count: 2027.

Zeroed Physical Page Count: 0.
Free Physical Page Count: 7126.
```

图 15-7   分配虚拟页或者释放虚拟页后虚拟地址描述符及物理存储器的变化情况

（1）按 F5 键继续执行,会在调用 MmFreeVirtualMemory 函数的代码行处中断。此时要注意参数 BaseAddress 和 RegionSize 初始化的值。按 F11 键调试进入 MmFreeVirtualMemory 函数。

（2）按 F10 键单步调试 MmFreeVirtualMemory 函数的执行过程,尝试回答下面的问题:

① 本次释放的虚拟地址是多少？释放的虚拟页是之前分配的虚拟页吗？

② 参考 MiFindReservedAddressRegion 函数、MiFreeAddressRegion 函数和 MiDecommitPages 函数的定义和注释,说明这些函数的功能。

结束此次调试后,继续按照下列要求修改 ConsoleCmdVM 函数的源代码,加深对虚拟页分配和释放过程的理解:

（1）尝试在调用 MmAllocateVirtualMemory 函数时将 RegionSize 参数的值设置为 PAGE_SIZE＋1 或者 PAGE_SIZE＊2＋1。观察"输出"窗口中转存的信息,并说明申请虚拟内存的大小与实际分配的大小之间的关系,以及分配的虚拟内存大小会对分配的虚拟地址产生什么样的影响。将"输出"窗口中转存的信息保存在文本文件中。

（2）尝试在调用 MmAllocateVirtualMemory 函数时将 BaseAddress 参数的值设置为已经被占用的虚拟内存,例如 0xA0000000,观察"输出"窗口中转存的信息。将"输出"窗口中转存的信息保存在文本文件中。

（3）尝试在调用 MmAllocateVirtualMemory 函数时将 RegionSize 参数的值设置为 PAGE_SIZE＊2,将 BaseAddress 参数的值设置为 0xA0017004,观察"输出"窗口中转存的信息,并说明申请虚拟内存的大小与实际分配的大小之间的关系,以及申请的虚拟地址会对分配的虚拟内存大小产生什么样的影响。将"输出"窗口中转存的信息保存在文本文件中。

6. 在应用程序进程中分配虚拟页和释放虚拟页

1）要求

创建一个 EOS 应用程序,并编写代码完成下列功能:

（1）调用 API 函数 VirtualAlloc,分配一个整型变量所需的空间,并使用一个整型变量的指针指向这个空间。

（2）修改整型变量的值为 0xFFFFFFFF。在修改前输出整型变量的值,在修改后再输出整型变量的值。

（3）调用 API 函数 Sleep,等待 10 秒钟。

（4）调用 API 函数 VirtualFree,释放之前分配的整型变量的空间。

（5）进入死循环,这样应用程序就不会结束。

2）测试方法

（1）代码修改完毕后,按 F7 键生成 EOS 应用程序项目。

（2）按 F5 键启动调试,应用程序自动执行后输出的结果可以参照图 15-8 所示。

（3）在应用程序分配虚拟页后,利用 10 秒后才释放虚拟页的间隙,可以在控制台 2 中执行命令 vm 31,查看此时应用程序进程的虚拟地址描述符信息;在应用程序释放虚拟页后,可以在控制台 2 中再次执行命令 vm 31,查看此时应用程序进程的虚拟地址描述符信息。输出的结果如图 15-9 所示。

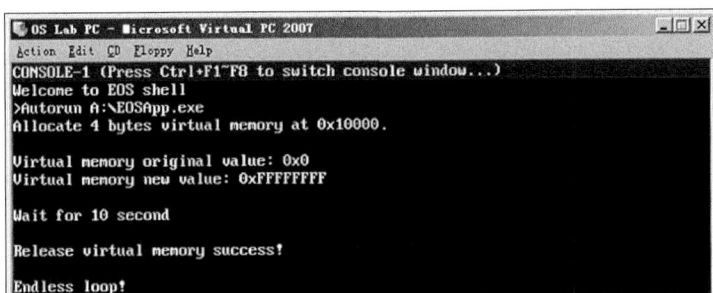

图 15-8　在应用程序进程中分配虚拟页和释放虚拟页

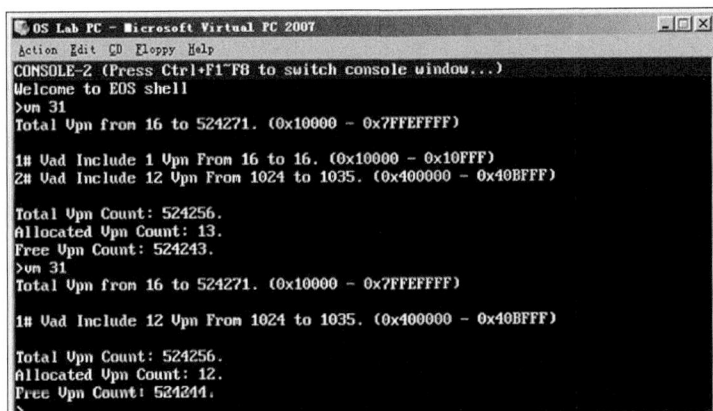

图 15-9　分配虚拟页和释放虚拟页后，应用程序进程的虚拟地址描述符信息

3）提示

（1）API 函数 VirtualAlloc 定义在 api/eosapi.c 文件的第 48 行。此 API 函数主要调用了 EOS 内核函数 MmAllocateVirtualMemory。在 EOS 应用程序中调用函数 VirtualAlloc 时，除了使用 MEM_RESERVE 标志外，还必须使用 MEM_COMMIT 标志。

（2）API 函数 VirtualFree 定义在 api/eosapi.c 文件的第 70 行。此 API 函数主要调用了 EOS 内核函数 MmFreeVirtualMemory。在 EOS 应用程序中调用函数 VirtualFree 时，要使用 MEM_RELEASE 标志。

（3）可以参考本实验文件中的 LoopApp.c 文件，在应用程序的最后执行一个死循环。

【思考与练习】

（1）在本实验 3 中，如果分配了物理页后，没有回收，会对 EOS 操作系统造成什么样的影响？目前 EOS 操作系统内核函数 MiAllocateAnyPages 能处理所有物理页被分配完毕的情况吗？例如在没有可分配的物理页的情况下调用该内核函数，是否会返回失败？如果内核函数 MiAllocateAnyPages 还不能处理这种极端情况，尝试修改代码解决这个问题。

（2）在本实验 3 中，在分配物理页时是调用的内核函数 MiAllocateAnyPages，该函数会优先分配空闲页，尝试修改代码，调用内核函数 MiAllocateZeroedPages 优先分配 0 页，并调试分配 0 页的情况。尝试从性能的角度分析内核函数 MiAllocateAnyPages 和 MiAllocateZeroedPages。尝试从安全性的角度分析分配 0 页的必要性。

（3）观察本实验 4 中使用 vm 命令输出的系统进程的虚拟地址描述符（见图 15-3），可以看到在 2 号描述符和 3 号描述符之间有两个虚拟页的空隙，尝试结合虚拟页的分配和释放说明产生这个空隙的原因。

（4）在系统进程和应用程序进程的逻辑地址空间中，都有一部分空间由虚拟地址描述符动态管理，尝试从管理方式、位置、大小、用途等方面说明这两部分空间的相同点和不同点。

（5）在本实验 5 中，调用 MmAllocateVirtualMemory 函数分配虚拟页时只使用了 MEM_RESERVE 标志，没有使用 MEM_COMMIT 标志，尝试说明这两个标志的区别。修改代码，在调用 MmAllocateVirtualMemory 函数时增加使用 MEM_COMMIT 标志，并调试为虚拟页映射物理页的过程。

（6）尝试在启动一个应用程序进程前执行 pm 命令，并记录此时已经被占用的物理页数量；执行 vm 命令查看系统进程的虚拟地址描述符信息，并记录系统进程已经分配的虚拟页数量。启动一个应用程序进程后，再执行 pm 命令，并记录下此时被占用的物理页数量；使用 vm 命令分别查看系统进程和应用程序进程的虚拟地址描述符信息，分别记录系统进程和应用程序进程已经分配的虚拟页数量。结合记录的 5 个数据，尝试说明由于应用程序进程执行而增加的物理页数量与增加的虚拟页数量是否一致。如果不一致，尝试说明原因。

第 16 章　实验 8　分页存储器管理

实验性质：验证＋设计

建议学时：2 学时

【实验目的】

- 学习 i386 处理器的二级页表硬件机制，理解分页存储器管理原理。
- 查看 EOS 应用程序进程和系统进程的二级页表映射信息，理解页目录和页表的管理方式。
- 编程修改页目录和页表的映射关系，理解分页地址变换原理。

【预备知识】

阅读本书第 6 章。了解 i386 处理器的二级页表硬件机制，EOS 操作系统的分页存储器管理方式，以及进程地址空间的内存分布。

【实验内容】

1. 准备实验

按照下面的步骤准备本次实验：

（1）启动 OS Lab。

（2）新建一个 EOS 应用程序项目。

2. 查看 EOS 应用程序进程的页目录和页表

使用 OS Lab 打开本实验文件夹中的 memory.c 和 getcr3.asm 文件（将文件拖动到 OS Lab 窗口中释放即可打开）。仔细阅读这两个文件中的源代码和注释，main 函数的流程图可以参见图 16-1。

按照下面的步骤查看 EOS 应用程序进程的页目录和页表：

（1）使用 memory.c 文件中的源代码替换之前创建的 EOS 应用程序项目中 EOSApp.c 文件中的源代码。

（2）右击"项目管理器"窗口中的"源文件"文件夹节点，在弹出的快捷菜单中选择"添加"中的"添加新文件"。

（3）在弹出的"添加新文件"对话框中选择"asm 源文件"模板。

（4）在"名称"文本框中输入文件名称 func。

（5）单击"添加"按钮添加并自动打开文件 func.asm。

（6）将 getcr3.asm 文件中的源代码复制到 func.asm 文件中。

（7）按 F7 键生成修改后的 EOS 应用程序项目。

（8）按 F5 键启动调试。

（9）应用程序执行的过程中，会将该进程的二级页表映射信息输出到虚拟机窗口和 OS

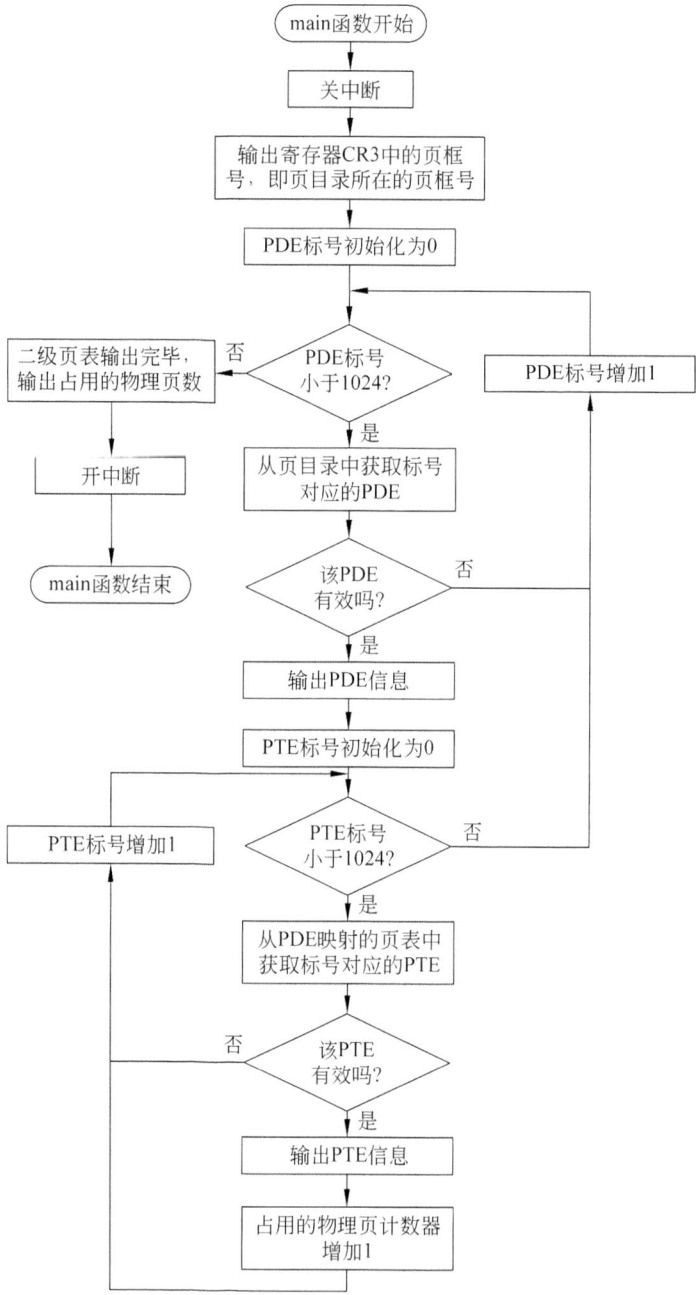

图 16-1　main 函数流程图

Lab"输出"窗口中,输出内容如图 16-2(a)所示。

(10) 将"输出"窗口中的内容复制到一个文本文件中。

图 16-2(a)中第一行是 CR3 寄存器的值,也就是页目录所在的页框号。第一列是页目录中有效的 PDE,第二列是 PDE 映射的页表中有效的 PTE(详细的格式可以参考源代码中的注释)。注意,在标号为 0x200 的 PDE 对应的页表中,所有的 1024 个 PTE 都是有效的,所以在图中省略了一部分。

CR3->0x409	CR3->0x400
PDE: 0x1 (0x400000)->0x41D	
PTE: 0x1 (0x401000)->0x41E	
PTE: 0x2 (0x402000)->0x41F	
PTE: 0x3 (0x403000)->0x420	
PTE: 0x4 (0x404000)->0x421	
PTE: 0x5 (0x405000)->0x422	
PTE: 0x6 (0x406000)->0x423	
PTE: 0x7 (0x407000)->0x424	
PTE: 0x8 (0x408000)->0x425	
PTE: 0x9 (0x409000)->0x426	
PTE: 0xA (0x40A000)->0x427	
PTE: 0xB (0x40B000)->0x428	
PDE: 0x200 (0x80000000)->0x401	PDE: 0x200 (0x80000000)->0x401
PTE: 0x0 (0x80000000)->0x0	PTE: 0x0 (0x80000000)->0x0
PTE: 0x1 (0x80001000)->0x1	PTE: 0x1 (0x80001000)->0x1
...	...
PTE: 0x3FE (0x803FE000)->0x3FE	PTE: 0x3FE (0x803FE000)->0x3FE
PTE: 0x3FF (0x803FF000)->0x3FF	PTE: 0x3FF (0x803FF000)->0x3FF
PDE: 0x280 (0xA0000000)->0x403	PDE: 0x280 (0xA0000000)->0x403
PTE: 0x0 (0xA0000000)->0x405	PTE: 0x0 (0xA0000000)->0x405
PTE: 0x1 (0xA0001000)->0x406	PTE: 0x1 (0xA0001000)->0x406
PTE: 0x2 (0xA0002000)->0x407	PTE: 0x2 (0xA0002000)->0x407
PTE: 0x3 (0xA0003000)->0x41C	PTE: 0x3 (0xA0003000)->0x41C
PTE: 0x5 (0xA0005000)->0x40A	PTE: 0x5 (0xA0005000)->0x40A
PTE: 0x6 (0xA0006000)->0x40B	PTE: 0x6 (0xA0006000)->0x40B
PTE: 0x7 (0xA0007000)->0x40C	PTE: 0x7 (0xA0007000)->0x40C
PTE: 0x8 (0xA0008000)->0x40D	PTE: 0x8 (0xA0008000)->0x40D
PTE: 0x9 (0xA0009000)->0x40E	PTE: 0x9 (0xA0009000)->0x40E
PTE: 0xA (0xA000A000)->0x40F	PTE: 0xA (0xA000A000)->0x40F
PTE: 0xB (0xA000B000)->0x410	PTE: 0xB (0xA000B000)->0x410
PTE: 0xC (0xA000C000)->0x411	PTE: 0xC (0xA000C000)->0x411
PTE: 0xD (0xA000D000)->0x412	PTE: 0xD (0xA000D000)->0x412
PTE: 0xE (0xA000E000)->0x413	PTE: 0xE (0xA000E000)->0x413
PTE: 0xF (0xA000F000)->0x414	PTE: 0xF (0xA000F000)->0x414
PTE: 0x10 (0xA0010000)->0x415	PTE: 0x10 (0xA0010000)->0x415
PTE: 0x11 (0xA0011000)->0x416	PTE: 0x11 (0xA0011000)->0x416
PTE: 0x12 (0xA0012000)->0x417	PTE: 0x12 (0xA0012000)->0x417
PTE: 0x13 (0xA0013000)->0x418	PTE: 0x13 (0xA0013000)->0x418
PTE: 0x14 (0xA0014000)->0x419	PTE: 0x14 (0xA0014000)->0x419
PTE: 0x15 (0xA0015000)->0x41A	PTE: 0x15 (0xA0015000)->0x41A
PTE: 0x16 (0xA0016000)->0x41B	PTE: 0x16 (0xA0016000)->0x41B
PTE: 0x17 (0xA0017000)->0x429	PTE: 0x17 (0xA0017000)->0x429
PTE: 0x18 (0xA0018000)->0x42A	PTE: 0x18 (0xA0018000)->0x42A
PDE: 0x281 (0xA0400000)->0x404	PDE: 0x281 (0xA0400000)->0x404
PDE: 0x300 (0xC0000000)->0x409	PDE: 0x300 (0xC0000000)->0x400
PTE: 0x1 (0xC0001000)->0x41D	
PTE: 0x200 (0xC0200000)->0x401	PTE: 0x200 (0xC0200000)->0x401
PTE: 0x280 (0xC0280000)->0x403	PTE: 0x280 (0xC0280000)->0x403
PTE: 0x281 (0xC0281000)->0x404	PTE: 0x281 (0xC0281000)->0x404
PTE: 0x300 (0xC0300000)->0x409	PTE: 0x300 (0xC0300000)->0x400
PTE: 0x301 (0xC0301000)->0x402	PTE: 0x301 (0xC0301000)->0x402
PDE: 0x301 (0xC0400000)->0x402	PDE: 0x301 (0xC0400000)->0x402
PTE: 0x0 (0xC0400000)->0x408	
Physical Page Total: 1066	Physical Page Total: 1053
Physical Memory Total: 4366336	Physical Memory Total: 4313088
(a) EOS进程的二级页表映射信息	(b) 系统进程的二级页表映射信息

图 16-2　二级页表映射信息

根据图 16-2(a)回答下面的问题：

- 应用程序进程的页目录和页表一共占用了几个物理页？页框号分别是多少？
- 映射用户地址空间(低 2GB)的页表的页框号是多少？该页表有几个有效的 PTE，或者说有几个物理页用来装载应用程序的代码、数据和堆栈？页框号分别是多少？

3. 查看应用程序进程和系统进程并发时的页目录和页表

需要对 EOS 应用程序进行一些修改：

(1) 结束之前的调试。

(2) 取消 EOSApp.c 第 121 行语句的注释(该行语句会等待 10 秒)。

(3) 按 F7 键生成修改后的 EOS 应用程序项目。

(4) 按 F5 键启动调试。

(5) 在 Console-1 中会自动执行 EOSApp.exe，创建该应用程序进程。利用其等待 10s 的时间，按 Ctrl＋F2 键切换到 Console-2。

(6) 在 Console-2 中输入命令 mm 后按 Enter 键，会将系统进程的二级页表映射信息输出到虚拟机窗口和 OS Lab 的"输出"窗口，输出内容如图 16-2(b)所示。注意，在图 16-2(b)中添加了一些空行，方便与图 16-2(a)比较。Console-1 中的应用程序在等待 10s 后，又会输出和图 16-2(a)一致的内容。

(7) 将"输出"窗口中的内容复制到一个文本文件中。

控制台命令 mm 对应的源代码在 EOS 内核项目 ke/sysproc.c 文件的 ConsoleCmdMemoryMap 函数中(第 382 行)。阅读这部分源代码后会发现，其与 EOSApp.c 文件中的源代码基本类似。

结合图 16-2(a)和图 16-2(b)回答下面的问题：

- EOS 启动后系统进程是一直运行的，所以当创建应用程序进程后，系统中就同时存在了两个进程，这两个进程是否有各自的页目录？在页目录映射的页表中，哪些是独占的，哪些是共享的？分析其中的原因。
- 统计当应用程序进程和系统进程并发时，总共有多少物理页被占用？

应用程序结束后，在 Console-1 中再次输入命令 mm，查看在没有应用程序进程时，系统进程的页目录和页表。将"输出"窗口中的内容复制到一个文本文件中。将输出的内容与图 16-2(b)比较，思考为什么系统进程(即内核地址空间)占用的物理页会减少？(提示：创建应用程序进程时，EOS 内核要为其创建 PCB，应用程序结束时，内核要释放 PCB 占用的内存)。

4. 查看应用程序进程并发时的页目录和页表

需要对 EOS 应用程序进行一些修改：

(1) 结束之前的调试。

(2) 取消 EOSApp.c 第 201 行语句的注释(该行语句会等待 10 秒)。

(3) 按 F7 键生成修改后的 EOS 应用程序项目。

(4) 按 F5 键启动调试。

(5) 在 Console-1 中会自动执行 EOSApp.exe，创建该应用程序进程。利用其等待 10s 的时间，按 Ctrl＋F2 键切换到 Console-2。

(6) 在 Console-2 中输入 eosapp 后按回车，再执行一个 EOSApp.exe。

(7) 由 EOSApp.exe 创建的两个并发进程会先后在各自的控制台和 OS Lab"输出"窗口中，输出各自的二级页表映射信息。输出的内容如图 16-3 所示。

CR3->0x409	CR3->0x42B
PDE: 0x1 (0x400000)->0x41D	PDE: 0x1 (0x400000)->0x42E
PTE: 0x1 (0x401000)->0x41E	PTE: 0x1 (0x401000)->0x42F
PTE: 0x2 (0x402000)->0x41F	PTE: 0x2 (0x402000)->0x430
PTE: 0x3 (0x403000)->0x420	PTE: 0x3 (0x403000)->0x431
PTE: 0x4 (0x404000)->0x421	PTE: 0x4 (0x404000)->0x432
PTE: 0x5 (0x405000)->0x422	PTE: 0x5 (0x405000)->0x433
PTE: 0x6 (0x406000)->0x423	PTE: 0x6 (0x406000)->0x434
PTE: 0x7 (0x407000)->0x424	PTE: 0x7 (0x407000)->0x435
PTE: 0x8 (0x408000)->0x425	PTE: 0x8 (0x408000)->0x436
PTE: 0x9 (0x409000)->0x426	PTE: 0x9 (0x409000)->0x437
PTE: 0xA (0x40A000)->0x427	PTE: 0xA (0x40A000)->0x438
PTE: 0xB (0x40B000)->0x428	PTE: 0xB (0x40B000)->0x439
PDE: 0x200 (0x80000000)->0x401	PDE: 0x200 (0x80000000)->0x401
PTE: 0x0 (0x80000000)->0x0	PTE: 0x0 (0x80000000)->0x0
PTE: 0x1 (0x80001000)->0x1	PTE: 0x1 (0x80001000)->0x1
...	...
PTE: 0x3FE (0x803FE000)->0x3FE	PTE: 0x3FE (0x803FE000)->0x3FE
PTE: 0x3FF (0x803FF000)->0x3FF	PTE: 0x3FF (0x803FF000)->0x3FF
PDE: 0x280 (0xA0000000)->0x403	PDE: 0x280 (0xA0000000)->0x403
PTE: 0x0 (0xA0000000)->0x405	PTE: 0x0 (0xA0000000)->0x405
PTE: 0x1 (0xA0001000)->0x406	PTE: 0x1 (0xA0001000)->0x406
PTE: 0x2 (0xA0002000)->0x407	PTE: 0x2 (0xA0002000)->0x407
PTE: 0x3 (0xA0003000)->0x41C	PTE: 0x3 (0xA0003000)->0x41C
PTE: 0x4 (0xA0004000)->0x42D	PTE: 0x4 (0xA0004000)->0x42D
PTE: 0x5 (0xA0005000)->0x40A	PTE: 0x5 (0xA0005000)->0x40A
PTE: 0x6 (0xA0006000)->0x40B	PTE: 0x6 (0xA0006000)->0x40B
PTE: 0x7 (0xA0007000)->0x40C	PTE: 0x7 (0xA0007000)->0x40C
PTE: 0x8 (0xA0008000)->0x40D	PTE: 0x8 (0xA0008000)->0x40D
PTE: 0x9 (0xA0009000)->0x40E	PTE: 0x9 (0xA0009000)->0x40E
PTE: 0xA (0xA000A000)->0x40F	PTE: 0xA (0xA000A000)->0x40F
PTE: 0xB (0xA000B000)->0x410	PTE: 0xB (0xA000B000)->0x410
PTE: 0xC (0xA000C000)->0x411	PTE: 0xC (0xA000C000)->0x411
PTE: 0xD (0xA000D000)->0x412	PTE: 0xD (0xA000D000)->0x412
PTE: 0xE (0xA000E000)->0x413	PTE: 0xE (0xA000E000)->0x413
PTE: 0xF (0xA000F000)->0x414	PTE: 0xF (0xA000F000)->0x414
PTE: 0x10 (0xA0010000)->0x415	PTE: 0x10 (0xA0010000)->0x415
PTE: 0x11 (0xA0011000)->0x416	PTE: 0x11 (0xA0011000)->0x416
PTE: 0x12 (0xA0012000)->0x417	PTE: 0x12 (0xA0012000)->0x417
PTE: 0x13 (0xA0013000)->0x418	PTE: 0x13 (0xA0013000)->0x418
PTE: 0x14 (0xA0014000)->0x419	PTE: 0x14 (0xA0014000)->0x419
PTE: 0x15 (0xA0015000)->0x41A	PTE: 0x15 (0xA0015000)->0x41A
PTE: 0x16 (0xA0016000)->0x41B	PTE: 0x16 (0xA0016000)->0x41B
PTE: 0x17 (0xA0017000)->0x429	PTE: 0x17 (0xA0017000)->0x429
PTE: 0x18 (0xA0018000)->0x42A	PTE: 0x18 (0xA0018000)->0x42A
PTE: 0x19 (0xA0019000)->0x43A	PTE: 0x19 (0xA0019000)->0x43A
PTE: 0x1A (0xA001A000)->0x43B	PTE: 0x1A (0xA001A000)->0x43B
PDE: 0x281 (0xA0400000)->0x404	PDE: 0x281 (0xA0400000)->0x404
PDE: 0x300 (0xC0000000)->0x409	PDE: 0x300 (0xC0000000)->0x42B
PTE: 0x1 (0xC0001000)->0x41D	PTE: 0x1 (0xC0001000)->0x42E
PTE: 0x200 (0xC0200000)->0x401	PTE: 0x200 (0xC0200000)->0x401
PTE: 0x280 (0xC0280000)->0x403	PTE: 0x280 (0xC0280000)->0x403
PTE: 0x281 (0xC0281000)->0x404	PTE: 0x281 (0xC0281000)->0x404
PTE: 0x300 (0xC0300000)->0x409	PTE: 0x300 (0xC0300000)->0x42B
PTE: 0x301 (0xC0301000)->0x402	PTE: 0x301 (0xC0301000)->0x402
PDE: 0x301 (0xC0400000)->0x402	PDE: 0x301 (0xC0400000)->0x402
PTE: 0x0 (0xC0400000)->0x408	PTE: 0x0 (0xC0400000)->0x42C
Physical Page Total: 1069	Physical Page Total: 1069
Physical Memory Total: 4378624	Physical Memory Total: 4378624

(a) 进程1的二级页表映射信息　　　　　　　(b) 进程2的二级页表映射信息

图 16-3　进程的二级页表映射信息

（8）将"输出"窗口中的内容复制到一个文本文件中。

结合图 16-3(a) 和图 16-3(b) 回答下面的问题：

- 观察这两个进程的用户地址空间，可以得出结论：同一个应用程序创建的两个并发的进程，它们的用户虚拟地址空间完全相同，而映射的物理页完全不同，从而保证相同的行为（执行过程）可以在独立的空间内完成。

  假设进程 1 的 0x41E 和 0x41F 物理页保存了应用程序的可执行代码，由于可执行代码是不变的、只读的，现在假设优化过的 EOS 允许进程 2 共享进程 1 保存的可执行代码的物理页，尝试结合图 16-3 写出此时进程 2 用户地址空间的映射信息。并说明共享可执行代码的物理页能带来哪些好处。

- 统计当两个应用程序进程并发时，总共有多少物理页被占用？有更多的进程同时运行呢？根据之前的操作方式，尝试在更多的控制台中启动应用程序验证自己的想法。如果进程的数量足够多，物理内存是否会用尽，如何解决该问题？

5. 在二级页表中映射新申请的物理页

下面通过编程的方式，从 EOS 操作系统内核中申请两个未用的物理页，将第一个物理页当作页表，映射基址为 0xE0000000 的 4MB 虚拟地址空间，然后将第二个物理页分别映射到基址为 0xE0000000 和 0xE0001000 的 4KB 虚拟地址空间。从而验证下面的结论：

- 虽然进程可以访问 4GB 虚拟地址空间，但是只有当一个虚拟地址通过二级页表映射关系能够映射到实际的物理地址时，该虚拟地址才能被访问，否则会触发异常。
- 所有未用的物理页都是由 EOS 操作系统内核统一管理的，使用时必须向内核申请。
- 为虚拟地址映射物理页时，必须首先为页目录安装页表，然后再为页表安装物理页。并且只有在刷新快表后，对页目录和页表的更改才能生效。
- 不同的虚拟地址可以映射相同的物理页，从而实现共享。

首先验证第一个结论：

（1）新建一个 EOS Kernel 项目。

（2）从"项目管理器"打开 ke/sysproc.c 文件。

（3）打开本实验文件夹中的 MapNewPage.c 文件（将文件拖动 OS Lab 窗口中释放即可）。

（4）在 sysproc.c 文件的 ConsoleCmdMemoryMap 函数中找到"关中断"的代码行（第413 行），将 MapNewPage.c 文件中的代码插入"关中断"代码行的后面。

（5）按 F7 键生成该内核项目。

（6）按 F5 键启动调试。

（7）在 EOS 控制台中输入命令 mm 后按回车。

（8）OS Lab 会弹出一个调试异常对话框，选择"是"调试异常。

（9）黄色箭头指向访问虚拟地址 0xE0000000 的代码行。由于该虚拟地址没有映射物理内存（见图 16-2 和图 16-3 中都未映射该虚拟地址），所以对该虚拟地址的访问会触发异常。

（10）结束此次调试，然后删除或者注释会触发异常的该行代码。

按照下面的步骤验证其他结论：

（1）按 F7 键生成该内核项目。

（2）按 F5 键启动调试。

（3）在 EOS 控制台中输入命令 mm 后按回车。

（4）在 OS Lab 的“输出”窗口中查看执行的结果，并将“输出”窗口中的内容复制到一个文本文件中。

结合插入的源代码和执行的结果理解上面的结论。注意，在代码中修改了虚拟地址 0xE0000000 处的内存的值，然后从虚拟地址 0xE0001000 处读取了相同的值，原因是这两处虚拟地址映射相同的物理页。

【思考与练习】

（1）观察之前输出的页目录和页表的映射关系，可以看到页目录的第 0x300 个 PDE 映射的页框号就是页目录本身，说明页目录被复用为页表。而恰恰就是这种映射关系决定了 4KB 的页目录映射在虚拟地址空间的 0xC0300000～0xC0300FFF，4MB 的页表映射在 0xC0000000～0xC03FFFFF。现在，假设修改了页目录，使其第 0x100 个 PDE 映射的页框号是页目录本身，此时页目录和页表会映射在 4GB 虚拟地址空间的什么位置呢？说明计算方法。

（2）修改 EOSApp.c 中的源代码，通过编程的方式统计并输出用户地址空间占用的内存数目。

（3）修改 EOSApp.c 中的源代码，通过编程的方式统计并输出页目录和页表的数目。注意页目录被复用为页表。

（4）在 EOS 启动时，软盘引导扇区被加载到从 0x7C00 开始的 512 字节的物理内存中，计算一下其所在的物理页框号，然后根据物理内存与虚拟内存的映射关系得到其所在的虚拟地址。修改 EOSApp.c 中的源代码，尝试将软盘引导扇区所在虚拟地址的 512 字节值打印出来，与 boot.lst 文件中的指令字节码进行比较，验证计算的虚拟地址是否正确。

（5）既然所有 1024 个页表（共 4MB）映射在虚拟地址空间的 0xC0000000～0xC03FFFFF，为什么不能从页表基址 0xC0000000 开始遍历，查找有效的页表呢？而必须先在页目录中查找有效的页表呢？编写代码尝试一下，看看会有什么结果。

（6）学习 EOS 操作系统内核统一管理未用物理页的方法（可以参考 6.5 节）。尝试在本实验第 5 条中 ConsoleCmdMemoryMap 函数源代码的基础上进行修改，将申请的物理页从二级页表映射中移除，并让内核回收这些物理页。

（7）思考页式存储管理机制的优缺点。

第 17 章　实验 9　串口设备驱动程序

实验性质：验证＋设计
建议学时：2 学时

【实验目的】

- 调试 EOS 串口驱动程序向串口发送数据的功能，了解设备驱动程序的工作原理。
- 为 EOS 串口驱动程序添加从串口接收数据的功能，进一步加深对设备驱动程序工作原理的理解。

【预备知识】

1. 串口控制器 8250 工作方式

这里简单讲解 8250 的工作方式，详细内容请参考计算机接口教材。8250 是一种异步串行可编程输入输出芯片，能实现全双工、多种波特率的串行通信，还能对调制解调器实施全面控制。8250 可以工作在查询模式和中断模式下。在中断模式下的工作方式如下：

1）发送数据

操作系统将一个字符（字节）放入 THR 寄存器（发送保持寄存器），THR 寄存器中的数据会被 8250 自动传送到移位发送寄存器进行发送。THR 中的数据发送完毕后，8250 会触发一次中断，此时中断处理程序可以将下一个字符放入 THR，继续由 8250 发送。

2）接收数据

8250 每接收一个字符（字节）后，会将接收的字符放入 RBR 寄存器（接收缓冲寄存器），并触发一次中断，由中断处理程序将 RBR 寄存器中的字符读出并交给操作系统。

3）判断中断类型

由于 8250 触发的中断有发送数据完毕、接收数据完毕这两种不同的情况，所以中断处理程序需要根据 8250 的 IIR 寄存器（中断识别寄存器）的值判断中断的类型。当 IIR 寄存器中的值为 2 时，是 THR 寄存器空，可以继续发送数据；否则，是 RBR 寄存器就绪，可以接收其中的数据。

2. 事件对象

阅读 5.3 节对 Event 对象的说明，了解事件同步对象的工作原理和使用方法。事件同步对象在串口设备驱动程序中有很重要的作用。注意，操作事件对象的每个 API 函数在内核中都有一个内部函数相对应，在内核中操作事件对象时只调用这些内部函数，而不是 API 函数。

3. EOS 设备驱动程序模型

阅读 7.1 节、7.2 节和 7.3 节，了解 EOS 设备驱动程序模型以及设备驱动程序的工作原理。

参见流程图 7-1，阅读向串口发送数据函数 SrlWrite 和串口中断处理程序函数 SrlIsr

的源代码(分别在 EOS 内核项目 io/driver/serial.c 文件的第 302 行和第 348 行)。理解使用中断方式实现设备 I/O 的原理和意义。注意,在函数 SrlIsr 中还没有完成从串口接收数据的功能。

【实验内容】

1. 准备实验

按照下面的步骤准备实验:

(1) 启动 OS Lab。

(2) 新建一个 EOS Kernel 项目。

(3) 在"项目管理器"窗口中双击 Floppy.img 文件,使用 FloppyImageEditor 工具打开此软盘镜像。

(4) 将本实验文件夹中的 serial.exe 文件添加到软盘镜像的根目录中(将 serial.exe 文件拖动到 FloppyImageEditor 窗口中释放即可)。

(5) 单击 FloppyImageEditor 工具栏上的保存按钮,关闭该工具。

EOS 应用程序 serial.exe 的源代码可以参考本实验文件夹中的 SerialApp.c 文件。在阅读该文件的源代码时应重点学习 3 个 EOS API 函数的用法:

- 打开串口设备函数 CreateFile(参数说明可以参考 io/io.c 第 19 行定义的 IoCreateFile 函数)。该函数最终会调用串口设备驱动程序的 SrlCreate 函数。
- 向串口设备发送数据函数 WriteFile(参数说明可以参考 ob/obmethod.c 第 123 行定义的 ObWrite 函数)。该函数最终会调用串口设备驱动程序的 SrlWrite 函数。
- 从串口设备接收数据函数 ReadFile(参数说明可以参考 ob/obmethod.c 第 69 行定义的 ObRead 函数)。该函数最终会调用串口设备驱动程序的 SrlRead 函数。

2. 练习使用 EOS 应用程序向串口发送数据

按照下面的步骤练习:

(1) 按 F7 键生成 EOS 内核项目。

(2) 按 F5 键启动调试。

(3) EOS 启动成功后,在控制台中输入命令 serial 按 Enter 键,执行串口测试程序 serial.exe。串口测试程序启动后,会显示提示信息以及准备向 COM2 发送数据的提示符>>。

由于 OS Lab 已经为虚拟机上的 COM2 和主机上的 COM7 建立了连接,所以在向虚拟机的 COM2 发送数据之前,要先启动主机上的 Terminal 工具,准备从 COM7 接收数据:

(1) 在 OS Lab 的"工具"菜单中选择 Terminal,启动 Terminal 工具。

(2) 在"连接到"对话框中选择 COM7,单击"确定"按钮。

(3) 在"属性"对话框中单击"确定"按钮,使用默认设置。接下来就会显示 Terminal 的输入输出窗口,用于显示从 COM7 接收的数据和向 COM7 发送的数据。

(4) 此时激活虚拟机窗口,在 EOS 控制台中输入任意字符串并按 Enter 键后,Terminal 会接收由 serial.exe 发送到串口 COM2 的内容。例如在 serial 中输入 hello 按 Enter 键,Terminal 会接收并显示 hello,如图 17-1 所示。

(5) Serial.exe 调用 API 函数 WriteFile(SerialApp.c 文件的第 64 行)将从控制台输入

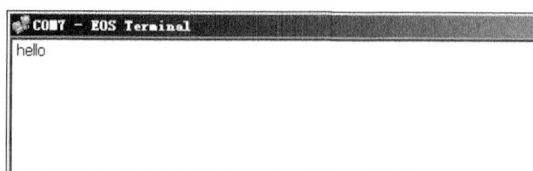

图 17-1　Terminal 接收数据

的内容发送到虚拟机的 COM2 后,会立刻调用 API 函数 ReadFile(SerialApp. c 文件的第 83 行)从 COM2 读取数据。由于当前 EOS 串口驱动程序尚未实现从串口读取数据的功能(文件 io/driver/serial. c 第 284 行的 SrlRead 函数未实现),所以 ReadFile 返回了错误,serial. exe 就退出了,如图 17-2 所示。

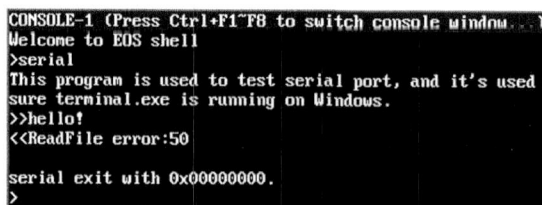

图 17-2　serial.exe 从串口接收数据失败后退出

（6）结束此次调试,关闭 Terminal 工具。

3. 调试 EOS 串口驱动程序向串口发送数据的功能

在为 EOS 串口驱动程序添加从串口接收数据的功能之前,先通过调试发送数据功能,了解发送数据的工作原理,在此基础上,就能够较轻松地完成接收数据功能。在调试时要重点理解下面几个方面:

- 发送完成事件和环行缓冲区的作用。它们在文件 io/driver/serial. c 的第 24、25 行定义,在第 184、185 行初始化。
- 对 8250 寄存器的操作和中断处理过程。

按照下面的步骤进行调试:

（1）在 OS Lab"项目管理器"窗口中打开串口驱动程序源文件 io/driver/serial. c。在函数 SrlWrite 的第一行（310 行）和最后一行（341 行）分别添加一个断点;在函数 SrlIsr 的第一行（352 行）添加一个断点;在函数 SrlRead 唯一的一条返回语句所在行（295 行）添加一个断点。

（2）按 F5 键启动调试。

（3）在内核初始化过程中,初始化 8250 控制器时会触发一个 8250 中断,并命中 SrlIsr 中设置的断点,按 F5 键让 EOS 继续执行,从而忽略此次中断。

（4）激活虚拟机窗口,在 EOS 控制台中输入命令 serial 按回车。

（5）在 OS Lab 的"工具"菜单中选择 Terminal 工具,并按本实验第 2 条中的方法打开串口 COM7,并进入工具的输入输出窗口。

（6）在 EOS 控制台中输入 12345 共 5 个字符按回车。

（7）在向串口发送数据时,serial 应用程序调用了 EOS 的 API 函数 WriteFile,而

WriteFile 最终调用了串口驱动程序的 SrlWrite 函数,所以会命中设置在 SrlWrite 函数第一行的断点。打开"调用堆栈"窗口验证函数调用的层次。

(8) 将鼠标指针移动到 SrlWrite 函数参数 Request 上,可以查看其值为 6。说明要发送包括 12345 和字符串结束符\0 在内的 6 个字符。

(9) 对照图 7-1(a),按 F10 键单步调试 SrlWrite 函数的执行过程。当变量 Data 被赋值后,查看变量的值为 0x31(字符 1 的 ASCII 代码)。当执行语句(第 332 行):

```
WRITE_PORT_UCHAR(REG_PORT(DeviceObject, THR), Data);
```

后,将会命中设置在 SrlIsr 中的断点,开始调试中断处理程序。激活 Terminal 工具窗口,可以看到已经接收字符 1。

尝试根据对 8250 中断处理方式的理解,说明在执行第 332 行语句后会进入中断处理程序的原因。此时,应用程序线程被阻塞在 SrlWrite 函数中(第 337 行),直到缓冲区中的数据发送完毕后才会被唤醒,并从第 337 行继续运行。注意,在第 337 行等待的事件对象是一个自动事件对象,即从该行函数返回后,事件对象又会自动变为无效(Nonsignaled)状态。

在应用程序线程被阻塞期间,串口中断处理程序完成了将缓冲区中的数据发送到 8250 的工作:

(1) 对照图 7-1(b),按 F10 键单步跟踪 SrlIsr 函数的执行过程。该函数会首先根据 IIR 寄存器判断中断类型,如果是 THR 寄存器空,会从发送缓冲区中读取下一个字符'2'并写入 THR 寄存器进行发送。

(2) SrlIsr 执行完最后一条语句时按 F5 键继续运行。此后会命中 SrlIsr 中的断点 5 次,每次命中都说明 8250 发送了一个字符,观察 Teminal 工具的窗口,都会看到又接收了一个字符。

(3) 在跟踪 SrlIsr 的第 6 次执行时要注意,因为此时缓冲区已空,SrlIsr 会执行语句:

```
PsSetEvent(&Ext->CompletionEvent);
```

设置发送完成事件有效,从而唤醒等待发送完成的应用程序线程。此后再按 F5 键继续运行,会命中设置在函数 SrlWrite 最后一行的断点,说明应用程序线程被唤醒后开始继续运行。

(4) 此时按 F5 键继续运行,应用程序会从 WriteFile 函数返回并调用 ReadFile 函数从串口接收数据,就会命中函数 SrlRead 中设置的断点。

(5) 由于 SrlRead 尚未实现,仅仅返回了 STATUS_NOT_SUPPORTED 错误码,所以按 F5 键继续后 serial 将会得到 ReadFile 执行错误的结果,serial 退出运行。

(6) 结束此次调试。关闭 Terminal 工具。

4. 为 EOS 串口驱动程序添加从串口接收数据的功能

1) 要求

完成 SrlRead 函数,使应用程序 serial. exe 在调用 ReadFile 时能够从 COM2 接收数据。

2) 测试方法

(1) EOS 内核项目代码修改完毕后,按 F7 键生成项目。

（2）按 F5 键启动调试。

（3）按照之前练习的方法启动 serial.exe 和 Terminal 工具。

（4）在 EOS 控制台输入字符串并发送到 Terminal 工具，从 Terminal 工具输入字符串应该可以再发送到 EOS 控制台，并可以交替地进行输入输出，如图 17-3 和图 17-4 所示。

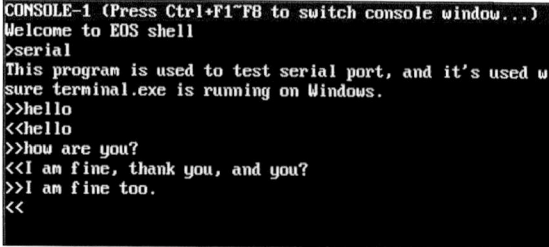

图 17-3　serial.exe 从串口发送和接收数据

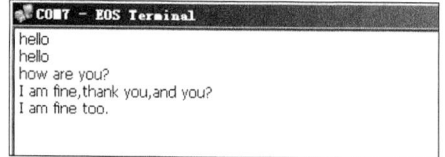

图 17-4　Terminal 从串口发送和接收数据

3）提示

（1）在串口设备扩展块结构体定义中添加一个接收缓冲区和一个接收缓冲区非空事件。在 io/driver/serial.c 第 28 行提示的位置添加下面的代码：

```
PRING_BUFFER RecvBuffer;            //接收数据缓冲区
EVENT RecvBufferNotEmpty;           //当接收缓冲区非空时处于 signaled 状态
```

（2）在 EOS 启动初始化时会添加串口设备对象，此时会初始化设备对象中的成员。所以，在 io/driver/serial.c 文件的函数 SrlAddDevice 中提示的位置（第 190 行）添加下面的代码：

```
//创建一个 256 字节的用于接收数据的环状缓冲区
Ext->RecvBuffer=IopCreateRingBuffer(256);
//初始化接收缓冲区非空事件、手动类型、无效状态
PsInitializeEvent(&Ext->RecvBufferNotEmpty, TRUE, FALSE);
```

（3）在打开串口设备时，需要清空之前接收的缓冲区中的数据。在 io/driver/serial.c 文件的函数 SrlCreate 中提示的位置（第 256 行）添加下面的代码：

```
//清理设备未打开时接收的缓冲区中的数据
//注意,下面对接收缓冲区的操作可能会和中断处理程序的接收操作冲突
//所以要关闭中断
IntState=KeEnableInterrupts(FALSE);
IopClearRingBuffer(Ext->RecvBuffer);
PsResetEvent(&Ext->RecvBufferNotEmpty);
KeEnableInterrupts(IntState);
```

（4）由于只要串口连接线上有数据送来，8250 就会自动将数据接收到 RBR 寄存器中，并触发中断，这种被动的方式和发送数据的过程是不一样的。所以，在串口中断处理程序中，每次接收数据后，都需要将接收的字符放入缓冲区，并设置接收缓冲区非空事件为有效

状态。在 io/driver/serial.c 文件的函数 SrlIsr 中提示的位置(第 393 行)添加下面的代码:

```
//将接收的数据写入接收缓冲区,然后设置接收缓冲区非空事件有效
//注意,不能等到缓冲区满了之后才唤醒线程,因为线程被唤醒后
//仅仅进入就绪状态,并不一定能够立刻运行,这期间如果再接收
//数据就会引起缓冲区溢出了
IopWriteRingBuffer(Ext->RecvBuffer, &Data, 1);
PsSetEvent(&Ext->RecvBufferNotEmpty);
```

(5)最后使用下面的代码替换 io/driver/serial.c 文件的函数 SrlRead(第 296 行)的函数体,并在此函数中完成接收数据操作。

```
{
    BOOL IntState;                //保存关闭中断时返回的中断状态
    ULONG Count;                  //保存实际从缓冲区中接收到数据的数量
    PDEVICE_EXTENSION Ext=
        (PDEVICE_EXTENSION)DeviceObject->DeviceExtension;
    //在此添加代码
    * Result=Count;
    return STATUS_SUCCESS;
}
```

添加的代码可以按如下过程执行:

① 调用函数 PsWaitForEvent 等待接收数据缓冲区非空事件,直到接收数据缓冲区中数据。

② 调用函数 KeEnableInterrupts 关闭中断。

③ 调用函数 IopReadRingBuffer 尝试从接收数据缓冲区中读取 Request 数量的字符到 Buffer 中,将实际读取的字符数量(函数返回值)赋值给变量 Count。函数 IopReadRingBuffer 的定义和调用方法见 io/rbuf.c 的第 109 行。

④ 调用函数 IopIsRingBufferEmpty 判断缓冲区是否变为空。如果缓冲区变为空,就需要调用 PsResetEvent 函数设置缓冲区非空事件为无效。

⑤ 调用函数 KeEnableInterrupts 打开中断。

【思考与练习】

(1)练习调试应用程序调用 CreateFile 函数打开串口设备的过程。练习调试应用程序调用 CloseHandle 函数关闭串口设备的过程。尝试说明这些操作设备的 API 函数(包括 CreateFile、WriteFile、ReadFile 和 CloseHandle)和设备驱动程序是如何隐藏设备细节的,以及这样做的意义。

(2)在 io/driver/serial.c 文件的 SrlAddDevice 函数中,将发送数据缓冲区初始化为 256 字节的大小。尝试将该缓冲区初始化为 8 字节的大小,然后使用 serial.exe 向串口发送大量数据(例如 16 个字符的字符串),调试此时 SrlWrite 函数执行的过程。体会缓冲区大小对程序执行效率造成的影响。

（3）在 io/driver/serial.c 文件的 SrlWrite 函数中,向串口发送数据时能否不使用缓冲区? 如果能不使用缓冲区,尝试修改代码实现你的想法,并说明在不使用缓冲区的情况下对程序执行效率造成的影响。

（4）在 io/driver/serial.c 文件的 SrlRead 函数中,访问接收数据缓冲区时必须关闭中断,思考这样做的原因。在 SrlWrite 函数中访问缓冲区时为什么不需要关闭中断呢? 思考中断在设备 I/O 中的重要作用和意义。

第 18 章　实验 10　磁盘调度算法

实验性质：验证＋设计

建议学时：2 学时

【实验目的】

- 通过学习 EOS 实现磁盘调度算法的机制，掌握磁盘调度算法执行的条件和时机。
- 观察 EOS 实现的 FCFS、SSTF 和 SCAN 磁盘调度算法，了解常用的磁盘调度算法。
- 编写 CSCAN 和 N-Step-SCAN 磁盘调度算法，加深对各种扫描算法的理解。

【预备知识】

阅读 7.5 节，并结合 io/block.c 文件中的 IopReceiveRequest 函数（第 67 行）、IopProcessNextRequest 函数（第 181 行）、IopDiskSchedule 函数（第 378 行）和 IopReadWriteSector 函数（第 263 行）的源代码，理解 EOS 是如何实现磁盘调度算法的。

阅读 ke/sysproc.c 文件中第 580 行的 ConsoleCmdDiskSchedule 函数及其调用的其他函数（包括第 536 行的 NewThreadAccessCylinder 函数和第 499 行的 AccessCylinderThread 函数），学习 EOS 是如何测试磁盘调度算法的，并体会这种测试方法的优缺点。

【实验内容】

1. 准备实验

按照下面的步骤准备实验：

（1）启动 OS Lab。

（2）新建一个 EOS Kernel 项目。

2. 验证先来先服务（FCFS）磁盘调度算法

按照下面的步骤进行验证：

（1）在"项目管理器"窗口中双击 ke 文件夹中的 sysproc.c 文件，打开此文件。

（2）在 sysproc.c 文件的第 580 行找到控制台命令 ds 对应的函数 ConsoleCmdDiskSchedule。ds 命令专门用来测试磁盘调度算法。阅读该函数中的源代码，目前该函数使磁头初始停留在磁道 10，其他被阻塞的线程依次访问磁道 8、21、9、78、0、41、10、67、12、10。

（3）打开 io/block.c 文件，在第 378 行找到磁盘调度算法函数 IopDiskSchedule。阅读该函数中的源代码，目前此函数实现了 FCFS 磁盘调度算法，其流程图可以参见图 18-1。

（4）按 F7 键生成项目，然后按 F5 键启动调试。

（5）待 EOS 启动完毕，在 EOS 控制台中输入命令 ds 按回车。

在 EOS 控制台中会首先显示磁头的起始位置是 10 磁道，然后按照线程被阻塞的顺序依次显示线程的信息（包括线程 ID 和访问的磁道号）。磁盘调度算法执行的过程中，在 OS Lab 的"输出"窗口中也会首先显示磁头的起始位置，然后按照线程被唤醒的顺序依次

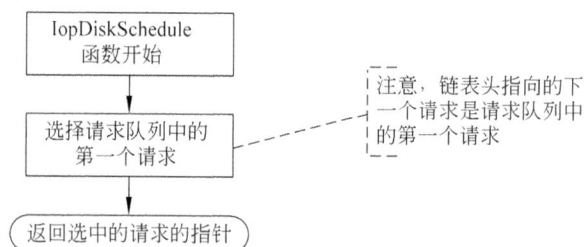

图 18-1　实现了 FCFS 算法的 IopDiskSchedule 函数流程图

显示线程信息(包括线程 ID、访问的磁道号、磁头移动的距离和方向),并在磁盘调度结束后显示此次调度的统计信息(包括总寻道数、寻道次数和平均寻道数)。对比 EOS 控制台和"输出"窗口中的内容,可以发现 FCFS 算法是根据线程访问磁盘的先后顺序进行调度的。图 18-2 显示了本次调度执行时磁头移动的轨迹。

可以在控制台中多次输入 ds 命令,查看磁盘调度算法执行的情况。将"输出"窗口中的内容复制到一个文本文件中,然后结束此次调试。

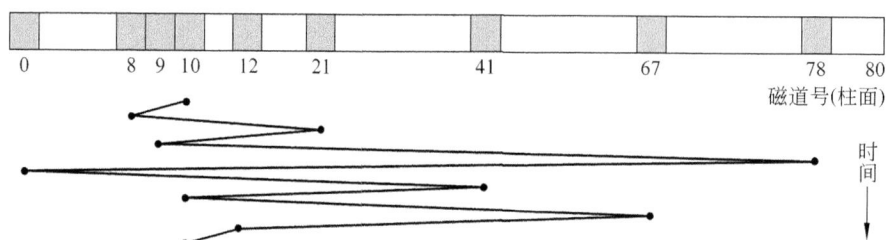

图 18-2　FCFS 算法磁头移动的轨迹 (总寻道数 360 寻道次数 10、平均寻道数 36)

3. 验证最短寻道时间优先(SSTF)磁盘调度算法

使用 OS Lab 打开本实验文件夹中的 sstf. c 文件(将 sstf. c 文件拖动到 OS Lab 窗口中释放即可)。该文件提供的 IopDiskSchedule 函数实现了 SSTF 磁盘调度算法。在阅读此函数的源代码时,可以参考图 18-3 所示的流程图,并且应特别注意下面几点:

- 变量 Offset 是有符号的长整型,用来表示磁头的偏移(包括距离和方向)。Offset 大于 0 时表示磁头向内移动(磁道号增加),小于 0 时表示磁头向外移动(磁道号减少),等于 0 时表示磁头没有移动。而名称以 Distance 结尾的变量都是无符号长整型,只表示磁头移动的距离(无方向)。所以在比较磁头的偏移和距离时,或者在将偏移赋值给距离时,都要取偏移的绝对值(调用 C 库函数 abs)。本实验在实现其他磁盘调度算法时也同样遵守此约定。
- 在开始遍历之前,将最小距离(ShortestDistance)初始化为最大的无符号长整型数,这样,第一次计算的距离一定会小于最小距离,从而可以使用第一次计算的距离来再次初始化最小距离。本实验在实现其他磁盘调度算法时也同样使用了此技巧。

按照下面的步骤进行验证:

(1) 使用 sstf. c 文件中 IopDiskSchedule 函数的函数体,替换 block. c 文件中 IopDiskSchedule 函数的函数体。

(2) 按 F7 键生成项目,然后按 F5 键启动调试。

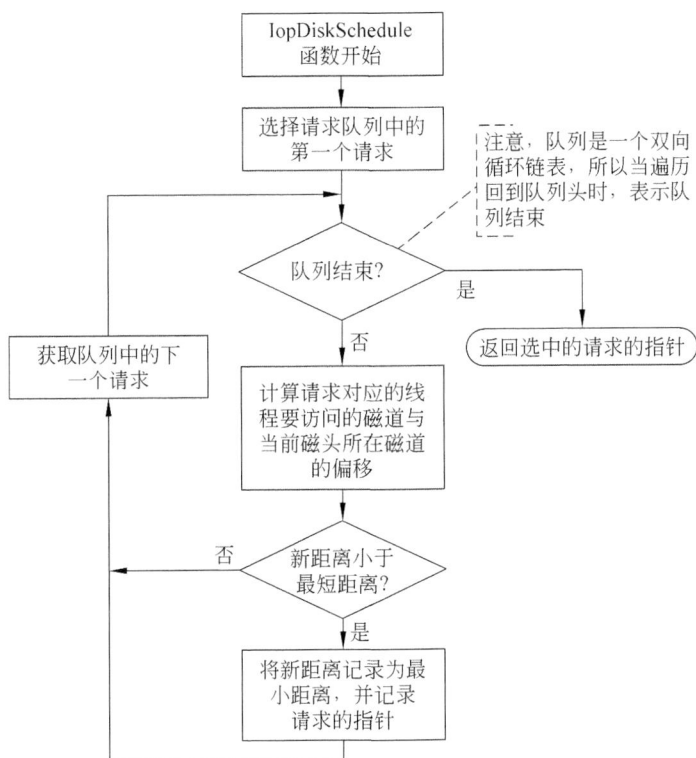

图 18-3　实现了 SSTF 算法的 IopDiskSchedule 函数流程图

(3) 待 EOS 启动完毕,在 EOS 控制台中输入命令 ds 按回车。

对比 EOS 控制台和"输出"窗口中的内容(特别是线程 ID 的顺序),可以发现,SSTF 算法唤醒线程的顺序与线程被阻塞的顺序是不同的。图 18-4 显示了本次调度执行时磁头移动的轨迹。对比 SSTF 算法与 FCFS 算法在"输出"窗口中的内容,可以看出,SSTF 算法的平均寻道数明显低于 FCFS 算法。但是,SSTF 算法能保证平均寻道数最少吗? 在后面的实验中会进行验证。

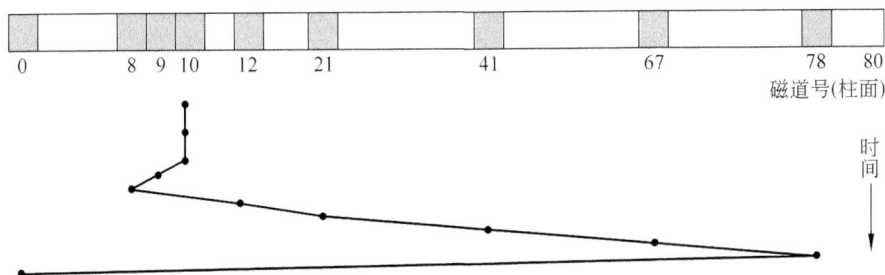

图 18-4　SSTF 算法磁头移动的轨迹(总寻道数 150、寻道次数 10、平均寻道数 15)

可以在控制台中多次输入 ds 命令,查看磁盘调度算法执行的情况。将"输出"窗口中的内容复制到一个文本文件中,然后结束此次调试。

4. 验证 SSTF 算法造成的线程"饥饿"现象

使用 SSTF 算法时,如果不断有新线程要求访问磁盘,而且其所要访问的磁道与当前磁头所在磁道的距离较近,这些新线程的请求必然会被优先满足,而等待队列中一些老线程的请求就会被严重推迟,从而使老线程出现"饥饿"现象。

按照下面的步骤进行实验,观察这个现象:

(1) 修改 sysproc.c 文件 ConsoleCmdDiskSchedule 函数中的源代码,仍然使磁头初始停留在磁道 10,而让其他线程依次访问磁道 78、21、9、8、11、41、10、67、12、10。

(2) 按 F7 键生成项目,然后按 F5 键启动调试。

(3) 待 EOS 启动完毕,在 EOS 控制台中输入命令 ds 按回车。

查看"输出"窗口中显示的内容,可以发现,虽然访问 78 号磁道的线程的请求第一个被放入请求队列,但却被推迟到最后才被处理,出现了"饥饿"现象。如果不断有新线程的请求到达并被优先满足,则访问 78 号磁道的线程的"饥饿"情况就会更加严重。

将"输出"窗口中的内容复制到一个文本文件中,然后结束此次调试。将 ConsoleCmdDiskSchedule 函数中线程访问的磁道号恢复到本实验第 2 条中的样子,在后面的实验中还要使用这些数据。

5. 验证扫描(SCAN)磁盘调度算法

对 SSTF 算法稍加改进后可以形成 SCAN 算法,可防止老线程出现"饥饿"现象。使用 OS Lab 打开本实验文件夹中的 scan.c 文件,该文件提供的 IopDiskSchedule 函数实现了 SCAN 磁盘调度算法。在阅读此函数的源代码的时,应特别注意下面几点:

- 在 block.c 文件中的第 374 行定义了一个布尔类型的全局变量 ScanInside,用于表示扫描算法中磁头移动的方向。该变量值为 TRUE 时表示磁头向内移动(磁道号增加);值为 FALSE 时表示磁头向外移动(磁道号减少)。该变量初始化为 TRUE,表示 SCAN 算法第一次执行时,磁头向内移动。

- 在 scan.c 文件的 IopDiskSchedule 函数中使用了双重循环。第一次遍历队列时,查找指定方向上移动距离最短的线程,如果在指定方向上已经没有线程,就变换方向,进行第二次遍历,同样是查找移动距离最短的线程。在这两次遍历中一定能找到合适的线程。

按照下面的步骤进行验证:

(1) 使用 scan.c 文件中 IopDiskSchedule 函数的函数体,替换 block.c 文件中 IopDiskSchedule 函数的函数体。

(2) 按 F7 键生成项目,然后按 F5 键启动调试。

(3) 待 EOS 启动完毕,在 EOS 控制台中输入命令 ds 按回车。

对比 SCAN 算法与 SSTF 算法在"输出"窗口中的内容,可以看出,SCAN 算法的平均寻道数有可能小于 SSTF 算法,所以说 SSTF 算法不能保证平均寻道数最少。图 18-5 显示了本次调度执行时磁头移动的轨迹。尝试在控制台中多次输入 ds 命令,查看磁盘调度算法执行的情况,说明为什么线程调度的顺序会发生变化。将"输出"窗口中的内容复制到一个文本文件中,然后结束此次调试。

使用 SCAN 算法调度在本实验第 4 条中产生"饥饿"现象的数据,验证 SCAN 算法能够解决"饥饿"现象,并将"输出"窗口中的内容保存到一个文本文件中。最后将 ConsoleCmdDiskSchedule 函数中线程访问的磁道号恢复到本实验第 2 条中的样子,在后面的实验中还要使用这些数据。

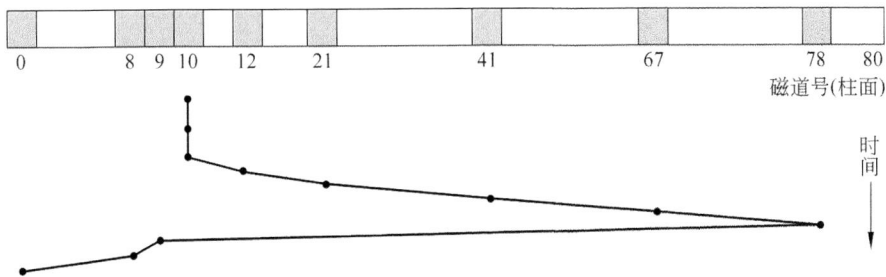

图 18-5 SCAN 算法磁头移动的轨迹（总寻道数 146、寻道次数 10、平均寻道数 14）

6. 改写 SCAN 算法

1）要求

在已有 SCAN 算法源代码的基础上进行改写,要求不再使用双重循环,而是只遍历一次请求队列中的请求,就可以选中下一个要处理的请求。由于线程和请求总是一一对应的,为了使后面的内容更加简单易懂,有时就不再区分这两个概念。

2）提示

（1）在一次遍历中,不再关心当前磁头移动的方向,而是同时找到两个方向上移动距离最短的线程所对应的请求,这样就不再需要遍历两次。

（2）在计算出线程要访问的磁道与当前磁头所在磁道的偏移后,可以将偏移分为 3 种类型:偏移为 0,表示线程要访问的磁道与当前磁头所在磁道相同,此情况应该优先被调度,可立即返回该线程对应的请求的指针;偏移大于 0,记录向内移动距离最短的线程对应的请求;偏移小于 0,记录向外移动距离最短的线程对应的请求。

（3）循环结束后,根据当前磁头移动的方向选择同方向移动距离最短的线程,如果在同方向上没有线程,就变换方向,选择反方向移动距离最短的线程。具体逻辑可以参见图 18-6 所示的流程图。

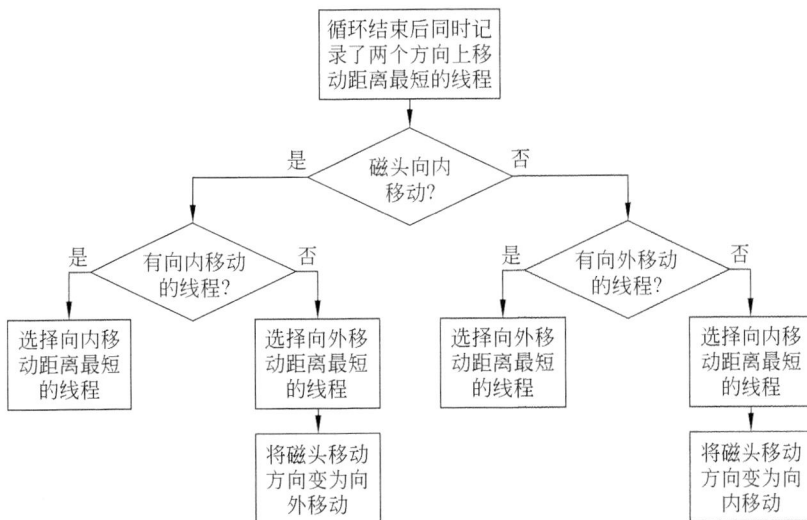

图 18-6 循环结束后,根据磁头移动方向选择合适线程的流程图

3）测试方法

使用本实验第 2 条中的数据进行测试，确保调度的结果与图 18-5 中显示的一致，也可以多准备几组测试数据，保证改写的 SCAN 算法是正确的。测试成功后，将改写的 SCAN 算法源代码备份。

7. 编写循环扫描（CSCAN）磁盘调度算法

1）要求

在已经完成的 SCAN 算法源代码的基础上进行改写，不再使用全局变量 ScanInside 确定磁头移动的方向，而是规定磁头只能从外向内移动。当磁头移动到最内的被访问磁道时，磁头立即移动到最外的被访问磁道，即将最大磁道号紧接着最小磁道号构成循环，进行扫描。

由于磁头移动的方向被固定，也就不需要根据磁头移动的方向进行分类处理，所以 CSCAN 算法的源代码会较 SCAN 算法更加简单。

2）提示

（1）由于规定了磁头只能从外向内移动，所以在每次遍历中，总是同时找到向内移动距离最短的线程和向外移动距离最长的线程。注意，与 SCAN 算法查找向外移动距离最短线程不同，这里查找向外移动距离最长的线程。在开始遍历前，可以将用来记录向外移动最长距离的变量赋值为 0。

（2）在计算出线程要访问的磁道与当前磁头所在磁道的偏移后，同样可以将偏移分为 3 种类型：偏移为 0，表示线程要访问的磁道与当前磁头所在磁道相同，此情况应优先被调度，可立即返回该线程对应的请求的指针；偏移大于 0，记录向内移动距离最短的线程对应的请求；偏移小于 0，记录向外移动距离最长的线程对应的请求。

（3）循环结束后，选择向内移动距离最短的线程，如果没有向内移动的线程，就选择向外移动距离最长的线程。

3）测试方法

使用本实验 2. 中的数据进行测试，确保调度的结果与图 18-7 中显示的一致。可以在控制台中多次输入 ds 命令，查看磁盘调度算法执行的情况。测试成功后，将"输出"窗口中的内容复制到一个文本文件中，并将编写的 CSCAN 算法源代码备份。

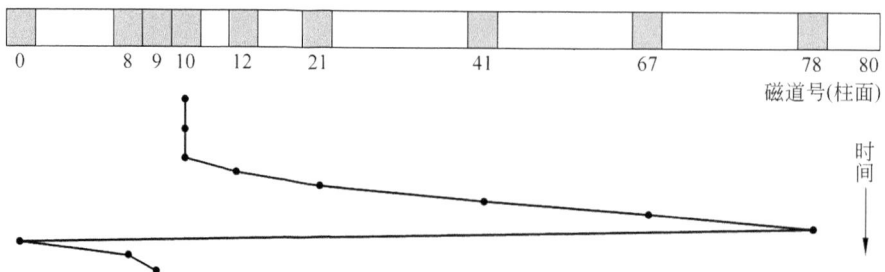

图 18-7　CSCAN 算法磁头移动的轨迹（总寻道数 155、寻道次数 10、平均寻道 15）

8. 验证 SSTF、SCAN 及 CSCAN 算法中的"磁臂粘着"现象

观察执行 SSTF、SCAN 及 CSCAN 算法时磁头移动的轨迹（见图 18-4、图 18-5 和图 18-7），可以看到，在开始时磁头都停留在 10 磁道不动，这就是"磁臂粘着"现象。为了更加明显地

观察该现象,按照下面的步骤进行实验:

(1) 修改 sysproc.c 文件 ConsoleCmdDiskSchedule 函数中的源代码,仍然使磁头初始停留在磁道 10,而让其他线程依次访问磁道 78、10、10、10、10、10、10、10、10、10。

(2) 分别使用 SSTF、SCAN 和 CSCAN 算法调度这组数据。

查看各种算法在"输出"窗口中显示的内容,可以发现,虽然访问 78 号磁道的线程的请求第一个被放入请求队列,但却被推迟到最后才被处理,出现了"磁臂粘着"现象。

将"输出"窗口中的内容复制到一个文本文件中,将 ConsoleCmdDiskSchedule 函数中线程访问的磁道号恢复到本实验第 2 条中的样子,在后面的实验中还要使用这些数据。

9. 编写 N-Step-SCAN 磁盘调度算法

1) 要求

在已经完成的 SCAN 算法源代码的基础上进行改写,将请求队列分成若干个长度为 N 的子队列,调度程序按照 FCFS 原则依次处理这些子队列,而每处理一个子队列时,又是按照 SCAN 算法。

2) 提示

(1) 在 block.c 文件中的第 360 行定义了一个宏 SUB_QUEUE_LENGTH,表示子队列的长度(即 N 值)。目前这个宏定义的值为 6。在第 367 行定义了一个全局变量 SubQueueRemainLength,表示第一个子队列剩余的长度,并初始化其值为 SUB_QUEUE_LENGTH。

(2) 在执行 N-Step-SCAN 算法时,要以第一个子队列剩余的长度作为计数器,确保只遍历第一个子队列剩余的项。所以,结束遍历的条件就既包括第一个子队列结束,又包括整个队列结束(如果整个队列的长度小于第一个子队列剩余的长度)。注意,不要直接使用第一个子队列剩余的长度作为计数器,可以定义一个新的局部变量作为计数器。

(3) 按照 SCAN 算法从第一个子队列剩余的项中选择一个合适的请求。最后,需要将第一个子队列剩余长度减少 1(SubQueueRemainLength 减少 1),如果第一个子队列剩余长度变为 0,说明第一个子队列处理完毕,需要将子队列剩余的长度重新变为 N(SubQueueRemainLength 重新赋值为 SUB_QUEUE_LENGTH),从而开始处理下一个子队列。

3) 测试方法

使用本实验 2. 中的数据进行测试,确保调度的结果与图 18-8 中显示的一致。尝试在控制台中多次输入 ds 命令,查看磁盘调度算法执行的情况,说明为什么调度的顺序会发生变

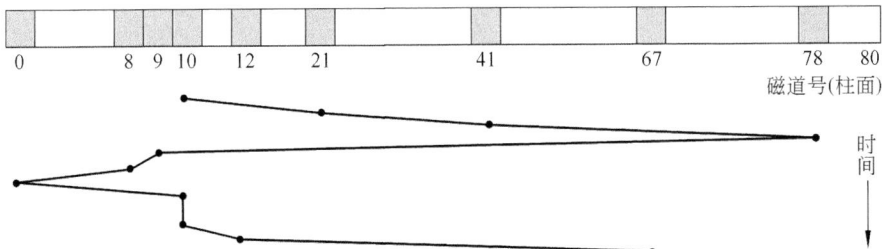

图 18-8　N 值取 6 时,N-Step-SCAN 算法磁头移动的轨迹

(总寻道数 213、寻道次数 10、平均寻道数 21)

化。将"输出"窗口中的内容复制到一个文本文件中,然后结束此次调试。

将宏定义 SUB_QUEUE_LENGTH 的值修改为 100,算法性能接近于 SCAN 算法的性能,此时调度的结果应该与图 18-5 中显示的一致;将宏定义 SUB_QUEUE_LENGTH 的值修改为 1,算法退化为 FCFS 算法,此时调度的结果应该与图 18-2 中显示的一致。

使用本实验第 8 条中的数据验证 N-Step-SCAN 算法可以避免"磁臂粘着"现象。测试成功后,将编写的 N-Step-SCAN 算法源代码备份。

【思考与练习】

(1) 在执行 SCAN、N-Step-SCAN 磁盘调度算法时,如果在 EOS 控制台中多次输入 ds 命令,调度的顺序会发生变化,说明造成这种现象的原因(提示:注意这两种算法使用的全局变量)。尝试修改源代码,使这两种算法在多次执行时,都能确保调度的顺序一致(提示:可以参考 io/block.c 文件中 IopReceiveRequest 函数和 IopProcessNextRequest 函数判断磁盘调度算法开始工作和结束工作的方法)。

(2) 尝试在 io/block.c 文件中定义一个全局的函数指针变量 DiskScheduleFunc,该函数指针初始指向实现了 FCFS 算法的 IopDiskSchedule 函数。修改 io/block.c 文件中的 IopProcessNextRequest 函数,在该函数中不再直接调用 IopDiskSchedule 函数,而是调用函数指针 DiskScheduleFunc 指向的磁盘调度算法函数;ke/sysproc.c 文件中的 ConsoleCmdDiskSchedule 函数中也不再直接调用 IopDiskSchedule 函数,也要修改为调用函数指针 DiskScheduleFunc 指向的磁盘调度算法函数。最后,添加一个控制台命令 sstf,该命令使函数指针 DiskScheduleFunc 指向实现了 SSTF 算法的函数。这样,在 EOS 启动后默认会执行 FCFS 算法,执行控制台命令 sstf,会执行 SSTF 算法。按照这种方式依次实现 fcfs、scan、cscan 和 nstepscan 命令。说明这种在 EOS 运行时动态切换磁盘调度算法的好处。

(3) 尝试使用各种操作系统教材上提供的磁盘调度算法的示例数据,验证本实验中实现的各种磁盘调度算法。

(4) 分析已经实现的各种磁盘调度算法的优缺点,尝试实现更多其他的磁盘调度算法。

(5) 当前的磁盘调度算法是在将线程唤醒时执行的,即在 IopProcessNextRequest 函数中调用的 IopDiskSchedule 函数。尝试在将线程的请求插入请求队列时执行磁盘调度算法,即在 IopReceiveRequest 函数中调用 IopDiskSchedule 函数,将请求队列按照调度的顺序进行排队,在 IopProcessNextRequest 函数中总是选择请求队列中的第一个请求进行处理,这样也可以实现各种磁盘调度算法。分析这两种磁盘调度算法执行的时机,对各种磁盘调度算法的实现所造成的影响。可以从算法的复杂程度,及使用控制台命令切换磁盘调度算法的灵活性两个方面分析。

(6) EOS 在块设备层实现了磁盘调度算法后,由于请求队列中的请求一定是被逐个处理的,所以并发的多个线程已经可以互斥的访问磁盘上的数据,那为什么在 IopReadWriteSector 函数中还要使用磁盘设备的互斥信号量进行互斥呢(提示:如果一个线程只是要获取磁盘设备的状态而不是要访问磁盘上的数据,是否需要对该线程进行磁盘调度?该线程是否要与其他并发访问磁盘设备的线程进行互斥)?

（7）目前 EOS 只管理了一个块设备——软盘驱动器，所以在块设备层中只需使用一个请求队列，记录一个设备的状态(包括设备是否忙和磁头当前所在的磁道号等)即可正常工作。如果 EOS 要管理多个块设备，例如，加入硬盘驱动器和光盘驱动器，则每个块设备都需要有一个自己的请求队列，并记录自己的状态。考虑在现有源代码的基础上进行修改，使 EOS 能够管理多个块设备，并为所有的块设备提供统一的磁盘调度算法。

第19章　实验11　扫描 FAT12 文件系统管理的软盘

实验性质：验证＋设计
建议学时：2 学时

【实验目的】

- 通过查看 FAT12 文件系统的扫描数据，并调试扫描的过程，理解 FAT12 文件系统管理软盘的方式。
- 通过改进 FAT12 文件系统的扫描功能，加深对 FAT12 文件系统的理解。

【预备知识】

阅读第 8 章，学习 FAT12 文件系统技术细节。关于 FAT 文件系统更详细的信息，还可以参阅微软硬件白皮书"FAT：General Overview of On-Disk Format"（在 OS Lab 的"帮助"菜单中选择"其他帮助文档"中的"FAT 文件系统概述"）。

【实验内容】

1. 准备实验

按照下面的步骤准备实验：

（1）启动 OS Lab。

（2）新建一个 EOS Kernel 项目。

2. 阅读控制台命令 sd 相关的源代码，并查看其执行的结果

阅读 ke/sysproc. c 文件中第 1321 行的 ConsoleCmdScanDisk 函数，学习 sd 命令是如何扫描软盘上的 FAT12 文件系统的。在阅读的过程中需要注意下面几点：

- 在开始扫描软盘之前要关闭中断，之后要打开中断，这样可以防止在命令执行的过程中有其他线程修改软盘上的数据。
- 以软盘的盘符 A：作为 ObpLookupObjectByName 函数的参数，就可以获得 FAT12 文件系统设备对象的指针。
- FAT12 文件系统设备对象的扩展块（FatDevice－＞DeviceExtension）是一个卷控制块（VCB，在文件 io/driver/fat12. h 的第 115 行定义），从其中可以获得文件系统的重要参数，并可以扫描 FAT 表。
- FatGetFatEntryValue 函数可以根据第二个参数所指定的簇号，返回簇在 FAT 表中对应项的值，在扫描 FAT 表时通过调用此函数统计空闲簇的数量（FreeClusterCount）。

按照下面的步骤执行控制台命令 sd，查看扫描的结果：

（1）按 F7 键生成在本实验准备中创建的 EOS Kernel 项目。

（2）按 F5 键启动调试。

（3）待 EOS 启动完毕，在 EOS 控制台中输入命令 sd 后按回车。

观察命令执行的结果，如图 19-1 所示，可以了解 FAT12 文件系统的信息。

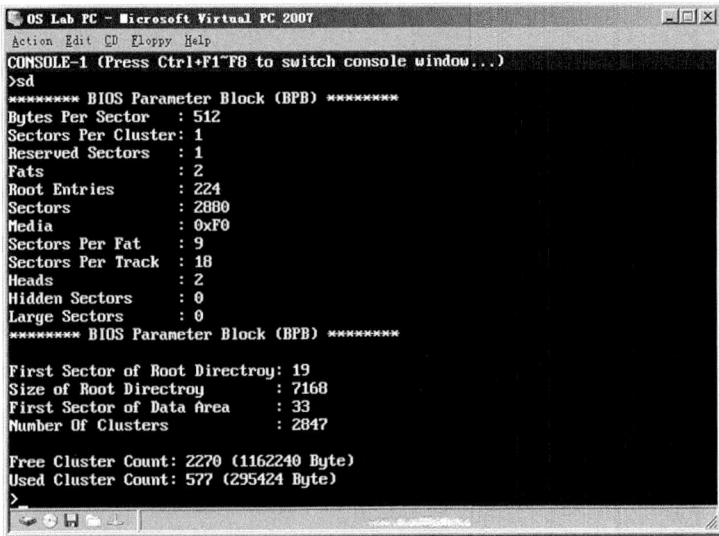

图 19-1 sd 命令的执行结果

3. 根据 BPB 中的信息计算其他信息

1）要求

修改 sd 命令函数 ConsoleCmdScanDisk 的源代码，在输出 BPB 中保存的信息后，不再通过 pVcb－＞FirstRootDirSector 等变量的值进行打印输出，而是通过 BPB 中保存的信息重新计算出下列信息，并打印输出：

（1）计算并打印输出根目录的起始扇区号，即 pVcb－＞FirstRootDirSector 的值。

（2）计算并打印输出根目录的大小，即 pVcb－＞RootDirSize 的值。

（3）计算并打印输出数据区的起始扇区号，即 pVcb－＞FirstDataSector 的值。

（4）计算并打印输出数据区中簇的数量，即 pVcb－＞NumberOfClusters 的值。

2）测试方法

（1）ConsoleCmdScanDisk 函数的源代码修改完毕后，按 F7 键生成项目。

（2）按 F5 键启动调试。

（3）待 EOS 启动完毕，在 EOS 控制台中输入命令 sd 按回车。

输出的内容应该仍然与图 19-1 所示的内容相同。

3）提示

在 ConsoleCmdScanDisk 函数中，使用下面的语句打印输出根目录的起始扇区号：

```
fprintf(StdHandle, "First Sector of Root Directroy: %d\n", pVcb->FirstRootDirSector);
```

根目录的起始扇区号可以使用保留扇区的数量加上 FAT 表占用扇区的数量计算获得，而这些信息都可以从 BPB 中获得，所以上面的语句可以修改为：

```
fprintf(StdHandle, "First Sector of Root Directroy: %d\n", pVcb->
Bpb.ReservedSectors+pVcb->Bpb.Fats * pVcb->Bpb.SectorsPerFat);
```

对于根目录的大小、数据区的起始扇区号、数据区中簇的数量这些信息也可以采用类似的方式计算获得。

4. 阅读控制台命令 dir 相关的源代码,并查看其执行的结果

阅读 ke/sysproc.c 文件中第 1227 行的 ConsoleCmdDir 函数,学习 dir 命令是如何扫描软盘的根目录并输出根目录中的文件信息的。在阅读的过程中需要注意下面几点:

- 在开始扫描根目录之前要关闭中断,之后要打开中断,这样可以防止在命令执行的过程中有其他线程修改软盘上的数据。
- 以软盘的盘符 A:作为 ObpLookupObjectByName 函数的参数,就可以获得 FAT12 文件系统设备对象的指针。
- FAT12 文件系统设备对象的扩展块(FatDevice—>DeviceExtension)是一个卷控制块(VCB,在文件 io/driver/fat12.h 的第 115 行定义),从其中可以获得文件系统的重要参数,可用于扫描根目录。
- 由于根目录的数据在软盘上,所以调用 MmAllocateVirtualMemory 函数分配了一块与根目录大小相同的缓冲区,然后调用 IopReadWriteSector 函数将根目录占用的扇区依次读入了缓冲区。注意在命令执行的最后需要调用 MmFreeVirtualMemory 函数释放缓冲区。
- 在扫描缓冲区中的目录项时,跳过了未使用的目录项和已经被删除的目录项,而只输出当前使用的目录项(文件)信息,包括文件名、文件大小和最后改写时间。

按照下面的步骤执行控制台命令 dir,查看扫描的结果:

(1) 按 F7 键生成在本实验 1. 中创建的 EOS Kernel 项目。

(2) 按 F5 键启动调试。

(3) 待 EOS 启动完毕,在 EOS 控制台中输入命令 dir 按回车。

观察命令执行的结果,如图 19-2 所示,可以看到当前软盘中存储的文件的信息。

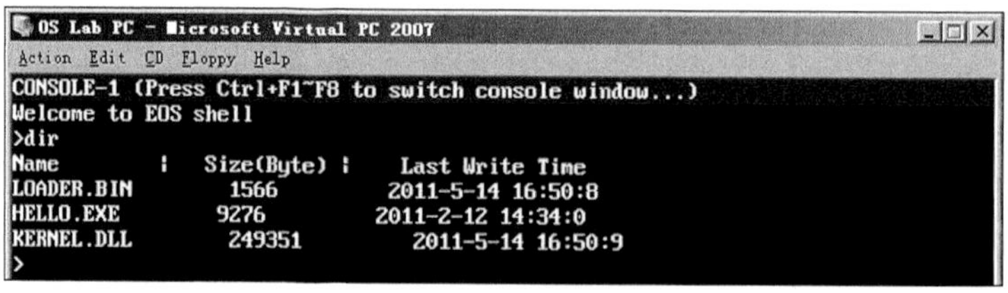

图 19-2　dir 命令的执行结果

5. 输出每个文件所占用的磁盘空间的大小

1) 要求

修改 dir 命令函数 ConsoleCmdDir 的源代码,要求在输出每个文件的名称、大小、最后改写时间后,再输出每个文件所占用的磁盘空间(以字节为单位)。

2) 测试方法

(1) ConsoleCmdDir 函数的源代码修改完毕,按 F7 键生成项目。

（2）在“项目管理器”窗口中双击 Floppy. img 文件,使用 FloppyImageEditor 工具打开此软盘镜像。

（3）将本实验文件夹中的 void. txt 文件(大小为 0)添加到软盘镜像的根目录中(将 void. txt 文件拖动到 FloppyImageEditor 窗口中释放即可)。

（4）单击 FloppyImageEditor 工具栏上的保存按钮,关闭该工具。

（5）按 F5 键启动调试。

（6）待 EOS 启动完毕,在 EOS 控制台中输入命令 dir 后按回车。

输出的内容应该与图 19-3 所示的内容相同,或者可以在“项目管理器”窗口中双击 Floppy. img 文件,使用 FloppyImageEditor 查看文件的相关信息,检验输出的结果是否正确。

图 19-3　在 dir 命令中输出每个文件所占用的磁盘空间的大小

3）提示

文件的大小与文件所占用的磁盘空间是两个不同的概念,文件所占用的磁盘空间是簇的整数倍,所以文件所占用的磁盘空间总是大于或等于文件的大小。例如,如果一个簇只包含一个扇区,大小是 1 字节的文件,其占用的磁盘空间至少是一个簇的大小即 512 字节,大小是 600 字节的文件,其占用的磁盘空间至少是两个簇的大小即 1024 字节。但是,不能简单地认为大小是 1 字节的文件就一定只占用一个簇,该文件完全可以占用多个簇。所以,统计文件所占用的磁盘空间的方法应该是,根据文件在 FAT 表中的簇链进行统计,而不能简单地将文件的大小对齐到簇的大小。

其他需要提示的内容有:

- 目录项结构体的定义可以参见文件 io/driver/fat12. h 的第 102 行,其中的 FirstCluster 域记录了文件的起始簇号。
- 获得文件的起始簇号,可以循环调用 FatGetFatEntryValue 函数(在文件 io/driver/fat12. c 的第 307 行定义),遍历文件占用的簇所组成的簇链,当 FAT 表项的值为 0xFF8 时,表示簇链结束。
- 对于大小为 0 的文件,并不代表文件不会占用簇,只有当文件的起始簇号为 0 时,才代表文件没有占用簇。

【思考与练习】

（1）在 ConsoleCmdScanDisk 函数中扫描 FAT 表时,为什么不使用 FAT 表项的数量进行计数,而是使用簇的数量进行计数呢？ 而且为什么簇的数量要从 2 开始计数呢？

（2）在 ConsoleCmdScanDisk 函数中扫描 FAT 表时,统计了空闲簇的数量,然后使用簇的总数减去空闲簇的数量作为占用簇的数量,这种做法正确吗?是否还有其他类型的簇没有考虑到呢?修改 ConsoleCmdScanDisk 函数,统计出各种类型簇的数量。

(3)在 FAT12 文件系统中,删除一个文件只是将文件对应的目录项中文件名的第一个字节修改为 0xE5,尝试修改 dir 命令函数 ConsoleCmdDir 的源代码,不但能够输出现有文件的信息,还能输出已经被删除文件的信息,被删除文件的信息可以包括文件名、大小、最后改写日期、起始簇号等信息。考虑一下这种删除文件方式的优点和缺点。

(4)在软盘映像文件的根目录中新建一个文件夹后,尝试执行 dir 命令,看看输出的信息中是否包含文件夹的信息。修改函数 ConsoleCmdDir 的源代码,尝试在打印输出的信息中能够区分出哪些是文件,哪些是文件夹。

(5)尝试为 EOS 操作系统添加一个命令 del FILENAME,使用此命令,可以将由参数 FILENAME 指定的文件或文件夹从根目录中删除。

第20章 实验12 读文件和写文件

实验性质：验证＋设计

建议学时：2 学时

【实验目的】

- 了解在 EOS 应用程序中读文件和写文件的基本方法。
- 通过为 FAT12 文件系统添加写文件功能,加深对 FAT12 文件系统和磁盘存储器管理原理的理解。

【预备知识】

阅读 7.4 节和 7.5 节,了解文件系统驱动程序的作用——将用户对文件的读写请求转换为对磁盘扇区的读写请求,并负责对磁盘扇区进行管理。

阅读第 8 章,学习 FAT12 文件系统技术细节。关于 FAT 文件系统更详细的信息,还可以参阅微软硬件白皮书"FAT：General Overview of On-Disk Format"(在 OS Lab 的"帮助"菜单中选择"其他帮助文档"中的"FAT 文件系统概述")。

【实验内容】

1. 准备实验

按照下面的步骤准备实验：

(1) 启动 OS Lab。

(2) 新建一个 EOS Kernel 项目。

(3) 分别使用 Debug 配置和 Release 配置生成此项目,从而在该项目文件夹中生成完全版本的 EOS SDK 文件夹。

(4) 新建一个 EOS 应用程序项目。

(5) 使用在第(3)步生成的 SDK 文件夹覆盖 EOS 应用程序项目文件夹中的 SDK 文件夹。

2. 编写代码调用 EOS API 函数读取文件中的数据

使用 OS Lab 打开本实验文件夹中的 FileApp.c 文件(将此文件拖动到 OS Lab 窗口中释放即可),仔细阅读此文件中的源代码和注释,main 函数的流程图可以参见图 20-1。

按照下面的步骤查看 EOS 应用程序读取文件中数据的执行结果：

(1) 使用 OS Lab 打开在本实验准备中创建的 EOS 应用程序项目。

(2) 在"项目管理器"窗口中双击 Floppy.img 文件,使用 FloppyImageEditor 工具打开此软盘镜像。

(3) 将本实验文件夹中的 a.txt 文件添加到软盘镜像的根目录中。打开 a.txt 文件查看其中的数据。

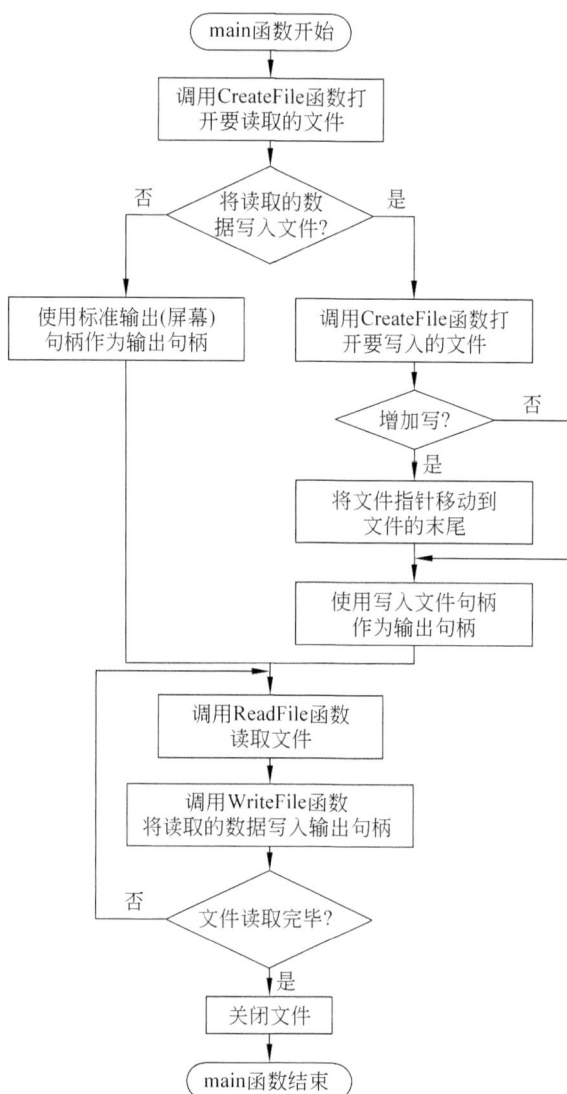

图 20-1　main 函数流程图

（4）单击 FloppyImageEditor 工具栏上的保存按钮，关闭该工具。

（5）使用 FileApp.c 文件中的源代码替换 EOS 应用程序项目中 EOSApp.c 文件内的源代码。

（6）按 F7 键生成修改后的 EOS 应用程序项目。

（7）按 F5 键启动调试。自动运行 EOS 应用程序 EOSApp.exe 时，会由于输入的命令行参数无效而失败。

（8）在 EOS 控制台中输入命令 A:\EOSApp.exe A:\a.txt 按回车，EOSApp.exe 会读取 a.txt 文件中的内容并显示在屏幕上，如图 20-2 所示。

（9）结束此次调试。

3. 调试 FAT12 文件系统的读文件功能

FAT12 文件系统的读文件功能是由 EOS 内核项目 io/driver/fat12.c 文件中的

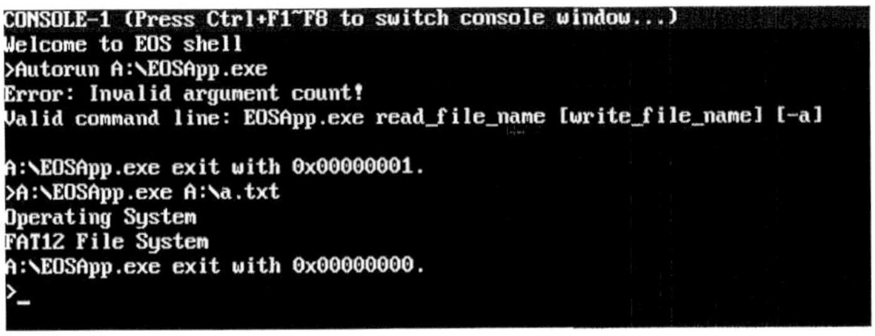

图 20-2   EOS 应用程序读取文件中数据的执行结果

FatReadFile 函数完成的。按照下面的步骤准备调试该函数：

(1) 使用 Windows 资源管理器打开在本实验 1. 中创建的 EOS 内核项目的项目文件夹，并找到 fat12. c 文件。

(2) 将 fat12. c 文件拖动到 OS Lab 窗口中释放，打开此文件。注意，一定要拖动到本实验 2. 中已经打开 EOS 应用程序项目的 OS Lab 中，这样该 OS Lab 就同时打开了 EOS 应用程序项目和 EOS 内核项目中的 fat12. c 文件，方便后面的调试。

仔细阅读 fat12. c 文件中的 FatReadFile 函数（第 704 行）的源代码和注释。然后按照下面的步骤调试该函数：

(1) 取消注释 EOSApp. c 文件中的第 62 行，允许调试该 EOS 应用程序。

(2) 按 F7 键生成。

(3) 按 F5 键启动调试。自动运行 EOS 应用程序 EOSApp. exe 时，会由于输入的命令行参数无效而失败。

(4) 在 EOS 控制台中输入命令 A:\EOSApp. exe A:\a. txt 按回车，EOSApp. exe 会读取 a. txt 文件中的内容。此时 OS Lab 会弹出一个调试异常对话框，并中断应用程序的执行。

(5) 选择"是"调试异常，调试会中断。

(6) 在读文件时调用的 API 函数 ReadFile 最终会调用 FatReadFile 函数，所以，在 fat12. c 文件中 FatReadFile 函数的开始处（第 742 行）添加一个断点。

(7) 按 F5 键继续执行，在断点处中断。

在继续调试 FatReadFile 函数的执行过程之前，先观察一下该函数的参数都提供了哪些有用的信息。

(1) 单击 OS Lab 工具栏上的"十六进制"按钮，取消其高亮状态，使用十进制查看变量的值。

(2) 选择 OS Lab"调试"菜单中的"快速监视"，打开"快速监视"对话框。

(3) 在"快速监视"对话框中输入表达式 ∗ Vcb 按回车。参数 Vcb 提供的信息如图 20-3 所示。结合 VCB 结构体（文件 io/driver/fat12. h 的第 115 行）和 BPB 结构体（文件 io/driver/fat12. h 的第 27 行）的定义，尝试说明这些信息的含义。

(4) 在"快速监视"对话框中输入表达式 ∗ File 按回车。参数 File 提供的信息如图 20-4 所示。结合 FCB 结构体（文件 io/driver/fat12. h 的第 150 行）定义，尝试说明这些信息的含义。注意，a. txt 文件的起始簇号可能不是 2。

```
{
    Bpb = {
        BytesPerSector = 512,
        SectorsPerCluster = 1 '\001',
        ReservedSectors = 1,
        Fats = 2 '\002',
        RootEntries = 224,
        Sectors = 2880,
        ...
        SectorsPerFat = 9,
        SectorsPerTrack = 18,
        Heads = 2,
        HiddenSectors = 0,
        LargeSectors = 0
    },
    ...
    FirstRootDirSector = 19,
    RootDirSize = 7168,
    ...
    FirstDataSector = 33,
    NumberOfClusters = 2847
}
```

```
{
    ...
    FirstCluster = 2,
    FileSize = 35,
    ...
}
```

图 20-3 参数 Vcb 提供的信息   图 20-4 参数 File 提供的信息

(5) 关闭"快速监视"对话框后,将鼠标移动到参数 Offset 上,显示其值为 0,说明从文件头开始读取。将鼠标移动到参数 BytesToRead 上,显示其值为 256,与应用程序中调用 ReadFile 函数时输入的缓冲区大小一致。将鼠标移动到参数 Buffer 上,显示缓冲区所在地址在用户地址空间(小于 0x80000000),也就是在应用程序中定义的缓冲区。

(6) 打开"调用堆栈"窗口,验证 FatReadFile 函数的调用流程。

接下来,按照下面的步骤调试 FatReadFile 函数的执行过程:

(1) 由于读取文件的起始偏移位置(0)没有超出文件的大小(35),所以按 F10 键单步调试后,可以继续读取文件。

(2) 由于预期读取的字节数(256)大于文件的大小(35),所以实际可读取的字节数(BytesToRead)应为 35。按 F10 键调试,直到在第 758 行中断。

(3) 由于要读取的偏移位置 Offset 是 0,所以开始读取的簇 Cluster 就是文件的第一个簇。按 F10 键直到在第 770 行中断。注意,C 语言运算符/只取商。

(4) 第 770 行计算簇的起始扇区号。按 F10 键单步调试。如果文件第一个簇是 2,查看计算的结果 FirstSectorOfCluster 就会为 33,尝试说明计算的方法。

(5) 接下来使用双重循环读取扇区中的数据,外层循环是遍历文件簇链中的所有簇,内层循环是遍历一个簇中的所有扇区。由于该文件大小只有 35 字节,都存储在第一个簇的第一个扇区中,另外,这里使用的 FAT12 文件系统每个簇只有一个扇区,所以并没有循环执行。按 F10 键单步调试,直到该函数执行完毕,注意观察各个变量的值和计算方法。

(6) 按 F5 键继续执行。激活虚拟机窗口查看执行的结果。

(7) 结束调试。删除所有的断点。

将本实验文件夹中的 c.txt 文件添加到软盘镜像 Floppy.img 文件中,然后按照之前调试的步骤,使用控制台命令 A:\EOSApp.exe A:\c.txt 读取 c.txt 文件中的内容。由于 c.txt 文件的大小为 1040 个字节会占用软盘上的 3 个簇,所以,在调试时注意理解通过簇链查找簇的过程。

为了方便后面的实验,使用 Release 配置重新生成该 EOS 应用程序。

4. 为 FAT12 文件系统添加写文件功能

1) 完成一个最简单的情况

由于写文件功能会涉及为文件分配新的簇、修改文件大小等问题,所以这里首先完成一个最简单的情况:向一个空文件中写入数个字节的数据。

(1) 使用 OS Lab 打开实验准备时创建的 EOS 内核项目。

(2) 从"项目管理器"窗口中打开源文件 io/driver/fat12.c,目前 fat12.c 中的函数 FatWriteFile(第 824 行)为空。

(3) 将本实验文件夹中的 FatWriteFile.c 文件拖动到 OS Lab 窗口中打开,使用该文件中 FatWriteFile 函数的函数体替换 fat12.c 文件中 FatWriteFile 函数的函数体。

(4) 在"项目管理器"窗口中双击 Floppy.img 文件,使用 FloppyImageEditor 工具打开此软盘镜像。

(5) 打开在实验准备时创建的 EOS 应用程序项目文件夹,将 Release 文件夹中的 EOSApp.exe(没有调试信息)添加到软盘镜像中。

(6) 将本实验文件夹中的 a.txt、b.txt、c.txt 和 d.txt 文件添加到软盘镜像中。

(7) 单击 FloppyImageEditor 工具栏上的保存按钮,关闭该工具。

(8) 按 F7 键生成修改后的 EOS 内核项目。注意,要使用 Debug 配置。

(9) 按 F5 键启动调试。

在 EOS 控制台中分别执行下面三组命令,查看写文件的结果:

• 输出 a.txt 文件内容:

```
A:\EOSApp.exe A:\a.txt
```

输出 b.txt 文件内容(无内容):

```
A:\EOSApp.exe A:\b.txt
```

将 a.txt 文件内容写入 b.txt 文件:

```
A:\EOSApp.exe A:\a.txt A:\b.txt
```

输出 b.txt 文件内容:

```
A:\EOSApp.exe A:\b.txt
```

• 输出 d.txt 文件内容:

```
A:\EOSApp.exe A:\d.txt
```

将 d.txt 文件内容写入 b.txt 文件:

```
A:\EOSApp.exe A:\d.txt A:\b.txt
```

输出 b. txt 文件内容：

```
A:\EOSApp.exe A:\b.txt
```

输出 c. txt 文件内容：

```
A:\EOSApp.exe A:\c.txt 将 c.txt
```

文件内容写入 b. txt 文件：

```
A:\EOSApp.exe A:\c.txt A:\b.txt
```

输出 b. txt 文件内容：

```
A:\EOSApp.exe A:\b.txt
```

可以使用本实验文件夹中的 b. txt 重新覆盖 Floppy. img 文件中的 b. txt 文件后，在 FatWriteFile 函数的第一行语句处添加一个断点，单步调试上面的 3 个写文件的命令，帮助理解 FatWriteFile 函数中各行语句的意义。

2) 使 FatWriteFile 函数写入文件的数据可以跨越一个扇区的边界

(1) 要求。

在实验准备中调试 FatWriteFile 函数时可以发现，每次写入的数据（最多 256 字节）都是从扇区头开始，或者在扇区末结束，从未发生过跨越扇区边界的情况，所以 FatWriteFile 函数的代码也就没有处理这种情况。现在要求修改 FatWriteFile 函数，使该函数能够处理写入的数据跨越扇区边界的情况。

(2) 测试方法。

使用本实验文件夹中的 b. txt 重新覆盖 Floppy. img 文件中的 b. txt 文件后，执行下面的一组命令：

输出 c. txt 文件内容：

```
A:\EOSApp.exe A:\c.txt
```

输出 b. txt 文件内容（应无内容）：

```
A:\EOSApp.exe A:\b.txt
```

将 c. txt 文件内容写入 b. txt 文件（本次写数据不会跨越扇区边界）：

```
A:\EOSApp.exe A:\c.txt A:\b.txt
```

输出 b. txt 文件内容（应为一份 c. txt 文件的内容）：

```
A:\EOSApp.exe A:\b.txt
```

将 c. txt 文件内容增加写入 b. txt 文件（本次写数据会跨越扇区边界）：

```
A:\EOSApp.exe A:\c.txt A:\b.txt -a
```

输出 b. txt 文件内容（应为两份 c. txt 文件的内容）：

```
A:\EOSApp.exe A:\b.txt
```

（3）提示。

由于 IopReadWriteSector 函数（定义参见 io/block. c 第 263 行）只能对整个扇区进行读写操作，不能跨越扇区边界，所以只能通过修改 FatWriteFile 函数解决该问题。

由于目前 EOS 应用程序中定义的缓冲区大小是 256 字节，所以调用函数 FatWriteFile 写入的数据最多也是 256 字节，这就意味着写入的数据只可能跨越一个扇区的边界。所以，可以尝试根据起始写入的位置和写入数据的大小将要写入的数据分割为不跨越扇区边界的两块数据，对分割后的两块数据分别处理：

- 对于要写入当前扇区内的数据，可以直接调用 IopReadWriteSector 函数并设置合适的参数来执行写扇区操作。如果整个数据不跨越扇区边界，当然就都写入当前扇区即可。
- 对于要写入下一个扇区内的数据，必须调用 FatGetFatEntryValue 函数（在文件 io/driver/fat12. c 的第 307 行定义）根据当前簇号得到下一个簇号，如果得到的下一个簇号大于 0xFF8，还需要调用 FatAllocateOneCluster 函数（在文件 io/driver/fat12. c 的第 661 行定义）分配一个新簇，并调用 FatSetFatEntryValue 函数（在文件 io/driver/fat12. c 的第 341 行定义）将新簇链接到当前簇的后面。待下一个簇准备好后，可以根据下一个簇号计算其对应的扇区号，然后就可以调用 IopReadWriteSector 函数并设置合适的参数执行写扇区操作。

调用 IopReadWriteSector 函数时使用的参数一定要设置正确，特别是扇区号、扇区内起始位置、写入数据缓冲区地址和写入的字节数目，在跨越扇区边界时这些参数都会有变化。尽量不要修改 FatWriteFile 函数的参数和已经定义的局部变量，如果需要，可以定义新的局部变量。

如果编写的代码有问题，在测试时可能会破坏软盘上的文件或文件系统，此时可以选择 OS Lab“工具”菜单中的 FloppyImageEditor 打开 FloppyImageEditor 工具，单击工具栏上的“保存”按钮，保存一个空白的 Floppy. img 文件，并覆盖到 EOS 内核项目文件夹中。

3）使 FatWriteFile 函数写入文件的数据可以跨越多个扇区的边界

（1）要求。

在本实验 3.4.2 中完成的 FatWriteFile 函数只能处理写入的数据跨越一个扇区边界的情况，当写入的数据大小为 1024 字节（或更大）时，显然就不能处理了。现在要求继续修改 FatWriteFile 函数，使该函数能够处理写入的数据跨越多个扇区边界的情况。

在开始修改 EOS 内核项目的代码之前，将 EOS 应用程序使用的缓冲区大小 BUFFER_SIZE（在文件 EOSApp. c 的第 11 行定义）修改为 1024 字节，使用 Release 配置重新生成 EOSApp. exe，并将该可执行文件放入 EOS 内核项目的软盘镜像中。

（2）测试方法。

与本实验 3.4.2 中的测试方法相同。

（3）提示。

- 必须使用循环来处理写入数据跨越多个扇区边界的问题。每次循环时只将合适的数据写入当前簇,在后面的循环中将余下的数据写入簇链中后面的簇,直到所有数据写入完毕。
- 每次向簇中写数据之前都需要判断是否需要分配新簇。
- 前一个簇号和当前簇号这两个变量对于管理簇链非常重要,在循环的过程中要注意维护好这两个变量的值,保证在每次循环时这两个变量都保存了正确的簇号。
- 调用 IopReadWriteSector 函数时使用的参数一定要设置正确,特别是扇区号、扇区内起始位置、写入数据缓冲区地址和写入的字节数目。
- 当前 FAT12 文件系统中一个簇只包含一个扇区,为了简化程序,可以不考虑一个簇中包含多个扇区的情况。
- 在函数结束前,注意要修改文件大小并返回实际写入的字节数量。

【思考与练习】

（1）结合 FAT12 文件系统,说明"文件大小"和"文件占用磁盘空间大小"的区别,并举例说明文件的这两个属性值变化的方式有什么不同。

（2）EOS 应用程序在读写文件时,缓冲区大小设置为 512 的倍数比较合适,说明原因。

（3）为 FatWriteFile 函数添加适当的错误处理功能,提高 EOS 文件系统的可靠性。例如在调用 FatAllocateCluster 函数分配新簇时,可能由于没有可用的磁盘空间而返回失败,为这种情况添加错误处理功能,并设计一种方案测试编写的代码。如果成功处理了这种情况,注意观察一下在处理这种错误时,是否能够保证文件大小与写入的数据保持同步,如果出现了不同步的情况,考虑解决的办法。

（4）修改 FatWriteFile 函数,使该函数能够处理一个簇包含多个扇区的情况。一个簇包含扇区的数量可以由 Vcb−>Bpb.SectorsPerCluster 获得。

（5）分析使用链式分配方式管理磁盘空间的优缺点。

附录 A　Bochs 和 Virtual PC

操作系统集成实验环境 OS Lab 主要使用两款免费的虚拟机工具 Bochs 和 Virtual PC 运行 EOS 操作系统,这里对这两种虚拟机工具软件进行简单的介绍和比较。

1. Bochs

Bochs 是一款使用 C++ 语言编写的开源 IA-32(x86) PC 模拟器,完全使用软件模拟了 Intel x86 CPU、通用 I/O 设备以及可定制的 BIOS 程序。这种完全使用软件模拟的方式又称为仿真。所以,准确地说 Bochs 应该是一个仿真器(Emulator),而不是虚拟机(Virtual machine)。大多数操作系统都可以在 Bochs 上运行,例如 Linux、DOS、Windows 95/98/NT/2000/XP/Vista 以及 EOS 操作系统。

由于 Bochs 完全使用软件模拟 X86 硬件平台,所以可以用来调试 BIOS 程序和操作系统的引导程序。也就是说,Bochs 可以从 CPU 加电后执行的第一条指令(也就是 BIOS 程序的第一条指令)处开始调试。OS Lab 正是利用了 Bochs 的这个特点,使用 Bochs 调试软盘引导扇区程序和加载程序。但是,正是由于 Bochs 完全使用软件模拟硬件平台,造成其运行时占用大量 CPU 资源且性能较差。

为了使 Bochs 能够更好地调试 EOS 操作系统,对 Bochs 的源代码进行必要的修改,重新编译生成了能够与 OS Lab 无缝融合的 Bochs 版本。所以,必须使用与 OS Lab 一起提供的 Bochs 安装包进行安装,而不能直接使用 Bochs 官方提供的安装包。

Bochs 常用的调试命令可以参见下面的表格,更多关于 Bochs 的信息可以在安装 Bochs 后从开始菜单中获取相关的文档。

类型	命　　令	操　　　作
执行控制	c	继续执行,遇到下一个断点后中断
	s	逐指令调试,执行完下一个指令后中断。可以进入中断服务程序、子程序等
	n	逐过程调试,执行完下一个过程后中断
	q	结束调试
断点	vb segment:offset	在指定的段地址(segment)和偏移地址(offset)处添加一个断点
	pb address	在指定的物理地址(address)处添加一个断点
	d n	删除指定序号(n)的断点
	info break	显示当前所有断点的状态信息,包括各个断点的序号
寄存器	r	列出 CPU 中的通用寄存器和它们的值
	rseg	列出 CPU 中的段寄存器和它们的值
内存	x /nuf segment:offset	显示从指定的段地址和偏移地址处开始的内存中的数据,其中 n 用数字代替,表示数量,u 可以用 b 代替,表示以字节为单位,f 指定数据的表示方式,默认使用十六进制表示。例如命令 x /1024b 0x0000:0x0000 就是显示从段地址 0x0000 偏移地址 0x0000 处开始的 1024 字节
	xp /nuf address	显示从指定物理地址处开始的内存中的数据。/nuf 和 x 命令中的用法一致

2. Virtual PC

Virtual PC 是微软公司出品的一款可免费使用的虚拟机（Virtual machine）。Virtual PC 的性能较 Bochs 要好很多，原因是它仅仅仿真了 X86 的一部分，而其他部分则采用虚拟技术实现。例如，当虚拟机中的客户操作系统需要执行一条特定的指令时，Virtual PC 不会像 Bochs 那样用软件模拟指令的执行（就像重新发明轮子），而是直接让 CPU 硬件执行这条指令。但是，Virtual PC 没有提供调试功能，不能用来调试 BIOS 程序和操作系统的引导程序。

总结

Bochs 和 Virtual PC 的设计理念和应用目标有很大的差别，这就造成它们在性能和功能上的不同。OS Lab 正式利用了这两款虚拟机软件不同的特点来更好的调试 EOS 操作系统。

附录 B　字节顺序 Little-endian 与 Big-endian

1. 字节顺序

这里的"字节顺序"是指,当存放多字节数据(例如 4 个字节的长整型)时,数据中多个字节的存放顺序。典型的情况是整数在内存或文件中的存放方式和网络传输的传输顺序。

对于单一字节,大部分处理器以相同的顺序处理位元,因此单字节的存放方法和传输方式一般相同。对于多字节数据,在不同的处理器的存放方式主要有两种,一种是 Little-endian,另一种是 Big-endian。

2. Little-endian

采用此种字节顺序存储长整型数据 0x0A0B0C0D 到内存或文件中是下面的样子:

```
低地址
a        0x0D
a+1      0x0C
a+2      0x0B
a+3      0x0A
高地址
```

可以简单的记忆为"低字节存在低地址"。

3. Big-endian

采用此种字节顺序存储长整型数据 0x0A0B0C0D 到内存或文件中如下所示:

```
低地址
a        0x0A
a+1      0x0S
a+2      0x0C
a+3      0x0D
高地址
```

可以简单的记忆为"高字节存在低地址"。

4. 何处使用

网络传输一般使用 Big-endian。而不同的处理器体系会使用不同的字节顺序:

- X86,MOS Technology 6502,Z80,VAX,PDP-11 等处理器为 Little endian。
- Motorola 6800,Motorola 68000,PowerPC 970,System/370,SPARC(除 V9 外)等处理器为 Big endian。
- ARM,PowerPC (除 PowerPC 970 外),DEC Alpha,SPARC V9,MIPS,PA-RISC and IA64 的字节序是可配置的。

5. 掌握的意义

在多数情况下,不需要关心字节顺序就可以编写程序,但是在某些场合必须知道平台的字节顺序才能完成工作,例如在采用 Intel X86 处理器的计算机上调试程序,如果想查看一块内存中的数据,就必须意识到数据是使用 Little-endian 的字节顺序存储到内存中的,这样在人工读取的时候才能够识别出正确的数据。

附录 C EOS 核心源代码协议

允许所有人复制和发布本协议文件的完整版本,但不允许对它进行任何修改。

该协议用于控制与之配套的软件,并且管理您使用遵守该协议软件的方法。下面授予您的各项权利受限于该协议。只有当您是合格的教育机构并且从北京海西慧学科技有限公司购买了该软件授权时才能够享有这些权利。

在教育机构中,您可以为了任何非商业的目的来使用、修改该软件,包括制作合理数量的拷贝。非商业的目的可以是教学、科研以及个人的实验行为,可以将拷贝发布到机构内部安全的服务器上,并且可以在合格用户的个人主机上安装。

可以在研究论文、书籍或者其他教育资料中使用该软件的代码片断,或者在以教学和研究为目的的网站、在线公共论坛中发布该软件的代码片断。在您使用的单个代码片断中源代码的数量不能超过 50 行。如您想使用该软件中的大量源代码,请联系 support@tevation.com。

不能为了商业目的的使用或者分发该软件以及从该软件衍生出的任何形式的任何产品。商业目的指经营、许可、出售该软件或者为了在商业产品中使用该软件而分发该软件。如果希望将与该软件有关的产品商业化,或者希望与工业伙伴合作研究,务请联系 sales@tevation.com 来咨询商业授权协议。

可以为了非商业的目的分发该软件并且修改该软件,但是只能是对于其他该软件的合法用户(例如,将修改的版本分发给其他大学的学生或者教授进行联合学术研究)。只有从北京海西慧学科技有限公司购买了该软件授权的合格教育机构,才是合法用户。您不能为该软件或者该软件的衍生产品授予比该协议所提供的更加广泛的权利。

用户还必须遵守下列条款:

(1)不从该软件中移除任何版权信息或者布告,也不会对该软件中的二进制部分进行逆向工程或者反编译。

(2)无论以任何形式分发该软件,都必须同时分发该协议。

(3)如果修改了该软件或者创造了该软件的衍生产品,并且分发了修改后的版本或者衍生产品,需要在被修改文件中的显著位置添加布告来说明您修改的内容和修改日期,这样接收者就会知道他们收到的不是原始的软件。

(4)该软件没有任何担保,包括明示的、暗喻的以及法定范围之外的。在适用法律所允许的最大范围内,北京海西慧学科技有限公司或其供应商绝不就因使用或不能使用本"软件"所引起的或有关的任何间接的、意外的、直接的、非直接的、特殊的、惩罚性的或其他任何损害赔偿(包括但不限于因人身伤害或财产损坏而造成的损害赔偿,因利润损失、营业中断、商业信息的遗失而造成的损害赔偿,因未能履行包括诚信或相当注意在内的任何责任致使隐私泄露而造成的损害赔偿,因疏忽而造成的损害赔偿,或因任何金钱上的损失或任何其他损失而造成的损害赔偿)承担赔偿责任,即使北京海西慧学科技有限公司或其任何供应商事先被告知该损害发生的可能性。即使补救措施未能达到预定目的,本损害赔偿排除条款将仍然有效。

（5）您不能使用该软件来帮助开发任何为下列目的而设计的软件程序：

① 对计算机系统有害的或者故意干扰操作的,包括计算机系统中的任何数据和信息；

② 秘密获取或者维持对计算机系统高级访问权限,有自我繁殖能力,能够在不被发现的情况下执行,包括但不限于所谓的"rootkit"软件程序,病毒或者蠕虫。

（6）如果您以任何方式违背了此协议,此协议赋予您的权利就会立即终止。

（7）北京海西慧学科技有限公司保留在此协议中明确授予您的权利之外的所有权利。

版本：2008.09.16

北京海西慧学科技有限公司(http://www.tevation.com)保留所有权利。

参 考 文 献

[1] 汤子瀛,哲凤屏,汤小丹.计算机操作系统.西安:西安电子科技大学出版社,1996.

[2] [美] Andrew S. Tanenbaum,Albert S. Woodhull 著.操作系统:设计与实现(第二版)上册.王鹏,尤晋元,朱鹏,敖青云译.北京:电子工业出版社,1998.

[3] [美] Mark E. Russinovich,David A. Solomon 著.深入解析 Windows 操作系统(第四版).潘爱民译.北京:电子工业出版社,2007.

[4] 尤晋元等著.Windows 操作系统原理.北京:机械工业出版社,2001.

[5] 赵炯著.Linux 内核完全剖析.北京:机械工业出版社,2006.

[6] [英] Peter Abel 著.IBM PC 汇编语言程序设计(第五版).沈美明,温冬婵译.北京:人民邮电出版社,2002.

[7] 刘星等著.计算机接口技术.北京:机械工业出版社,2003.

[8] 唐朔飞著.计算机组成原理.北京:高等教育出版社,2000.

[9] [希腊] Diomidis Spinellis 著.代码阅读方法与实践.赵学良译.北京:清华大学出版社,2004.

[10] [美] 科学、工程和公共政策委员会著.怎样当一名科学家.何传启译.北京:科学出版社,1996.

[11] Tevation OS Lab 帮助文档.北京海西慧学科技有限公司.http://www.tevation.com/,2008.

[12] Intel Co. INTEL 80386 Programmes's Reference Manual 1986,INTEL CORPORATION,1987.

[13] Intel Co. IA-32 Intel Architecture Software Developer's Manual Volume. 3:System Programming Guide. http://www.intel.com/,2005.

[14] Microsoft Co. FAT:General Overview of On Disk Format. MICROSOFT CORPORATION,1999.

[15] IEEE-CS,ACM. Computing Curricula 2001 Computer Science. 2001.

[16] The NASM Development Team. NASM—The Netwide Assembler. Version 2.04 2008.

[17] Bochs simulation system. http://bochs.sourceforge.net/.